U0223724

国家出版基金资助项目

材料与器件辐射效应及加固技术研究著作

宇航MOSFET器件
单粒子辐射加固技术与实践

SINGLE EVENT EFFECT HARDENING
TECHNIQUE AND PRACTICE
ON AEROSPACE POWER MOSFETs

付晓君 魏佳男 吴 昊 唐昭焕 谭开洲 编著

哈尔滨工业大学出版社
HARBIN INSTITUTE OF TECHNOLOGY PRESS

内 容 简 介

本书系统介绍宇航 MOSFET 器件的单粒子效应机理和加固技术。全书共 6 章,主要内容包括空间辐射环境与基本辐射效应、宇航 MOSFET 器件的空间辐射效应及损伤模型、宇航 MOSFET 器件抗单粒子辐射加固技术、宇航 MOSFET 器件测试技术与辐照试验,并以一款宇航 VDMOS 器件为实例,详述了抗单粒子加固样品的结构设计和制造工艺细节,最后介绍宇航 MOSFET 器件的应用及发展趋势。

本书是作者总结多年的工作实践经验和研究成果撰写而成,可供微电子相关专业师生,以及从事微电子器件工艺开发和抗辐射加固技术研究的工程人员阅读参考。

图书在版编目(CIP)数据

宇航 MOSFET 器件单粒子辐射加固技术与实践/付晓君等编著. —哈尔滨:哈尔滨工业大学出版社,2023.5
(材料与器件辐射效应及加固技术研究著作)
ISBN 978 − 7 − 5767 − 0541 − 6

Ⅰ.①宇⋯ Ⅱ.①付⋯ Ⅲ.①功率 MOSFET −辐射防护−研究 Ⅳ.①TN323

中国国家版本馆 CIP 数据核字(2023)第 024382 号

宇航 MOSFET 器件单粒子辐射加固技术与实践
YUHANG MOSFET QIJIAN DANLIZI FUSHE JIAGU JISHU YU SHIJIAN

策划编辑	许雅莹 杨 桦
责任编辑	李青晏 闻 竹
封面设计	刘 乐

出版发行　哈尔滨工业大学出版社

社　　址　哈尔滨市南岗区复华四道街 10 号　邮编 150006

传　　真　0451−86414749

网　　址　http://hitpress.hit.edu.cn

印　　刷　辽宁新华印务有限公司

开　　本　720 mm×1 000 mm　1/16　印张 16.25　字数 318 千字

版　　次　2023 年 5 月第 1 版　2023 年 5 月第 1 次印刷

书　　号　ISBN 978 − 7 − 5767 − 0541 − 6

定　　价　98.00 元

前　　言

自从 1947 年美国贝尔实验室发明了第一只双极型晶体管（Bipolar Junction Transistor, BJT）以来, 功率半导体器件已经走过了 70 多年的发展历程。作为电力电子系统的核心构造模块, 功率半导体器件被视为电力电子系统的"肌肉"。可以说, 功率半导体器件的革新与改进, 是电力电子技术不断进步的直接推动力。表 1 选择性地列出了电力电子技术发展过程中的一些关键里程碑节点。

表 1　电力电子技术发展的历史事件表

时间/年	事件
1947	贝尔实验室发明第一只锗基双极型晶体管
1957	美国通用电气公司（GE）发明了晶闸管整流器
1959	电源系统的晶体管振荡及 DC/DC 变换器
1960	贝尔实验室的 Atalla 和 Khang 首先发明了金属-氧化物-半导体场效应晶体管（MOSFET）
1972	采用晶体管开关电源的第一个小型计算器问世
1976	功率 MOSFET 器件在市场上普及
1976	开关电源, 美国专利 4097773 发布
1977	设计了带开关电源的苹果 II
1980	日本发明了大功率可关断晶闸管（GTO）
1980	发明了 HP8662A 合成信号发生器, 使用一个开关电源
1981	发明了电源变换器的软开关
1982	发明了绝缘栅双极型晶体管（IGBT）
1983	发明了空间矢量脉冲宽度调制（PWM）

垂直型功率金属–氧化物–半导体场效应晶体管（Metal-Oxide-Semiconductor Field-Effect Transistor，MOSFET）结构作为功率 MOSFET 器件的重要类型，于 20 世纪 70 年代中期逐渐发展起来。相比于双极型晶体管结构，功率 MOSFET 器件通过电压而非电流控制器件，具有输入阻抗高、驱动简单、开关性能优越等优势。目前，功率 MOSFET 器件已广泛应用于 200 V 以下的功率开关。垂直双扩散金属–氧化物–半导体场效应晶体管（Vertical Double-diffused Metal Oxide Semiconductor field effect transistor，VDMOS）器件是第一类成功得到大规模商业应用的功率 MOSFET 器件，其采用双扩散工艺，通过控制两个 PN 结的深度形成导电沟道，从而不需要昂贵的掩膜版就可以形成 2 ~ 3 μm 的短沟道结构，在当时光刻技术水平只有 10 多微米特征尺寸的条件下，这是技术上一项很大的改进和飞跃。功率 VDMOS 器件具有驱动能力强、安全工作区宽、负温度系数、热稳定性好、工艺流程短等诸多优点，已经广泛用于 DC/DC 转换器、不间断电源、开关电源、汽车电子、电机调速、节能灯等电子系统。此外，近年来一些新型化合物半导体材料（如 SiC 和 GaN）在电力电子技术中得到了越来越多的关注。但硅基功率器件因其成本低、技术成熟、可靠性高等优势，仍将在未来主宰中、低功率市场；而 SiC 和 GaN 器件可能逐步并最终取代硅材料在高电压、大功率方面的应用。

另外，随着近地轨道空间的进一步开发利用以及深空探测工程的日益深入，功率 VDMOS 器件在宇航电子系统中也得到了广泛应用。功率 VDMOS 器件作为卫星用二次 DC/DC 电源的核心元器件之一，在电源系统中起着功率转换或功率变换的作用，为卫星电子系统的正常工作提供必需的能源。但宇宙空间存在大量的质子、中子、重离子、X 射线、γ 射线等，航天器在太空运行会受到此类射线和粒子的辐射，引起航天器电子系统的扰动，甚至导致电子系统失效，严重影响航天器的在轨运行安全。统计表明，由空间辐射环境引起的卫星故障占故障总数的比例可高达 70% 以上。一般来讲，空间辐射环境对电子元器件的影响表现为 3 种主要的辐射效应：总剂量（Total Ionizing Dose，TID）效应、位移损伤（Displacement Damage，DD）效应和单粒子效应（Single Event Effect，SEE）。其中，总剂量效应和位移损伤效应为累积辐射效应，其典型特征为器件电学参数随吸收剂量或粒子注量而逐渐退化，当剂量或注量达到一定阈值后，器件将发生功能失效。单粒子效应为瞬态效应，是由单个粒子穿过器件时沿其径迹产生的高密度电荷所导致。单粒子效应的表现形式多种多样，既有可以恢复的软错误，也有不可恢复的硬损伤。对于功率 MOSFET 器件，其单粒子效应包括单粒子栅穿（Single Event Gate Rupture，SEGR）效应和单粒子烧毁（Single Event Burnout，SEB）效应两种，两者都能够引起不可恢复的器件和材料损伤，严重时能够使得电子系统失去功能。特别是以微米/亚微米制造工艺和平面型结构为主的功率 VDMOS 器件，发生单粒子效应失效的风险尤大。功率 VDMOS 器件的单粒子辐射加固成为制约卫星技术发展、信息安全可控、核心元器件自主保障的瓶颈和短板之一。

经过 30 余年的研究,目前抗辐射功率 VDMOS 器件在抗总剂量、抗瞬时剂量率、抗中子位移损伤等方面已经取得了一些突破性进展。在抗总剂量辐射加固方面,辐射总剂量达到 1×10^4 Gy(Si) 时,器件的开启电压、导通电阻等参数的变化量可以控制在 30% 以内;在抗瞬时剂量率辐射加固方面,剂量率达到 2×10^9Gy(Si)/s 时器件不会烧毁,仅存在扰动,且在数十微秒内可以恢复;在抗中子位移损伤辐射加固方面,辐射注量达到 1×10^{14} n/cm^2 时,器件的导通电阻、正向跨导、漏源漏电流等参数未见明显变化。功率 VDMOS 器件在抗总剂量、抗瞬时剂量率和抗中子位移损伤方面的突出表现,促进了功率 VDMOS 器件在核弹存储、战术导弹、核能利用等领域电子系统中的广泛应用。在功率 VDMOS 器件的抗单粒子辐射加固方面,以美国的国际整流器(International Rectifier,IR) 公司研究的最为系统,积累的辐射数据最多,也相应地开发了具有较强单粒子辐射加固能力的功率 VDMOS 产品,如它的 R6 代产品极大地提高了功率 VDMOS 器件单粒子效应的发生阈值,拓宽了功率 VDMOS 器件在空间强辐射环境下的安全工作区。尽管如此,随着空间探测任务不断走向深空,如火星及木星系探测任务等,航天器执行的指令操作更加复杂化和多元化,预期服役周期也大幅增长。与此同时,航天电子系统所面临的辐射环境也比近地空间更为恶劣,这对功率 VDMOS 器件的长寿命、高可靠、抗辐射性能提出了更高的要求,航天任务所需的抗单粒子线性能量转移(Linear Energy Transfer,LET) 值由 2005 年的 37 MeV·cm^2/mg 提高到了目前的 75 MeV·cm^2/mg,这对功率 VDMOS 器件的抗单粒子辐射加固提出了新的挑战。

本书重点介绍宇航 VDMOS 器件的单粒子烧毁、单粒子栅穿效应机理和抗单粒子辐射加固方法。全书共分为 6 章,第 1 章介绍空间辐射环境与基本辐射效应;第 2 章介绍宇航 MOSFET 器件的空间辐射效应及损伤模型;第 3 章介绍宇航 MOSFET 器件抗单粒子辐射加固技术;第 4 章介绍宇航 MOSFET 器件测试技术与辐照试验;第 5 章介绍宇航 MOSFET 器件设计实例;第 6 章介绍宇航 MOSFET 器件的应用及发展趋势。

本书第 1 章由付晓君、魏佳男、张培健撰写;第 2、4、6 章由吴昊、唐昭焕、付晓君、王鹏撰写;第 3、5 章由谭开洲、唐昭焕、魏佳男撰写。本书由付晓君、魏佳男统稿。

由于作者水平有限,书中疏漏之处在所难免,希望广大读者给予指正。

作 者
2022 年 10 月

目　录

第1章

空间辐射环境与基本辐射效应

辐射环境整体上可以分为人为辐射环境和空间辐射环境两大类。人为辐射环境主要指核爆炸、核电站、核反应堆、核泄漏等产生的辐射环境,其中核爆炸产生的辐射环境最为恶劣,会产生大量的α粒子、β粒子、中子、γ射线、X射线等,同时还存在强的电磁脉冲,具有辐射剂量大、时间短的特点,功率 VDMOS 器件工作于人为辐射环境中,主要发生电离辐射总剂量效应、瞬时剂量率效应和位移损伤(主要是中子)效应。空间辐射环境则主要指由空间质子、电子、重离子、中子、X射线、γ射线等形成的天然辐射环境。本章将主要介绍空间辐射环境的组成以及几种典型的辐射效应。

1.1 空间辐射环境

空间辐射环境是引起航天器材料和器件性能退化甚至失效的主要环境因素。航天器所面临的空间辐射环境主要由 3 部分组成,包括太阳宇宙射线(Solar Cosmic Rays,SCR)、银河宇宙射线(Galactic Cosmic Rays,GCR)以及地球俘获带,如图 1.1 所示。三者之间存在相互影响与重叠,航天器所面临的具体辐射环境与其轨道高度、倾角等密切相关,是航天设计者必须谨慎考虑的问题。

图 1.1　空间辐射环境示意图

1.1.1　太阳宇宙射线

在太阳系内,太阳活动直接影响空间带电粒子环境。太阳活动是指太阳大气中发生的各种非稳态变化过程,伴随一系列非均匀区域的形成和太阳能流的显著变化,如日冕物质抛射、耀斑爆发、黑子形成等,如图 1.2 所示。太阳在耀斑爆发期间会向星际空间抛射高能带电粒子流,主要成分为质子,另有少量的 α 粒子(5% ~ 10%)、重离子以及电子,因此又称为太阳质子事件(Solar Proton Event,SPE)。太阳质子事件中的粒子能量范围一般为 1 MeV ~ 10 GeV,累积注量率可达 10^9 cm^{-2}/s。在太阳耀斑爆发后,高能带电粒子流到达地球的过程具有几个重要的时间特征:其一,带电粒子流在几十分钟至数小时的时间内到达地球,具体时间取决于粒子的能量以及耀斑爆发的具体位置,能量最大的高能质子一般可在 10 ~ 30 min 内到达地球;其二,带电粒子流在 2 h 到一天的时间内达到峰值;其三,带电粒子流在几天到一周的时间内逐渐衰减。太阳耀斑的爆发与太阳活动周期密切相关。通常,太阳活动周期约为 11 年,其中 4 年为太阳低年,7 年为太阳高年,太阳耀斑的爆发次数在太阳高年期间会显著增加。

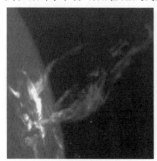
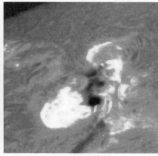
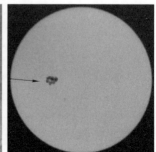

(a) 日冕物质抛射　　　　　(b) 耀斑爆发　　　　　(c) 黑子形成

图 1.2　太阳粒子事件

在一般的太阳耀斑事件中，α 粒子的相对丰度在 5% ~ 10% 之间，而较重的离子通量很小，远低于空间环境本底。然而，在某些大型的太阳耀斑事件中，重离子的丰度可比空间环境本底高出 3 ~ 4 个数量级，并持续数小时到数天的时间，从而显著增加太阳宇宙射线诱发单粒子效应的风险。

1.1.2　银河宇宙射线

银河宇宙射线均匀存在于太阳系外的星际空间中，大部分起源于银河系或其他星系，也有小部分来自太阳。银河宇宙射线的成分包含约 85% 的质子、14% 的 α 粒子和 1% 的重核，原子序数覆盖了 1 ~ 92 的范围，最高能量可达 10 GeV/n。图 1.3 所示为银河宇宙射线中主要元素粒子的相对丰度分布，归一化条件为 $E = 2$ GeV/n 和 Si 核丰度为 10^6。图 1.3 表明银河宇宙线中轻元素及 Fe 的含量较高，而原子序数大于 Fe 的元素含量很低。近地区域银河宇宙

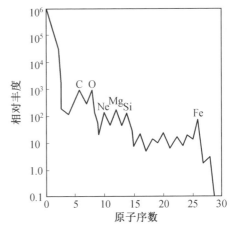

图 1.3　银河宇宙射线中主要元素粒子的相对丰度分布

射线的微分能谱在 1 GeV/n 处达到峰值，1 GeV/n 以下的粒子通量受太阳风和星际磁场影响较大。在太阳活动高年附近，太阳风和星际磁场强度最大，银河宇宙射线粒子通量最低；在太阳活动低年附近，粒子通量则达到最大值，如图 1.4 所示。在地磁层外 1 AU（AU 为地日距离）处，太阳活动低年的银河宇宙射线通量约为 4 cm^{-2}/s。虽然通量较低，但高能的质子、重离子等可直接穿透航天器的屏蔽层进入电子器件，在半导体材料中产生电离辐射效应。

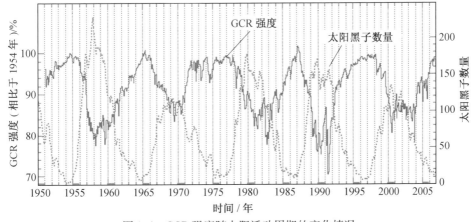

图 1.4　GCR 强度随太阳活动周期的变化情况

低海拔和低纬度地球轨道受地磁场屏蔽作用,基本不受银河宇宙射线和太阳宇宙射线的直接影响。而对于地球同步轨道,地磁场的屏蔽作用大幅降低,处于这些轨道上的航天器将受到能量大于 60 MeV 的质子以及能量大于 15 MeV/n 的重离子的威胁。此外,当宇宙射线粒子进入 330 km 以下的临近空间时,通过与大气层顶层的氧、氮原子的各种相互作用,将能量分散给许多带电粒子和中性粒子,形成次级宇宙射线,主要成分为质子、电子、中子、重离子以及 μ 介子、π 介子,图 1.5 所示为宇宙射线簇结构示意图。粒子通量随高度的变化可以用下式来描述:

$$I_2 = I_1 \exp \frac{A_1 - A_2}{L} \tag{1.1}$$

式中,I_1 和 I_2 分别为海拔高度 A_1 和 A_2 处的粒子通量;L 为相应粒子在空气中的吸收距离,对于每一种粒子来说 L 是常数。

次级宇宙射线中的中子由于不带电,可不受地磁场的影响,进入大气层中较低的高度区间,形成大气中子辐射环境。在海拔 20 km 及以下的大气层中,中子是导致飞行器单粒子效应的主要原因。

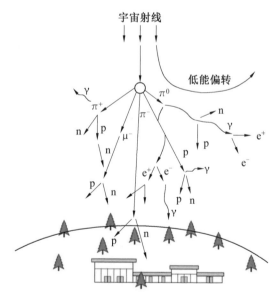

图 1.5　宇宙射线簇结构示意图

1.1.3　地球俘获带

地球俘获带是在 1958 年由美国学者范艾伦(James van Allen)根据美国第一颗卫星 Explorer Ⅰ 的空间粒子探测结果分析得出的,因此也将其称为范艾伦辐射带,其本质为地磁层中被磁场俘获的高能带电粒子富集区域。在地磁层中俘获粒子的运动被限制在由南北两个共轭镜像点和磁壳参数 L（或称 Mcllwain 参数）所定义的环面中，L 为地心距离 r_0 与地球半径 R_{earth} 之比，即 $L = r_0 / R_{earth}$。带电粒子的运动方式包括绕磁力线的螺旋运动、在两个半球镜像点之间的来回反弹以及漂移运动，如图 1.6 所示。图 1.6 中电子由于带负电荷，因此其漂移运动方向向东；而质子和重离子由于带正电荷，因此其漂移运动方向向西。

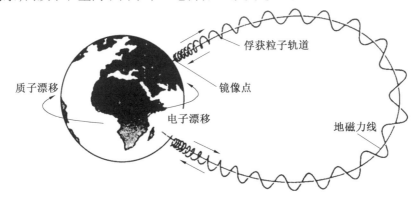

图 1.6　俘获带电粒子在地磁场的运动方式示意图

图 1.7（a）所示为赤道上空地球俘获带粒子分布随高度的变化。根据带电粒子的种类和空间分布，可将地球俘获带分为外俘获带和内俘获带两个部分。其中，外俘获带的主要成分为电子，最高能量可达 7 MeV，另有少量质子，其高度范围为 $2.8 < L < 12$，纬度边界位于 $\pm(55° \sim 70°)$。内俘获带的主要成分为质子，最高能量可达 600 MeV，随高度增加，质子能量逐渐降低。内俘获带的高度范围为 $1.0 < L < 2.8$，纬度边界位于 $\pm 40°$ 附近。在质子俘获带中心，能量超过 30 MeV 的质子通量达 $10^7 \sim 10^9$ 个 /（cm^2·天）。内俘获带中的电子通量较外俘获带低约一个量级，且电子能量更低（≤ 5 MeV）。空间飞行试验结果表明，内俘获带质子是 $L < 2$ 的区域中单粒子翻转的主要诱因。图 1.7（b）所示为地球俘获带结构示意图，由于地磁轴和自转轴不完全重合，存在约 11° 的夹角并向西太平洋方向偏移了约 500 km，导致南大西洋上空的地磁场产生了明显的凹陷，内俘获带降低至大气层内，通常称此区域为南大西洋异常区（South Atlantic Anomaly，SAA）。SAA 是处于低轨道的航天器辐射效应故障的高发区域，通常航天器在轨道倾角超过 40° 的情况下，在围绕地球运动时将不断穿过 SAA。与 SAA 相对应，在地球的另一端的东南亚异常区（Southeast-Aisan Anomaly）的俘获带则处于更高的海拔高度。SAA 的粒子通量和区域面积也受到太阳活动的调制，在太阳活动低年和太阳活动高年存在较大的差别。

一些人为因素也会导致地球俘获带粒子分布的变化，一个典型的例子为高空核爆炸事件。核爆炸过程中含有裂变碎片的爆炸产物以碎片云的形态迅速膨胀上升,这些裂变碎片发生 β 衰变所产生的高能电子注入地磁层后被磁场俘获,可以使辐射带中的电子通量增加数个量级。这些电子被俘获后是相当稳定的,其寿命可长达 8 年,一些低地球轨道(Low Earth Orbit,LEO)的航天器将首当其冲受到威胁。受核弹爆炸高度的影响,电子注入也可能发生在地球同步轨道(Geostationary Orbits,GEO)。但在 GEO 轨道,电子的俘获稳定性相对较低,指数衰减周期在 10 ~ 20 天之间。这些裂变碎片产生的电子的寿命(或者衰减速率)很大程度上取决于注入的纬度和高度,换言之,它是 L 和磁场强度的函数。需要指出的是,对于宇航电子设备,高空核爆导致的是电离辐射总剂量和辐照剂量率的同时提高。

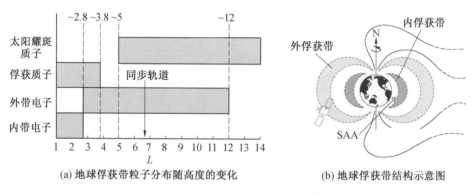

(a) 地球俘获带粒子分布随高度的变化   (b) 地球俘获带结构示意图

图 1.7   地球俘获带中俘获粒子分布及结构示意图

1.2   基本辐射效应

空间环境中的辐射粒子入射半导体器件后,通过非电离和电离过程沉积能量,从而引发一系列辐射效应。其中,非电离过程主要导致位移损伤(DD)效应,而电离过程主要导致总剂量(TID)效应和单粒子效应(SEE)。

1.2.1   位移损伤效应

空间环境中的质子、重离子、中子以及高能电子入射半导体材料中后,通过与晶格点阵原子发生弹性碰撞,将其能量传递给靶原子,从而引起半导体材料晶格原子移位,当入射粒子向晶格原子传递的能量足够高时,可使其脱离正常点阵位置成为初级撞出原子(Primary Knock-on Atom,PKA)。对于硅基器件,硅原子的离位阈能介于 11 ~ 21 eV 之间。由于离位阈能与辐射、测量温度以及退火过程有关,再根据 Bourgoin 和 Lannoo 对各种测量结果的分析判断,硅材料的离位阈能约为 15 eV,这也是二体碰撞近似(Binary Collision Approximation,BCA)模拟中常采用的离位阈能值。初始能量较高的 PKA 在离开原来的点阵位置后还能够继续运动并进一步碰撞出新的晶格原子,称为次级撞出原子(Second Knock-on Atom,SKA)。进一步地,能量较高的 SKA 又能够导致更多的原子被撞出,直至所有撞出原子损失全部能量为止。这样一代一代延续的过程称为"级联碰撞"(collision cascade)。最终,离开正常点阵位置的原子在原来的位置留下一个空位,如果该原子最终挤入并停留在晶格原子的间隙中,则称之为间隙原子,这些间隙–空位对通常被称为弗仑克尔缺陷对,如图1.8所示。由于绝大多数弗仑克尔缺陷对之间仅有数个原子的距离,因此95%的缺陷对在产生后迅速复合。剩余的间隙原子和空位则通过迁移过程与较远距离的缺陷以及杂质发生反应,最终形成稳定的缺陷结构。

(a) 空位　　　　　　　　(b) 间隙　　　　　　　(c) 弗仑克尔缺陷对

图1.8　典型的位移损伤缺陷形式

位移损伤缺陷从产生到最终稳定历经多个时间尺度,大体分为以下4个阶段。

(1)初级碰撞阶段。

入射粒子与靶原子快速碰撞,晶格原子获得足够能量时,产生的 PKA 继续运动,与周围晶格原子发生碰撞进一步产生 SKA、三级撞出原子(Tertiary Knock-on Atoms,TKA)等。这一过程发生的时间尺度为 0.1 ps 量级,如图 1.9(a)所示。

(2)热峰阶段。

晶格原子受到 PKA 碰撞时,如果获得的能量不足以引起离位,这些能量能够引起晶格原子在平衡位置振动并激起周围原子同时振动,最终这些能量以晶格原子无规则热振动的形式在受击原子周围有限的体积内释放,使局部的温度迅速上升,部分区域的温度远远超过熔点温度。这一阶段中,一部分由级联碰撞过程中产生的缺陷发生了复合。该阶段发生的时间尺度为 1 ~ 10 ps,如图 1.9(b)所示。

(3)缺陷初步演化。

热峰阶段后,晶格温度逐渐恢复到粒子入射前的水平,级联碰撞过程中产生的空位和间隙原子将与周围环境中的缺陷或者晶格原子发生反应,反应激活能低的缺陷很快发生复合,而反应激活能高的缺陷则被留下,系统状态趋于稳定,该阶段发生的时间尺度为 100 ps,如图 1.9(c)所示。

(4)缺陷迁移及反应。

较大时间尺度内,残存的间隙原子和空位迁移至其他位置,与杂质原子、近邻的间隙原子和空位等发生反应,形成复杂缺陷。该阶段的时间尺度为 100 ps 至数年,如图 1.9(d)所示。

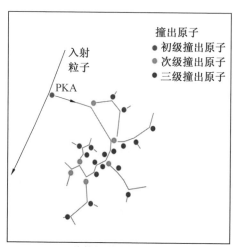

(a) 线性级联碰撞,0.1 ps

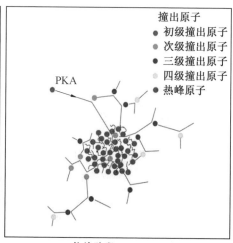

(b) 热峰阶段,1~10 ps

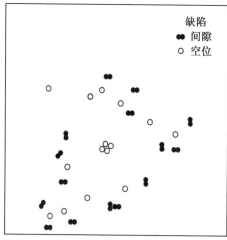

(c) 残余间隙原子及空位,100 ps

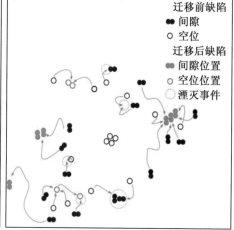

(d) 缺陷迁移,100 ps 至数年

图 1.9　跨越多个时间尺度的位移损伤效应(彩图见附录)

位移损伤对半导体材料电学特性的所有影响几乎都能够通过禁带中引入的附加能级理论来理解。图 1.10 给出了 4 种典型的位移损伤效应,包括:①增加载流子热产生率,导致包含耗尽区的器件中暗电流的增加;② 增加载流子复合率,从而影响少子寿命,导致太阳能电池输出功率和双极晶体管电流增益下降等问题;③ 增加载流子俘获和释放概率,从而影响粒子探测器电荷收集效率以及 CCD 器件的电荷转移效率;④ 降低多数载流子浓度,从而影响多种器件,尤其是硅探测器的正常工作。图 1.11 给出了反应堆中子辐照导致的硅材料位移损伤效应随中子注量的变化情况,可见载流子寿命是对位移损伤最敏感的材料参数。对于初始载流子寿命较长的情况,载流子寿命随中子注量增加快速降低;而对于初始载流子寿命较短的情况,在中子注量达到较高水平之前,载流子寿命主要由硅材料中的本征缺陷浓度所决定。中子辐照后少子寿命与中子注量的关系可近似表示为

$$\frac{1}{\tau_{\Phi}} = \frac{1}{\tau_0} + k_{\tau}\Phi \tag{1.2}$$

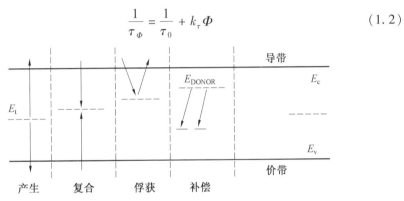

图 1.10　位移损伤缺陷在禁带中引入的附加能级及其效应示意图

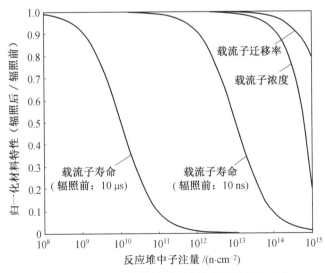

图 1.11　Si 材料性能参数随反应堆中子注量的变化

式中,τ_Φ 为中子辐照后半导体材料的少数载流子寿命;τ_0 为中子辐照前半导体材料的少数载流子寿命;k_τ 为半导体材料的少数载流子寿命损伤常数;Φ 为辐射中子注量。

半导体材料受到具有能谱分布的中子辐照产生的位移损伤,用相同损伤的 1 MeV 中子的注量进行表征。硅基器件的 1 MeV 等效中子注量可由下式表示:

$$\Phi_{Eq} = \frac{\int_{0.01\ MeV}^{\infty} \Phi(E) \cdot D(E)\,dE}{D(1\ MeV)} \tag{1.3}$$

式中,Φ_{Eq} 为 1 MeV 等效中子注量;$\Phi(E)$ 为能量为 E 的分群中子注量;$D(E)$ 为能量为 E 的中子的硅材料中的损伤函数;$D(1\ MeV)$ 为能量为 1 MeV 时对应的硅材料损伤函数。

对于质子等其他可以诱发位移损伤的粒子,可以进一步通过比较其与中子的非电离能损(Non-Ionization Energy Loss,NIEL)进行等效,则式(1.2)可改写为

$$\frac{1}{\tau_\Phi} = \frac{1}{\tau_0} + Nk_\tau\Phi_p \tag{1.4}$$

式中,Φ_p 为质子注量;N 为质子和中子 NIEL 值之比。

此外,多子浓度和迁移率对位移损伤的敏感性远低于少子寿命。功率 VDMOS 属于多子器件,少子寿命的改变对其性能的影响有限,因此 VDMOS 通常具有较好的抗位移损伤能力,对于常规的宇航应用,无须采取额外的加固措施。

1.2.2 总剂量效应

带电粒子及 X 射线、γ 射线入射半导体或绝缘体材料后,能够通过电离过程沉积能量,若材料接受的能量超过其禁带宽度,就会使电子由价带激发至导带,从而出现电子空穴对。被吸收的电离辐射在半导体或绝缘体中产生的电子空穴对数量取决于材料的禁带宽度和吸收的能力值。将射线或粒子穿过材料时,每克物质中沉积的能量称为剂量,并用拉德(rad)或者戈瑞(Gy)表示,与能量之间的转化关系为

$$1\ rad = 100\ erg/g = 6.24 \times 10^{13}\ eV/g$$
$$1\ Gy = 1\ J/kg = 10^4\ erg/g = 100\ rad$$
$$1\ rad(Si) = 0.58\ rad(SiO_2) = 0.98\ rad(GaAs)$$

其中

$$1\ J = 10^7\ erg, \quad 1\ eV = 1.602 \times 10^{-12}\ erg = 1.602 \times 10^{-19}\ J$$

硅和二氧化硅产生一个电子空穴对所需的平均能量分别为 3.6 eV 和 18 eV。由此可以算得每拉德吸收剂量在硅和二氧化硅内产生的电子空穴对密度分别为 $4.0 \times 10^{13}\ cm^{-3}$ 和 $8 \times 10^{12}\ cm^{-3}$。在经过初始复合之后,电子与空穴发

生分离。逃脱初始复合的空穴比例主要由电场强度和电荷对的初始线密度决定。在 SiO_2 中,电子由于具有较高的迁移率,室温下漂移出氧化层仅需几皮秒,而空穴的迁移较为缓慢,并涉及多种复杂的演化机制。在迁移过程中,一部分空穴可被氧空位所俘获,形成氧化物陷阱电荷(N_{ot})。与此同时,一部分空穴通过与 SiO_2 网络中的氢反应释放出 H^+,H^+ 可迁移至 SiO_2/Si 界面处与钝化的 Si—H 键发生反应产生 H_2 和 Si 悬挂键,形成界面陷阱电荷(N_{it})。图 1.12 所示为氧化物中空穴的迁移、俘获以及 H^+ 释放过程示意图。在氧化物陷阱电荷和界面陷阱电荷的综合作用下,半导体器件性能发生退化,从而诱发总剂量效应。总剂量效应对器件性能的影响程度与接受的累积剂量有良好的对应关系,因此是一种典型的累积辐射效应。对于 MOS 器件,总剂量效应的主要表现形式为阈值电压漂移、沟道迁移率下降、漏电流增加等。

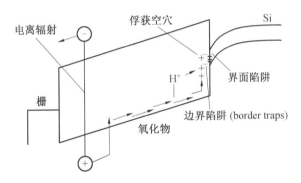

图 1.12　氧化物中空穴的迁移、俘获以及 H^+ 释放过程示意图

下面分别介绍氧化物陷阱电荷和界面陷阱电荷的产生过程、缺陷结构及其电学特性。

1. 氧化物陷阱电荷

采用热氧化工艺在 Si 衬底上生长 SiO_2,由于晶格的失配,Si/SiO_2 界面附近会产生大量应变键,这些应变区基本分布在 Si/SiO_2 界面附近约 10 nm 的范围内。不同于正常的原子构型,这种应变键使得一个硅原子与 3 个氧原子结合,第 4 个配位电子与另一个硅原子结合形成弱的 Si—Si 键(图 1.13(a));而当正电荷被捕获时,Si—Si 键断裂,晶格发生弛豫,从而产生氧化物陷阱电荷(E' 中心),如图 1.13(b) 所示,这种晶格弛豫具有非对称性,即一个原子弛豫呈平面构型,另一个则保持为四面体构型。其反应过程可表示为

$$\equiv Si—Si \equiv + h^+ \longrightarrow \equiv Si^+ \cdot Si \equiv \tag{1.5}$$

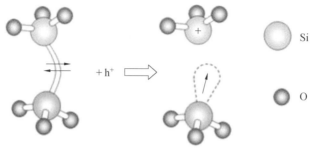

(a) SiO₂ 中的 Si—Si 键结构　　　　(b) Si—Si 键断裂后形成 E′ 中心

图 1.13　电离辐射在 SiO₂ 中诱发氧化物陷阱电荷(E′ 中心) 示意图

氧化物陷阱电荷具有一定的稳定性,但也会随着时间的推移而逐渐退火,即带正电荷的氧化物陷阱电荷恢复至电中性,此过程可持续数小时到数年的时间,并与环境温度、外加电场等因素具有复杂的依赖关系。一般而言,氧化物陷阱电荷的退火主要有两种机制:隧穿机制和热激发机制。在室温条件下,隧穿机制起主导作用;而在较高温度下,热激发成为主要的退火机制。图 1.14 给出了氧化物陷阱电荷的退火机制示意图。其中,图 1.14(a) 到(b) 是 E′ 中心的产生过程;图 1.14(b) 到(c) 为偶极子退火,该过程是一个可逆的过程。衬底中的电子隧穿至中性硅原子,从而形成偶极子结构,使 E′ 中心呈现电中性,同时,电子也可以重新隧穿至衬底中,从而使 E′ 中心恢复。偶极子模型的提出很好地解释了试验中偏置条件变换时已经退火的氧化物陷阱电荷重新出现的现象。图 1.14(c) 到(d) 为真正的退火过程(true annealing),衬底中电子隧穿至带正电的 Si 原子附近,使之中性化,重新形成 Si—Si 键,即最初的氧空位缺陷。

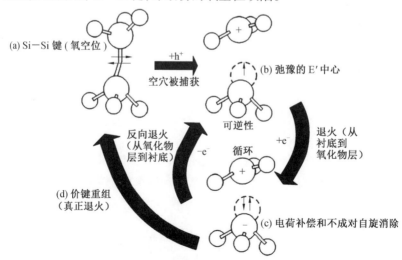

图 1.14　氧化物陷阱电荷的退火机制示意图

2. 界面陷阱电荷

在氧化物生长的过程中,有大量未钝化的三价硅中心,即硅的悬挂键,其密度约为 $10^{13} cm^{-2}$。在后续的工艺中,这些悬挂键通过与氢反应而发生钝化。然而,在电离辐射或者其他应力的作用下,这些悬挂键可能被重新激活,成为具有电活性的界面陷阱(P_b 中心),或称界面态。界面陷阱的净电荷可以是正的、中性的或是负的。根据可能的电荷态,界面陷阱可分为两类,即施主型界面陷阱和受主型界面陷阱。施主型界面陷阱充填电子时为中性,失去电子时为正电性;受主型界面陷阱充填电子时为负电性,失去电子时为中性。如同半导体其他电子能态一样,界面缺陷的占有率由费米统计确定。在低温和室温下,所有在费米能级 E_F 以下的能级都填充有电子。在费米能级 E_F 以上的电子态是空的,没有电子填充。因此,施主型界面陷阱能级位于费米能级 E_F 以下的为中性电荷态,位于费米能级 E_F 以上的由于失去电子而呈现正电荷状态;受主型界面陷阱能级位于费米能级 E_F 以下的由于接受电子而呈现负电荷状态,位于费米能级 E_F 以上的为中性电荷状态。

关于电离辐射感生界面陷阱的形成机制,研究人员提出了多种模型。虽然这些模型在机制上存在差异和冲突,但普遍认为辐射感生界面陷阱的前驱体结构为一个 Si 原子与其他 3 个 Si 原子和一个 H 原子结合,即 Si—H 结构。目前,应用最为广泛的是 McLean 等人基于一系列试验研究提出的二阶氢模型。根据该模型,在第一阶段,电离辐射产生的空穴在氧化物中迁移,并与 SiO_2 网络中的氢反应释放出 H^+,H^+ 的产额决定了界面陷阱的最终数量。而在第二阶段,H^+ 通过跳跃(hopping)机制迁移至 Si/SiO_2 界面,通过与 Si—H 键相互作用形成硅悬挂键,并释放出 H_2,如图 1.15 所示。H^+ 向界面的输运过程决定了界面陷阱形成所需的时间。并且界面态的建立要比氧化物陷阱电荷的建立慢得多,在一个辐射脉冲过后,界面态的建立经过数千秒才能达到饱和,且在室温下不易发生退火。

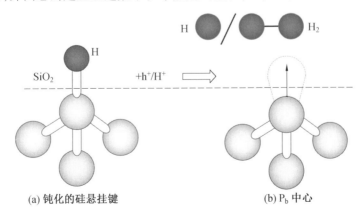

(a) 钝化的硅悬挂键　　　　　(b) P_b 中心

图 1.15　电离辐射诱发界面态的形成过程示意图

总剂量效应研究领域的一个重要方向为低剂量率损伤增强(Enhanced Low Dose Rate Sensitivity, ELDRS) 效应。1991 年,Enlow 等人第一次在双极型晶体管中发现了 ELDRS 效应的存在。目前,已有多种双极器件及其电路被证实对 ELDRS 效应非常敏感。图 1.16 示出了在辐射吸收剂量为 50 krad 条件下,不同类型双极器件的电性能相对损伤率随剂量率的变化关系。纵轴为相对损伤率,即低剂量率辐照时电性能与高剂量率(50 rad/s) 辐照时的电性能之比。可见随辐照剂量率降低,部分电路的损伤率大幅增加。

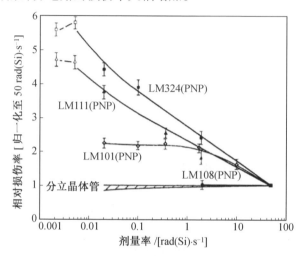

图 1.16   不同类型双极器件的电性能相对损伤率随剂量率的变化关系

国际上低剂量率辐射损伤增强效应研究主要分为损伤机理研究和加速评估方法两个方向。经过 30 余年的研究,学术界提出了数十种 ELDRS 效应损伤机理模型,如图 1.17 所示为 ELDRS 效应损伤机理模型随时间发展的演变图。在已经提出的 ELDRS 效应模型中,空间电荷模型是应用较广的一个模型。该模型认为,电离辐射在器件的隔离氧化层中电离产生氧化物陷阱正电荷,即空间陷阱电荷。这些带正电的空间陷阱电荷会在氧化层中形成空间电场,并在带隙中按一定规律分布,在没有外加电场的情况下,这个陷阱正电荷形成的空间电场指向氧化层内,阻碍后续的电离感生空穴或 H^+ 向界面输运,进而影响空穴与 H^+ 在界面处与 Si—H 钝化键的反应,导致界面态陷阱电荷的生成数量下降,即减少了辐射感生缺陷。在这一过程中,虽然浅能级陷阱主要位于氧化层体内对辐射损伤影响不大,同时其捕获的空穴存在时间较短,但却是低剂量率损伤增强形成的主要原因。基于上述机理,这种现象实际上是一种"高剂量率损伤降低效应"。

空间实际辐射环境中剂量率范围远小于地面模拟试验的剂量率范围,并且地面模拟试验成本高、耗时长,难以保证辐射剂量率和环境的稳定性,这为评估

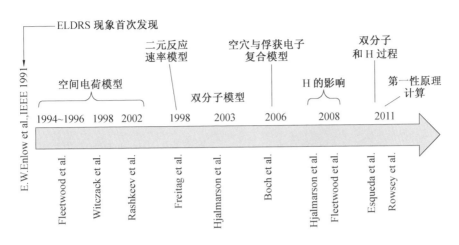

图 1.17　ELDRS 效应损伤机理模型随时间发展的演变图

双极器件及其电路在空间低剂量率辐射环境下的实际抗辐射能力带来挑战。国外开展了双极器件 ELDRS 效应加速评估方法研究,目前国际上共有 4 种加速评估方法:① 高温辐照法;② 高剂量率辐照与高温退火交替法;③ 变剂量率辐照法;④ 外部氢氛围辐照法。但每种型号的器件最佳辐照温度及剂量率范围不尽相同,无法给出一个完全适用的温度及剂量率范围。另外,加速试验方法只是一种保守估计的方法,并不能准确给出器件性能参数在极低剂量下随总剂量的变化情况,因此目前的加速评估方法难以完全满足双极器件空间低剂量率辐射损伤增强效应的考核要求。

　　功率 VDMOS 器件是一类特殊的 MOS 器件,其电离辐射总剂量效应可以看作是栅氧化层中俘获的辐射感生氧化物陷阱空穴和在栅氧化层 – 半导体界面新感生的界面陷阱电荷综合作用的结果。功率 VDMOS 器件在电离辐射作用下,会引起阈值电压的漂移、导通电阻的变大、正向跨导的降低、栅源漏电流和漏源漏电流的增加。一般地,对于 N 沟道 VDMOS 器件,存在辐射感生界面陷阱电荷(ΔN_{it})与辐射感生氧化物陷阱电荷(ΔN_{ot})的作用相抵消的现象,从而减小阈值电压的变化,甚至在电离辐射总剂量较大时,出现阈值电压值大于电离辐射前阈值电压的情况;对于 P 沟道 VDMOS 器件,一般观察到的是辐射感生界面陷阱电荷(ΔN_{it})与辐射感生氧化物陷阱电荷(ΔN_{ot})相叠加的结果,导致较大的净阈值电压负向漂移。由图 1.18 可以看出,N 沟道 VDMOS 器件的辐射感生界面陷阱电荷呈现负电性和受主型;P 沟道 VDMOS 器件的辐射感生界面陷阱电荷呈现正电性和施主型。

　　栅氧化层 / 半导体界面的电离辐射敏感性主要由其制造工艺决定,具体的工艺条件对于辐射感生界面陷阱电荷的增长密切相关。具体的工艺条件包括:栅介质材料、栅介质层厚度、含氢量及界面应力等。因此功率 VDMOS 器件的电离辐射总剂量工艺加固主要考虑采用如下原则。

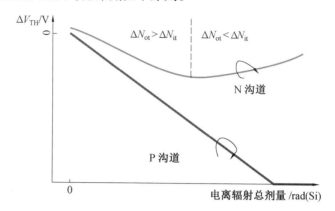

图 1.18　功率 VDMOS 器件阈值电压漂移量与电离辐射总剂量的关系示意图

（1）先高温工艺后低温工艺原则，即在整体流程设计时，尽量把栅氧化层生长工艺设计在全部前道（Front End of Line，FEOL）工艺流程的后端。

（2）薄栅氧化层 + 低温生长原则，即栅氧化层生长温度不高于 1 000 ℃，厚度不超过 100 nm。

（3）氮气合金原则，即在对做完金属化的晶圆进行退火处理时，不能在含氢的气氛中进行退火处理。基于这些工艺加固原则，已经成功研制了抗电离辐射总剂量能力达到 500 krad(Si) 的 N 沟道功率 VDMOS 器件。图 1.19 所示为研制的一款 N 沟道 100 V 功率 VDMOS 器件使用 ^{60}Co 源 γ 射线进行电离辐照试验的阈值电压随电离辐射总剂量的变化曲线，试验中辐射剂量率为 80 rad(Si)/s。

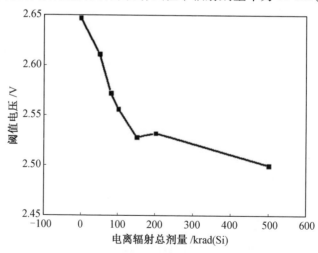

图 1.19　N 沟道 100 V 功率 VDMOS 器件阈值电压随电离辐射总剂量的变化曲线

1.2.3　单粒子效应

顾名思义,单粒子效应是指单个载能粒子入射半导体材料或半导体器件敏感区所引起的电子系统发生扰动甚至工作中断的异常现象。1962 年,Wallmark 和 Marcus 在其发表的文章中指出,随半导体器件特征尺寸的不断缩小,宇宙射线将有一定概率通过电离作用诱发存储单元的软错误,并指出了宇宙射线诱发位移损伤的潜在风险。1975 年,Binder 等首次报道了由宇宙射线导致的卫星异常事件,认为高能重离子电荷沉积使 BJT 的发射极－基极(EB)结导通,导致 JK(Jump-Key)触发器误触发是这些事件的原因,并对宇宙射线导致的翻转率进行了预估。之后,单粒子效应逐渐为辐射效应领域内的研究者所重视,由不同粒子在不同类型的器件或电路中导致的各类单粒子效应相继见诸报道,相关的机制也得到了广泛研究。单粒子效应可以由太阳宇宙射线和银河宇宙射线中的重离子所引发,在某些器件中,太阳宇宙射线和地球俘获带中的质子和中子也能够引发单粒子效应。

在历史上,有诸多由单粒子效应影响航天任务的案例。1991 年,我国发射的"风云 1B"卫星就是由于单粒子翻转导致姿态控制系统失灵而提前结束使用寿命。1995 年,我国发射的"实践 5 号"卫星在进行空间环境试验过程中,在 128 KB 的静态随机存储器(SRAM)中共检测到 71 次单粒子翻转事件,且这些事件主要发生在二极区和 SAA,且屏蔽虽然能减少单粒子效应发生的概率,但并不能完全避免。2016 年,由美国和日本联合研制的新一代 X 射线探测器"瞳"卫星发射升空,但几周后,其受到地球辐射带高能带电粒子的影响而出现故障,最后卫星失去电力供应。随后该事件的调查报告中指出是由于卫星在穿越 SAA 时,卫星上的恒星敏感器在较强的带电粒子轰击下发生了单粒子效应,因此不能获取高精度的卫星姿态数据信息。

功率 VDMOS 器件的单粒子效应及其加固方法是本书重点关注的内容,因此下面将从粒子在材料中的输运、单粒子效应电荷收集机制以及单粒子效应的几种主要表现形式 3 个方面介绍单粒子效应的基本概念。

1. 粒子在材料中的输运

单粒子效应是受单个粒子作用所引发的效应,其本质上与粒子在材料中的输运过程密切相关。带电粒子穿过靶材料时,与靶材料核外轨道电子之间存在库仑作用,并通过非弹性碰撞将自身能量传递给靶材料电子,电子受到激发产生电离,如图 1.20 所示,最终导致沿粒子入射径迹产生大量电子空穴对。材料对带电粒子的阻止本领,即粒子在单位径迹长度上损失的能量,是衡量粒子直接电离能力的重要特征值。在单粒子效应研究中,一般将阻止本领与靶材料的密度联系起来,使用质量阻止本领,又称线性能量转移(Linear Energy Transfer,LET),作为衡量粒子诱发单粒子效应能力的参考:

$$LET = \frac{1}{\rho} \cdot \frac{dE}{dx} \tag{1.6}$$

式中,ρ 为靶材料密度,mg/cm^3;dE/dx 为阻止本领,MeV/cm,可用下式表示:

$$-\frac{dE}{dx} = \frac{4\pi^2 e^4 NZ}{m_0 v^2} \left[\ln\left(\frac{2m_0 v^2}{I}\right) + \ln\left(\frac{1}{1-\beta^2}\right) - \beta^2 - \frac{C}{Z} \right] \tag{1.7}$$

式中,E 为带电粒子能量;x 为带电粒子入射深度;m_0 为电子静止质量;N 为原子密度;Z 为原子序数。LET 的单位为 $MeV \cdot cm^2/mg$。

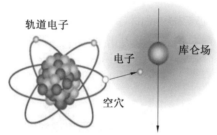

图 1.20　入射粒子与靶材料电子间的库仑作用示意图

试验证实,硅对粒子的平均阻止能力为

$$-\frac{dE}{dx} = \frac{80}{\left(\dfrac{v}{c}\right)^2} \tag{1.8}$$

式中,c 为光速;v 为粒子速度。

由于每种靶材料都有其特定的电离能,因此可将 LET 转化为电荷沉积率,又称线性电荷沉积(Linear Charge Deposition,LCD),从而更直观地描述入射粒子在给定材料内单位径迹长度产生的电荷量。以 Si 材料为例,其平均电离能约为 3.6 eV,假设入射粒子沉积的电离能量全部有效,则可根据 LET 值得到单位径迹长度上所产生的电子和空穴数,进而给出单位径迹长度上的库仑数,最终得到 LCD 值,其单位为 $pC/\mu m$:

$$1\ pC/\mu m = \frac{\dfrac{1 \times 10^{-12}}{1.6 \times 10^{-19}\left(\dfrac{C}{pair}\right)} \times \dfrac{3.6\left(\dfrac{eV}{pair}\right)}{2.24\left(\dfrac{mg}{cm^3}\right)}}{10^{-4}\ cm} = 96.608\ MeV \cdot cm^2/mg \tag{1.9}$$

粒子在靶材料中的射程是与 LET 密切相关的量,它是粒子在材料中的输运路径在其入射方向上的投影。阻止本领在粒子射程末端达到最大值,因此大部分能量都损失在这个区域,形成布拉格峰。对于确定的灵敏体积,LET 值和射程共同决定了入射粒子是否能够诱发单粒子效应。具体地,LET 值决定了单位长度径迹上沉积的电荷量,而射程则决定了粒子径迹是否能够穿过灵敏体积或者在灵敏体积内的长度。Dussault 等的研究表明,在 LET 值相同的情况下,具有较长径迹的重离子导致的体硅二极管单粒子效应电荷收集量显著增大。对功率 VDMOS 器件而言,体区与漏区形成的 PN 结通过一个较厚的轻掺杂漂移区来承受高压,其单粒子效应灵敏体积深度可达十几微米,入射粒子射程的影响同样不可忽视。

需要指出的是,除上述入射粒子直接在材料中沉积电荷的情况外,质子、中子以及重离子还能通过与靶材料间发生核反应产生的次级粒子沉积电荷,从而诱发单粒子效应。以质子为例,在硅器件中 10^5 个入射质子中大约有 1 个可以与 Si 原子发生核反应。尽管发生核反应的概率较低,但是在临近空间质子辐射带,尤其是 SAA 的质子通量非常高,因此由质子导致的单粒子事件比重离子多得多。由于核反应发生的位置、次级粒子种类、初始能量、发射角度等具有较大的随机性,因此间接电离过程导致的单粒子效应机理更为复杂,影响机制也更为多样。

2. 单粒子效应电荷收集机制

单粒子效应电荷收集机制主要包括漂移收集和扩散收集两种。当带电粒子沉积的过剩载流子位于器件内的应用电场中时,载流子将在电场的作用下迅速漂移至收集节点;而当带电粒子沉积的过剩载流子位于器件中的无电场或电场强度极低的区域,载流子只能在浓度差的驱动下缓慢扩散至收集节点。在实际情况中,受器件结构、粒子入射方向、径迹长度等因素影响,单粒子效应电荷收集往往同时涉及两种收集机制。下面以图 1.21 所示的高能带电粒子穿过反偏 PN 结的情况为例,简述典型的单粒子效应电荷收集过程。带电粒子入射后,沿电离径迹产生大量电子空穴对,电离径迹的初始截面半径小于 0.1 μm,电荷密度可达到 $10^{18} \sim 10^{21}$ cm^{-3},远高于 P 型区域的掺杂浓度,此时耗尽区及邻近区域充斥大量载流子,如图 1.21(a) 所示。在初始耗尽区漂移电场的作用下,电子被扫向 N 型区域,而空穴被扫向 P 型区域。接着,在双极扩散作用下,电离径迹沿径向扩展,导致耗尽区电势塌陷,耗尽区电场沿径迹方向向无电场的轻掺杂 P 型区域内扩展,导致漂移收集区域显著增大,电子和空穴被进一步大量收集,如图 1.21(b) 所示,通常将此种现象称为漏斗效应(funneling effect)。漏斗电势的影响范围、持续时间与 P 型区域掺杂浓度、PN 结偏置电压以及入射粒子的 LET 值和射程都有关系。对于硅器件,只要漏斗内的电荷密度大于衬底杂质浓度,漏斗就将一直存在。在几纳秒时间后,漏斗电势作用范围内的载流子浓度降低至与 P 型区域掺杂浓度相当的水平,耗尽区电势塌陷逐渐恢复。恢复从电离径迹外围开始,并逐渐推进到径迹中心处。最终,受到扰动的耗尽层恢复至粒子入射之前的状态。若粒子径迹较长,距离 PN 结较远的过剩载流子仍可通过扩散的方式输运至敏感区并被收集,如图 1.21(c) 所示。载流子扩散收集过程对应的时间尺度较长,通常为 ns 至 μs 量级。对于特征尺寸较小、集成度较高的集成电路,大量的扩散电荷收集能够导致相邻的多个敏感节点同时发生翻转。针对单粒子产生的漏斗效应,McLean 和 Oldham 等人提出了一种数学模型,其漏斗长度 L_F 和瞬态电荷收集 Q_F 可以分别表示为

$$L_F = \sqrt{\mu_n V_o} \left[\frac{3N_o}{8\pi\beta N_A v_p D^{1/2}} \right]^{1/3} \tag{1.10}$$

$$Q_F = qN_o L_F \tag{1.11}$$

式中,μ_n 为电子迁移率;V_o 为外加偏压;N_o 为入射粒子轨迹的载流子线密度;N_A 为杂质浓度;v_p 为空穴的平均速度;D 为扩散系数;q 为电子电量。

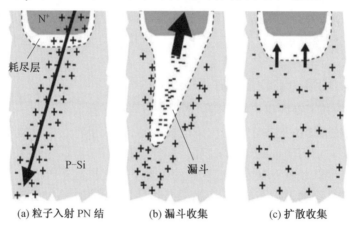

(a) 粒子入射 PN 结　　　(b) 漏斗收集　　　(c) 扩散收集

图 1.21　单粒子效应电荷收集过程示意图

由式(1.10) 和式(1.11) 可知,增加器件的掺杂浓度,可以有效缩短漏斗长度,降低瞬态电荷收集,进而抑制单粒子效应的产生;而增大 PN 结反偏电压,可以增加漏斗长度,增加瞬态电荷收集,进而增加单粒子效应敏感性。在单粒子效应研究领域,还有一个与评估器件和集成电路单粒子效应密切相关的电荷量,被称为临界电荷(Q_c)。临界电荷是表征一个器件发生单粒子效应在敏感节点需收集到的最低电荷量,单位为库仑(C),它代表了器件发生单粒子效应的容易程度。临界电荷越低,代表器件越容易发生单粒子效应。

3. 单粒子效应的几种主要表现形式

受器件或电路功能、结构的影响,单粒子效应具有不同的表现形式。根据效应导致的错误或损伤的可恢复性,可将单粒子效应分为两类:一类为可恢复的软错误;另一类为不可恢复的硬错误。

(1) 单粒子软错误。

单粒子软错误主要包括单粒子翻转(Single Event Upset,SEU)、单粒子瞬态(Single Event Transient,SET) 和单粒子功能中断(Single Event Functional Interrupt,SEFI)。

单粒子翻转是数字电路中常见的软错误类型。带电粒子在敏感节点附近产生过剩载流子,导致敏感节点的瞬态电荷收集,若敏感节点收集的电荷量大于维持其初始状态的最小电荷量,即临界电荷量,节点处的逻辑状态将发生改变。1978 年,Guenzer 等在其发表于 *IEEE Transactions on Nuclear Science* 期刊上的文章中,首次使用了"Single Event Upset"来定义此类错误。此外,随半导体器件特征尺寸的缩小和临界电荷的降低,单个粒子入射所产生的过剩载流子可同时被多个敏感节点所收集,导致多个数据位同时发生翻转,即发生单粒子多位翻转(Multiple Bit Upset,MBU) 效应。

单粒子瞬态在模拟和数字电路中都存在,但具有不同的表现形式。在模拟电路中,入射粒子产生的过剩载流子被敏感节点收集后产生瞬态电压或电流扰动,瞬态扰动经传播到达电路的输出端口,表现为与敏感节点处相同或者经过放大、衰减的瞬态扰动。在数模混合电路(如模数转换电路)中,瞬态扰动也可能会导致数字部分逻辑电平的改变。为与数字电路中的单粒子瞬态相区别,模拟电路中的单粒子瞬态又称为 ASET(Analog Single Event Transient)。ASET 是导致 SOHO 科学卫星、MAP 微波各向异性探测器以及 Cassini 号土星探测器等诸多航天器在轨故障的元凶。在数字电路中,单粒子效应导致的瞬态电荷收集可以短时淹没组合逻辑节点的正确信号,并沿数据通路向下级传播,导致大规模软错误。在一定条件下,瞬态扰动可以为时序单元锁存,形成"持久性"的错误。一般将数字电路中的单粒子瞬态称为 DSET(Digital Single Event Transient)。随半导体器件特征尺寸的缩小和集成电路规模的扩大,由 DSET 导致的逻辑电路软错误的影响越来越大。

单粒子功能中断表现为电路工作能力的暂时丢失,一般可通过复位或者重启的方式恢复,但在一些情况下功能中断也可持续较长时间。单粒子功能中断往往与单粒子翻转与单粒子锁定现象同时出现,甄别其具体诱发机制较为复杂。研究表明,入射粒子可能只是在控制逻辑电路中某个节点诱发数据位翻转,但最终导致整个芯片的功能中断。

（2）单粒子硬错误。

单粒子硬错误主要包括单粒子锁定（Single Event Latchup，SEL）、单粒子烧毁（Single Event Burnout，SEB）和单粒子栅穿（Single Event Gate Rupture，SEGR）。硬错误通常不能通过对器件的刷新、复位或重启等操作恢复，并会在器件内部形成永久性的损伤。

锁定（latchup）是 CMOS 电路中寄生结构所引发的一类硬错误。如图 1.22（a）所示为带电子粒子入射 CMOS 结构示意图，可见除了 NMOS 和 PMOS 外，还存在寄生的纵向 PNP 型和横向的 NPN 型 BJT 结构，两者交叉耦合形成了一个双稳态的可控硅结构，其等效电路如图 1.22（b）所示。正常工作状态下，寄生 BJT 处于截止状态，但在某些外部因素（如漏电流、开关噪声以及瞬态电压过／下冲等）的影响下，寄生的 BJT 导通，形成 V_{CC} 到 V_{SS} 间的低阻大电流通路，器件进入锁定状态。由于寄生晶体管之间的正反馈作用，锁定电流在短时间内急剧上升，如果不能及时切断供电，将导致器件烧毁。当带电粒子入射 CMOS 结构后，产生的电子和空穴分别沿图 1.22（a）中标注的路径被迅速收集，若瞬态电流产生的压降大于 BJT 的开启电压，就能触发锁定状态。这种由单个粒子入射导致的锁定现象即为单粒子锁定。随器件特征尺寸的缩小和工作电压的降低，单粒子锁定敏感性逐渐降低，但并未完全消除。研究表明，单粒子入射事件在深亚微米 CMOS 工艺电路中导致的微锁定或局部锁定是大规模多位、多单元翻转的重要诱因。

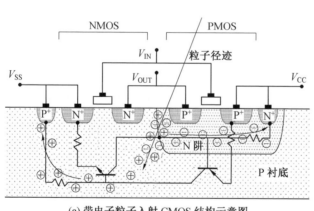
(a) 带电子粒子入射 CMOS 结构示意图

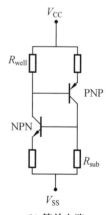
(b) 等效电路

图 1.22　单粒子锁定原理示意图

单粒子烧毁主要发生于功率器件中。以 N 沟道功率 VDMOS 器件为例，其结构如图 1.23 所示，可见其中存在寄生的纵向 NPN 型 BJT。若粒子入射后的电荷收集在 P 型体区上产生足够大的压降，寄生的 BJT 将会导通进入放大状态，在高场作用下,造成寄生晶体管雪崩击穿,集电极电流不断增加,此机制会使器件内局部功率密度急剧上升,如果不加以限制,最终将导致器件的烧毁。单粒子烧毁是否触发由许多因素决定,其中最重要的影响因素是入射粒子 LET 值、入射轨迹和器件偏置条件。

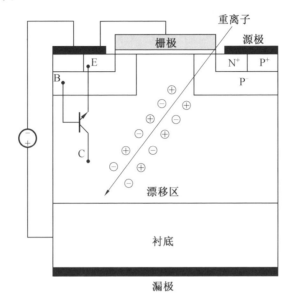

图 1.23　功率 MOSFET 器件及寄生 BJT 结构示意图

单粒子栅穿多出现于工作电压较高的器件(如电可擦除可编程只读存储器(EEPROM)、VDMOS 等)中。高能带电粒子穿过 MOSFET 栅层时,电子和空穴在电场作用下分别向漏极和栅极快速流动,Si/SiO_2 界面处的电荷大量积累,造成局部栅氧化层的电场迅速增加。若漏极电压足够大,使局部电场大于氧化层的本征击穿场强,将引起粒子径迹周围的栅介质击穿,导致栅 – 衬底短路。

单粒子烧毁和单粒子栅穿是功率 VDMOS 器件最重要的两种单粒子效应失效模式,其具体损伤和失效模型将在后续章节进行详细阐述。

1.3　单粒子辐射加固功率 MOSFET 器件面临的挑战

航天工程对电子元器件提出了高可靠、长寿命、抗辐射的要求。由于国内研制宇航用功率 VDMOS 器件所需的硬件条件、上下游协同、研究经验、验证资源等各类因数的匹配程度不同,国内宇航用功率 VDMOS 器件在技术水平、系列化程度、长期可靠性和应用程度等方面具有较大的发展空间。

1.3.1　航天应用对功率 MOSFET 器件的可靠性要求

在宇航用 VDMOS 器件的可靠性评价方面,欧盟和美国分别使用 ESCC5000 和 MIL – PRF – 19500 对 HiRel VDMOS 器件进行可靠性评价和认证。同时,由于美国 IR 公司的 HiRel VDMOS 器件拥有 30 余年客户的应用验证经历,已经建立了相对完善的失效分析和预测模型,国内的宇航用功率 VDMOS 器件,参照美国 MIL – PRF – 19500 建立了《半导体分立器件试验方法》(GJB 128A—1997),对器件芯片及封装的可靠性进行相对系统的评价,但国产宇航用 VDMOS 器件的典型失效分析和预测模型还未完全建立。

宇航用 VDMOS 器件的可靠性筛选和质量一致性检验需要满足《半导体分立器件总规范》(GJB 33A—1997)和《半导体分立器件试验方法》(GJB 128A—1997)的一般性要求,其中质量一致性检验要求由 A、B、C、D 和 E 组检验中的一个或多个分组要求组成。按照 GJB 33A—1997,VDMOS 器件的质量等级分为普军级、特军级、超特军级和宇航级 4 个等级,分别用 JP、JT、JCT 和 JY 表示。辐射强度分为 M、D、R 和 H 4 个等级。GJB 128A—1997 则给出了一致性检验中的具体试验方法。

总之,航天应用功率 VDMOS 器件产品的可靠性筛选和质量一致性检验标准按照"用户有要求按照用户要求执行、用户无要求参照通用标准执行"的原则进行可靠性评价。

1.3.2　航天应用对功率 MOSFET 器件的抗辐射要求

航天器工作于宇宙射线环境及地球辐射带会受到各种射线(X 射线、γ 射线)和高能粒子的辐射,导致航天器中的电子元器件参数发生漂移或扰动,甚至引起电子系统烧毁,严重影响航天器的在轨安全运行。功率 VDMOS 器件是航天器用 DC/DC 电源的核心元器件之一,在各种射线及高能粒子的辐射下会发生电离辐射总剂量效应和单粒子效应。针对航天应用,对电子元器件的抗电离辐射总剂量和单粒子辐射提出了明确要求。

在功率 VDMOS 器件的抗电离辐射总剂量方面,按照 GJB 128A—1997 方法 1019 的要求,功率 VDMOS 器件需要在最劣偏置条件下采用 ^{60}Co γ 射线辐照试验,试验环境温度为(24 ±6)℃,辐射剂量率为 50 ~ 2 000 rad(Si)/s;辐射中和辐射后器件测试采取移位测试,测试环境温度(25 ±5)℃,测试必须在中断／结束辐射后的 2 h 内完成;同时考核时要求过辐射 50%,即要求电离辐射总剂量为 100 krad(Si),需要辐射到 150 krad(Si),且在 100 krad(Si)和 150 krad(Si)后移位测试器件的电参数需要满足详细规范要求。一般地,根据不同的航天器设计寿命及轨道高度,航天用功率 VDMOS 器件的抗电离辐射总剂量要求为 100 ~

300 krad(Si)。N 沟道 VDMOS 器件的最劣偏置条件为栅最劣偏置条件,即漏源间短接,栅源间加正电压;P 沟道 VDMOS 器件的最劣偏置条件为漏最劣偏置条件,即栅源间短接,漏上加负高压。

在功率 VDMOS 器件的抗单粒子方面,注量率为 $2\ 000 \sim 10\ 000$ ions/(cm^2·s),总注量为 1×10^7 ions,LET 值不小于 75 MeV·cm^2/mg,偏置条件:漏源电压 BV$_{DS}$ ≥80% BV$_{DSS}$ 且栅源电压 BV$_{GS}$ ≤ − 80% BV$_{GSS}$。特别地,在单粒子辐照试验考核过程中,还存在几点隐含要求:试验粒子为回旋加速器产生的重离子、在器件表面的 LET 值不小于 75 MeV·cm^2/mg、粒子在硅中的射程需要大于器件的敏感区厚度、重离子为垂直入射、试验器件需要去掉封装的管帽或盖板。一般地,宇航用功率 VDMOS 器件的抗单粒子要求为 LET ≥ 75 MeV·cm^2/mg,根据具体应用需求,偏置条件和辐射总注量需在详细规范中明确。

综上所述,宇航用功率 VDMOS 器件有抗电离辐射总剂量和抗单粒子的要求,当前抗电离辐射总剂量指标为 $100 \sim 300$ krad(Si),抗单粒子辐射指标为 LET ≥75 MeV·cm^2/mg。

本章参考文献

[1] STASSINOPOULOS E G, RAYMOND J P. The space radiation environment for electronics[J]. Proceedings of the IEEE, 1988, 76(11): 1423-1442.

[2] 李兴冀, 杨剑群, 刘超铭. 抗辐射双极器件加固导论[M]. 哈尔滨: 哈尔滨工业大学出版社, 2019.

[3] 韩郑生, 沈自才, 丁义刚, 等. 空间单粒子效应——影响航天电子系统的危险因素[M]. 北京: 电子工业出版社, 2016.

[4] 刘必慰. 集成电路单粒子效应建模与加固方法研究[D]. 长沙: 国防科学技术大学, 2009.

[5] ZIEGLER J F. Terrestrial cosmic rays[J]. IBM Journal of Research and Development, 1996, 40(1):19-39.

[6] 刘文平. 硅半导体器件辐射效应及加固技术[M]. 北京: 科学出版社, 2013.

[7] CAMPBELL A B. SEU flight data from the CRRES MEP[J]. IEEE Transactions on Nuclear Science, 1991, 38(6): 1647-1654.

[8] MESSENGER G C. A summary review of displacement damage from high energy radiation in silicon semiconductors and semiconductor devices[J]. IEEE Transactions on Nuclear Science, 1991, 39(3):468-473.

［9］NORDLUND K，DJURABEKOVA F. Multiscale modelling of irradiation in nanostructures［J］. Journal of Computational Electronics，2014，13（1）：122-141.

［10］唐杜. 硅基器件的单粒子翻转和单粒子位移损伤的数值模拟研究［D］. 西安：西安交通大学，2016.

［11］SROUR J R，PALKO J W. Displacement damage effects in irradiated semiconductor devices［J］. IEEE Transactions on Nuclear Science，2013，60（3）：1740-1766.

［12］SCHRIMPF R D. Recent advances in understanding total-dose effects in bipolar transistors［J］. IEEE Transactions on Nuclear Science，1996，43（3）：787-796.

［13］FLEETWOOD D M. Total ionizing dose effects in MOS and low-dose-rate-sensitive linear-bipolar devices［J］. IEEE Transactions on Nuclear Science，2013，60（3）：1706-1730.

［14］LELIS A J，OLDHAM T R，BOESCH H E，et al. The nature of the trapped hole annealing process［J］. IEEE Transactions on Nuclear Science，1989，36（6）：1808-1815.

［15］郑玉展. 低剂量率损伤增强效应的物理机制及加速评估方法研究［D］. 北京：中国科学院大学，2010.

［16］WINOKUR P S，BOESCH H E，MCGARRITY J M，et al. Two-stage process for buildup of radiation-induced interface states［J］. Journal of Applied Physics，1979，50（5）：3492-3494.

［17］BROWN D B. The time dependence of interface state production［J］. IEEE Transactions on Nuclear Science，2007，32（6）：3899-3904.

［18］张晋新. 锗硅异质结双极晶体管空间电离辐射效应研究［D］. 西安：西安交通大学，2016.

［19］李培. 锗硅异质结双极晶体管低剂量率辐射损伤增强效应研究［D］. 西安：西安交通大学，2019.

［20］SAKS N S，BROWN D B. Interface trap formation via the two-stage H+ process［J］. IEEE Transactions on Nuclear Science，1989，36（6）：1848-1857.

［21］WALLMARK J T，MARCUS S M. Minimum size and maximum packing density of nonredundant semiconductor devices［J］. Proceedings of the IRE，1962，50（3）：286-298.

［22］BINDER D，SMITH E C，HOLMAN A. Satellite anomalies from galactic cosmic rays[J]. IEEE Transactions on Nuclear Science, 1975, 22(6): 2675-2680.

[23] DUSSAULT H, HOWARD J W, BLOCK R C, et al. The effects of ion track structure in simulating single event phenomena[C]. Saint Malo: IEEE, 1993: 509-516.

[24] 陈伟, 郭晓强, 丁李利, 等. 空间单粒子效应[M]. 北京: 中国原子能出版社, 2015.

[25] HSIEH C, MURLEY P C, O'BRIEN R. A field-funneling effect on the collection of Alpha-particle-generated carriers in silicon devices[J]. IEEE Electron Device Letters, 1981, 2(4): 103-105.

[26] CHANG M H, MURLEY P C, O'BRIEN RR. Dynamics of charge collection from Alpha-particle tracks in integrated circuits[C]. Las Vegas: IEEE, 1981: 38-42.

[27] 刘文平. 硅半导体器件辐射效应及加固技术[M]. 北京: 科学出版社, 2013.

[28] GUENZER C, WOLICKI E, ALLAS R. Single event upset of dynamic RAMs by neutrons and protons[J]. IEEE Transactions on Nuclear Science, 1979, 26(6): 5048-5052.

[29] POIVEY C, BUCHNER S, HOWARD J, et al. Testing guidelines for single event transient (SET) testing of linear devices[R]. Washington: NASA Goddard Space Flight Center, 2003.

[30] 程佳, 马英起, 韩建伟, 等. 运算放大器单粒子瞬态脉冲效应试验评估及防护设计[J]. 空间科学学报, 2017, 37(2): 222-228.

[31] HARBOE-SORENSEN R, GUERRE F, CONSTANS H, et al. Single event transient characterisation of analog IC's for ESA's satellites[C]. Fontevraud: IEEE, 1999: 573-581.

[32] POIVEY C, BARTH J L, MCCABE J, et al. A space weather event on the microwave anisotropy probe (MAP)[C]. Padua: IEEE, 2002.

[33] PRITCHARD B E, SWIFT G M, JOHNSTON A H. Radiation effects predicted, observed, and compared for spacecraft systems[C]. Phoenix: IEEE Radiation Effects Data Workshop, 2002: 7-13.

[34] NARASIMHAM B, BHUVA B L, SCHRIMPF R D, et al. Characterization of digital single event transient pulse-widths in 130 nm and 90 nm CMOS technologies[J]. IEEE Transactions on Nuclear Science, 2007, 54(6): 2506-2511.

[35] SEIFERT N, MOYER D, LELAND N, et al. Historical trend in Alpha-particle induced soft error rates of the Alpha microprocessor[C]. Orlando: IEEE International Reliability Physics Symposium, 2001: 259-265.

[36] KOGA R, YU P, CRAWFORD K B, et al. Permanent single event functional interrupts (SEFIs) in 128- and 256-megabit synchronous dynamic random access memories (SDRAMs)[C]. Vancouver: IEEE Radiation Effects Data Workshop, 2001: 6-13.

[37] KOGA R, PENZIN S, CRAWFORD K, et al. Single event functional interrupt (SEFI) sensitivity in microcircuits[C]. Cannes: IEEE, 1997: 311-318.

[38] MORRIS W. Latchup in CMOS[C]. Dallas: IEEE International Reliability Physics Symposium, 2003: 76-84.

[39] PUCHNER H, KAPRE R, SHARIFZADEH S, et al. Elimination of single eventlatchup in 90 nm SRAM technologies[C]. San Jose: IEEE International Reliability Physics Symposium, 2006: 721-722.

[40] BOSSER A L, GUPTA V, JAVANAINEN A, et al. Single-event effects in the peripheral circuitry of a commercial ferroelectric random-access memory[J]. IEEE Transactions on Nuclear Science, 2018, 65(8): 1708-1714.

[41] TAUSCH J, SLEETER D, RADAELLI D, et al. Neutron induced micro SEL events in COTS SRAM devices[C]. Honolulu: IEEE, 2007: 185-188.

[42] TSILIGIANNIS G, DILILLO L, BOSIO A, et al. Multiple cell upset classification in commercial SRAMs[J]. IEEE Transactions on Nuclear Science, 2014, 61(4): 1747-1754.

[43] WEI J, GUO H, ZHANG F, et al. Single event effects in commercial FRAM and mitigation technique using neutron-induced displacement damage[J]. Microelectronics Reliability, 2019, 92:149-154.

[44] LUO Y H, ZHANG F Q, GUO H X, et al. Single-event cluster multibit upsets due to localized latch-up in a 90 nm COTS SRAM containing SEL mitigation design[J]. IEEE Transactions on Nuclear Science, 2014, 61(4): 1918-1923.

[45] 于成浩. 功率 MOSFET 单粒子效应及辐射加固研究[D]. 哈尔滨: 哈尔滨工程大学, 2016.

[46] 唐本奇, 王燕萍, 耿斌, 等. 单粒子烧毁、栅穿效应的电路模拟与测试技术

[J]. 电力电子技术, 2000, 34(4): 56-59.

[47] 楼建设, 蔡楠, 王佳. 典型 VDMOSFET 单粒子效应及电离总剂量效应研究 [J]. 核技术, 2012, 35(6):428-433.

[48] 曹洲, 杨世宇, 达道安. 功率 MOSFET 单粒子烧毁测试技术研究[J]. 真空 与低温, 2004, 1:23-27.

[49] WASKIEWICZ A E, GRONINGER J W, STRAHAN V H, et al. Burnout of power MOS transistors with heavy ions of californium-252[J]. IEEE Transactions on Nuclear Science, 1986, 33(6):1710-1713.

[50] FISCHER T A. Heavy-ion-induced, gate-rupture in power MOSFETs[J]. IEEE Transactions on Nuclear Science, 1987, 34(6):1786-1791.

[51] GAO B, YU X F, REN D Y, et al. Total ionizing dose effects and annealing behavior for domestic VDMOS devices[J]. Journal of Semiconductors, 2010, 31(4):41-45.

[52] LIU Y K, LIANG C G, WANG C H, et al. A radiation hardened power device—VDMNOSFET[J]. Journal of Semiconductors, 2001, 22(7): 841-845.

[53] 高博, 余学峰, 任迪远, 等. P 型金属氧化物半导体场效应晶体管低剂量 率辐射损伤增强效应模型研究[J]. 物理学报, 2011, 60(6):812-818.

第 2 章

宇航 MOSFET 器件的空间辐射效应及损伤模型

2.1　重离子与材料的相互作用

射线或能量粒子与半导体材料作用,会发生位移损伤或电离损伤。位移损伤是原子核间的相互作用,是指能量粒子与半导体材料的原子核发生碰撞,引起原子核发生位移,产生弗仑克尔缺陷,主要表现为少数载流子寿命降低、迁移率降低、纯掺杂浓度降低。一般地,中子和质子辐射半导体材料会产生位移损伤,主要对双极型器件、硅太阳能电池、单结型器件和硅可控整流器等产生影响。电离损伤是能量粒子与材料原子外层电子间的相互作用,典型的是电离辐射总剂量效应和单粒子效应:电离辐射总剂量效应是 X 射线或 γ 射线与半导体材料作用,产生与界面相关的累积效应的结果,是一种近表面效应;单粒子效应是单个能量粒子与半导体材料作用,能量粒子与半导体材料原子发生能量交互,使得材料原子电离,从而改变半导体器件特性的效应,是一种体效应。图 2.1 给出了能量粒子与半导体材料作用发生的位移损伤和电离损伤的简易模型示意图。

在重离子与材料的作用过程中,通常关心两个参数:重离子在材料中的能量损失(ΔE) 和重离子在材料中的射程 R_p,下面将具体介绍这两个参数。

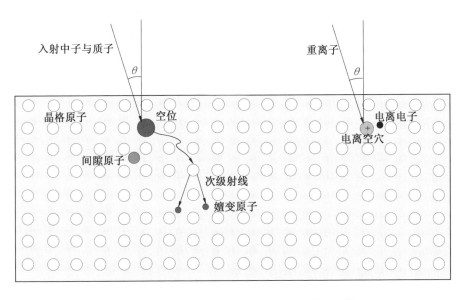

图 2.1　能量粒子与半导体材料作用的简易交互模型

2.1.1　重离子在材料中的能量损失

一般地,将重离子与材料原子间的碰撞视为离散事件。然而,除了与原子核碰撞或在原子核之间碰撞之外,穿过晶格的离子可能会由于电子激发或轫致辐射而损失能量。下面将讨论晶体材料中能量损失的处理方法。

通常关注离子或原子通过晶格时的微分能量损失,即通过单位长度的能量损失,可以按照微分的概念定义为: $-\dfrac{\mathrm{d}E}{\mathrm{d}x}$,其中负号"−"表示入射高能粒子的能量减小;或采用单位体积内的原子数密度(N)与原子的阻止本领 S(S = 单位能量 E 乘以距离 r 的平方)的乘积。由此,总能量的损失可以用下式来近似表示:

$$\Delta E = \left(-\frac{\mathrm{d}E}{\mathrm{d}x}\right)_{\mathrm{total}} = \left(-\frac{\mathrm{d}E}{\mathrm{d}x}\right)_{\mathrm{n}} + \left(-\frac{\mathrm{d}E}{\mathrm{d}x}\right)_{\mathrm{e}} + \left(-\frac{\mathrm{d}E}{\mathrm{d}x}\right)_{\mathrm{r}} =$$
$$NS_{\mathrm{n}} + NS_{\mathrm{e}} + NS_{\mathrm{r}} \tag{2.1}$$

式中,下标 n 表示弹性碰撞产生的能量损失;下标 e 表示电子激发引起的能量损失;下标 r 表示轫致辐射引起的能量损失。

在多数情况下,轫致辐射引起的能量损失很小,可以忽略,则

$$\Delta E = \left(-\frac{\mathrm{d}E}{\mathrm{d}x}\right)_{\mathrm{total}} \approx \left(-\frac{\mathrm{d}E}{\mathrm{d}x}\right)_{\mathrm{n}} + \left(-\frac{\mathrm{d}E}{\mathrm{d}x}\right)_{\mathrm{e}} = NS_{\mathrm{n}} + NS_{\mathrm{e}} \tag{2.2}$$

一般地,离子(粒子)辐射半导体器件,在入射的径迹上存在多个不连续的材料界面,需要结合多个边界条件和多个方程才能精确地计算粒子在入射深度(射

程）上的能量损失,这是很难实现的,下面讨论两种极限情况。

（1）当入射离子（粒子）能量较高时,有 $S_e \gg S_n$,粒子与材料原子间的作用可以视为纯的库仑作用,即式（2.2）可以简化为

$$\Delta E = \left(-\frac{\mathrm{d}E}{\mathrm{d}x} \right)_{\mathrm{total}} \approx \left(-\frac{\mathrm{d}E}{\mathrm{d}x} \right)_e = NS_e \qquad (2.3)$$

（2）当入射离子（粒子）能量较低时,有 $S_n > S_e$,粒子与材料原子间的作用主要在原子发生位移所在的区域,即式（2.2）可以简化为

$$\Delta E = \left(-\frac{\mathrm{d}E}{\mathrm{d}x} \right)_{\mathrm{total}} \approx \left(-\frac{\mathrm{d}E}{\mathrm{d}x} \right)_n = NS_n \qquad (2.4)$$

由此可见,不论是高能粒子还是低能粒子的作用,粒子与材料原子作用,在射程范围内的能量损失均可以统一表示为

$$\Delta E = \left(-\frac{\mathrm{d}E}{\mathrm{d}x} \right)_{\mathrm{total}} \approx \left(-\frac{\mathrm{d}E}{\mathrm{d}x} \right)_{e,n} \qquad (2.5)$$

如果已知 S_n 或者 S_e 的能量转移截面 $\sigma(E_i, T)$,则可以计算出平均能量转移值

$$\overline{T} = \frac{\int T\sigma \mathrm{d}T}{\int \sigma \mathrm{d}T} \qquad (2.6)$$

两次碰撞之间的平均自由程为

$$\lambda = \frac{1}{N\sigma} \qquad (2.7)$$

式（2.6）和式（2.7）之比则为单位长度上的能量损失

$$\frac{\mathrm{d}E}{\mathrm{d}x} = NS_n = \frac{\overline{T}}{\lambda} = \frac{\int_{\check{T}}^{\hat{T}} T\sigma(E_i, T) \mathrm{d}T}{\int_{\check{T}}^{\hat{T}} \sigma(E_i, T) \mathrm{d}T} \cdot N\int_{\check{T}}^{\hat{T}} \sigma(E_i, T) \mathrm{d}T = N\int_{\check{T}}^{\hat{T}} T\sigma(E_i, T) \mathrm{d}T \qquad (2.8)$$

另一种求解能量损失的方式如下：

能量粒子入射半导体材料,宏观上粒子的径迹表现为一个柱形结构,图 2.2 给出了一个能量粒子穿过半导体材料的简易模型。圆环柱体的内径为 b_1,表示受能量粒子影响的区域,柱体的厚度（本质上是粒子的射程）为 Δx,则入射能量粒子将把能量传递给 $N\Delta x 2\pi b_1 \mathrm{d}b$ 个原子,传递给每个原子的能量存在差异,用 $T(E_i, b)$ 表示。

对圆柱体内每个原子获得的能量进行积分,则可以得到转移（损失）的总能量：

$$\Delta E = N\Delta x \int_0^\infty T 2\pi b \mathrm{d}b \qquad (2.9)$$

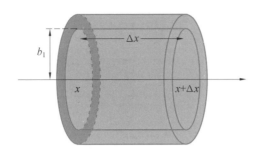

图 2.2　粒子辐射半导体材料的柱形模型

假设 $\Delta E \ll E$,且取极限 $\Delta x \to 0$,则可以得到:

$$\frac{\Delta E}{\Delta x}\bigg|_{\substack{\lim \\ \Delta x \to 0}} = \frac{\mathrm{d}E}{\mathrm{d}x} = N\int_0^\infty T2\pi b\mathrm{d}b \tag{2.10}$$

由于 $\sigma(E_i, T)\mathrm{d}T = 2\pi b\mathrm{d}b$,则

$$\frac{\mathrm{d}E}{\mathrm{d}x} = N\int_{\check{T}}^{\hat{T}} T\sigma(E_i, T)\mathrm{d}T \tag{2.11}$$

式(2.11)与式(2.8)具有相同的数学表达式。相关的计算及系数的值可通过试验及数值拟合的方式确定。

2.1.2　重离子在材料中的射程

由 2.1.1 可知,能量粒子辐射半导体材料,主要产生入射粒子与材料原子核的能量交互作用和入射粒子与材料中电子的能量交互作用。假设这两种能量损失的方式相互独立,则入射粒子与每个材料原子、材料中电子的能量传输的总和就是总的能量损失:

$$\left(-\frac{\mathrm{d}E}{\mathrm{d}x}\right)_{\text{total}} = NS_{\text{total}} = N[S_n(E) + S_e(E)] \tag{2.12}$$

式(2.12)可以综合得出一个能量粒子由入射时初始能量为 E_i 到能量为 $0 \sim 10\ \mathrm{eV}$ 所经过的总路程(R_p):

$$R_p = \int_0^R \mathrm{d}x = \frac{1}{N}\int_0^{E_i} \frac{\mathrm{d}E}{S_n(E) + S_e(E)} \tag{2.13}$$

一般地,R_p 称为平均总射程,是描述能量粒子在材料中总的入射深度的重要参数。

在实际中,真正有意义的是与材料端面垂直方向径迹的能量交互,需要对在粒子入射方向的能量进行投影处理。直观表象是:重离子带倾角入射时的器件的损伤大于垂直入射。图 2.3 给出了能量粒子辐射半导体材料的有效射程模型。

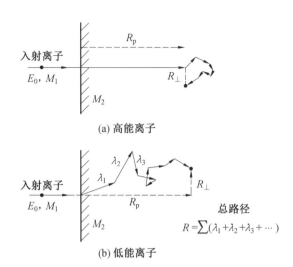

图 2.3　能量粒子辐射半导体材料的有效射程模型

2.2　宇航 MOSFET 器件物理

2.2.1　宇航 VDMOS 器件的基本器件结构

1. 元胞结构

VDMOS 历史上曾经有几种主要的器件结构,包括平面型 VDMOS 结构、V 形槽结构、U 形槽结构,到后面工艺发展成熟后的矩形槽栅 VDMOS 结构以及超结 (Superjunction) 结构,如图 2.4(a) ~ (e) 所示。

平面型 VDMOS 存在结型场效应晶体管(JFET) 区,对导通是一个限制,V 形槽、U 形槽以及矩形槽栅 VDMOS 从电流路径上避免了 JFET 区的电流拥挤,不过底部朝漏极一端因为失去 JFET 区的屏蔽作用,栅下峰值电场比较高,这使宇航应用的 VDMOS 在单粒子作用下容易引起单粒子栅穿(SEGR),因此这 3 种类型 VDMOS 在宇航 VDMOS 中也极少见到,工艺最先进的矩形槽栅只在一些低漏电压宇航 VDMOS 中或牺牲一定的抗总剂量能力条件下得到一定应用。Superjunction 结构 VDMOS 因为使用二维电场电荷平衡原理,能使得 VDMOS 中间漂移区掺杂浓度大为提高,并且耐压也不遵循平行平面结的漂移区杂质浓度关系,可以保持足够耐压,且静态导通电阻特性比一般 VDMOS 有非常显著的改善,不过在单粒子特性上比平面型 VDMOS 没有优势,甚至有一定劣化。从电气效率看,Superjunction 型 VDMOS 效率更高,但在宇航高可靠性环境要求下,Superjunction 型 VDMOS 还需开展更多的工作才能适应宇航高可靠性应用。

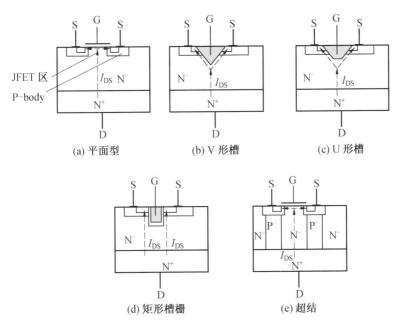

图 2.4　元胞结构

宇航 VDMOS 器件要面临高能单粒子轰击的情况,单粒子效应一般对结构形状和掺杂较为敏感,相比普通 VDMOS,宇航 VDMOS 器件的一些结构尺寸和掺杂参数虽然差异不是很大,但对提高其抗单粒子能力有比较重要的作用。无论普通 VDMOS 还是宇航 VDMOS,其最基本的结构是很难改变或取消的。比如最基本的 MOS 沟道,是必须存在的,而从结构和掺杂看,MOS 沟道天然存在寄生 NPN 或者 PNP 三极管结构,这是无法避免的,一般来说,VDMOS 沟道区对应 body 掺杂区,VDMOS 的源区一定处于 body 区内,这必然导致 VDMOS 一般都存在以 body 为基区,源区为发射极的寄生纵向 NPN 或 PNP 三极管。一般地,body 区与源区在 VDMOS 正常工作时都是短路的,即寄生双极三极管的发射极与基区是短路连接的。

另外一个特点是 VDMOS 的栅一般总存在一部分伴随栅介质覆盖到 VDMOS 的高压漏电极区,而不是刚好把 VDMOS 沟道覆盖,这也是一种固有的特点,与光刻工艺水平有关,光刻水平高这种多余的覆盖可以减小一些。这个固有的寄生结构特征对宇航 VDMOS 单粒子栅穿(SEGR)是有影响的。

宇航 VDMOS 与普通 VDMOS 的不同之处,主要来自于应用环境的不同。宇航 VDMOS 必须面对空间辐射效应的影响,主要是总剂量效应和单粒子效应,次要的是充放电效应等,并且宇航 VDMOS 的在轨可维修维护特性很差,因此对可靠性要求比普通 VDMOS 也更高。

总剂量效应本质上源于制造的工艺过程控制,并且总剂量效应与宇航

VDMOS 结构关联性不太大，与工艺过程、材料关系更密切一些。

造成宇航 VDMOS 永久性损伤的单粒子效应可以分为两类：一类是单粒子在外加高压下引起 VDMOS 的单粒子烧毁效应（SEB 效应）；另一类是外加高压下单粒子引起的 VDMOS 栅源、栅漏的击穿效应（SEGR 效应），其他非器件永久性损伤的单粒子效应包括单粒子扰动（SED 效应）。

对于 SEB 效应，VDMOS 固有寄生三极管起到关键的作用。三极管存在电流放大系数，且通常随温度升高而增加，这也是三极管容易因为热电互相作用而形成"热丝"导致二次击穿的基本机理。虽然 VDMOS 正常工作时其固有的寄生双极三极管发射极与基极是短路的，但实际上电极只能连接寄生三极管的表面接触孔位置，不可能从半导体内部将发射极和基极理论上完美地短路，从有源基区（内基区）过渡到外基区必然存在的分布式寄生基区电阻。在电容式位移电流，瞬态光照光生电流以及单粒子碰撞产生的电子－空穴对电流作用下，这个寄生三极管的基区电阻上产生压降，而这个压降在足够大的激发电流作用下，是可以分布式地局部高于发射极正向 PN 结电压，引起寄生三极管的导通的，此时，虽然这个寄生三极管发射极和基极在电极端是被金属短路的，但其内部某些区域，基区电压是可以高于发射极电压 0.7 V，并导致少子注入效应发生的，这时的 VDMOS 实际上已经不工作在 MOS 状态，而是寄生三极管的失控状态。外部电压功率足够时，很快就会导致 VDMOS 发生烧毁而失效。

既然 VDMOS 的 SEB 失效与其固有寄生三极管有密切关系，那么结构上如何抑制 EB 短路状态下寄生三极管的导通和失控呢？一是降低寄生三极管电流放大系数，这可以通过增加基区宽度来实现，也可以通过降低寄生三极管基区少子寿命来实现。其中增加基区宽度也需要考虑 VDMOS 的 MOS 沟道长度的影响，因为其 MOS 沟道长度正巧也是表面寄生三极管基区宽度。当然，结构上在不影响 MOS 沟道长度的情况下，增加寄生三极管基区其他位置的宽度也能降低寄生三极管电流放大系数。二是降低内外基区寄生电阻 R_{bb}，从而降低电流流过基区产生的压降，增加激发寄生三极管导通的电流阈值，这间接等效为提高了单粒子 LET 阈值。当然，类似三极管大功率应用在发射极上集成小的发射极整流电阻也是一种改善宇航 VDMOS 的电路级负反馈方法，但这种方法对 VDMOS 的导通电阻有负面影响。

另一个与结构比较相关的是宇航 VDMOS 的单粒子栅穿效应（SEGR），由于结构上的固有特性，始终都会有部分栅电极覆盖到 VDMOS 的高压漏端。虽然正常情况下因为耗尽层的降压作用，实际栅电极与漏端电压并不高，电场也并不是很强，但当高能单粒子经过栅电极下 JFET 漏区耗尽层时，其经过的路径类似一个等离子管道，具有高导电性，类似一根临时的金属探针直刺这个耗尽层，起到一定的将高压漏端电压短路到栅电极附近，这样就瞬时改变了栅电极下电场和电压分布,当此瞬间的电场和电压超过栅介质或者场区介质击穿电场时,栅或场介质就会被击穿,导致栅漏之间产生明显的漏电流,破坏了宇航 VDMOS 正常工作的状态和条件。某些情况下,源上发生单粒子烧毁(SEB)时产生很大的热量,有可能同时将栅介质也破坏掉,导致栅源发生永久性的漏电。一方面,把宇航 VDMOS 的 SEB 能力提高,间接对 SEGR 有好处;另一方面,可以有限度利用 JFET 区高压截止区电场与耗尽区形状尽量吸收单粒子通过这个区域导致的空间电荷区电场畸变,减少对此附近栅电极的影响。JFET 区栅电极下介质电场分布也尽量均匀,没有电场突出部位。

在元胞平面形状上,常用的六角形、四方形、条形在规则排列下,主要是有效沟道宽度与 JFET 区比例问题,性能差异并不太大。可综合考虑栅平面互联电阻、版图设计方便性等因素后可自由选择。

2. 结终端技术

由前面对 VDMOS 击穿特性的分析可知,高压 VDMOS 器件的击穿电压很大程度上决定于器件的表面击穿,而决定器件表面击穿电压的主要是在器件中平面结的终端处。由于在终端处存在电力线的集中,这些地方的电场远远高于体内,因此实际平面结的击穿电压远低于理想平板结的击穿电压。为了尽量减小甚至消除器件表面及终端弯曲部分对器件击穿电压的不利影响,以提高器件耐压,就必须采取各种改进措施。这些特殊结构称为结终端技术(Junction Termination Technique,JTT)。用于平面工艺的平面结终端技术由于与平面工艺完全兼容,因而具有效果好、成本低等优点,成为平面电力电子器件提高表面耐压的最有利方法。平面结终端技术主要包括扩散保护环、场板(Field Plate,FP)、漂移区、场限环(Field Limiting Ring,FLR)和结终端扩展等技术。下面选取场板和场限环终端技术作为提高 VDMOS 器件表面耐压的主要技术进行介绍。

(1) 场板技术。

所谓场板,就是在 PN 结表面氧化层上方用多晶硅或金属延伸一定的长度以改变 PN 结电力线分布的结构。场板的引入通常是为了改变耗尽层在表面处的分布,改变 PN 结表面弯曲处的电场强度,增强器件的表面耐压能力。如图 2.5(a)、(b) 分别为不加场板和加场板时 P^+N 结表面弯曲处的电力线分布。由图 2.5 可以看出,在加了场板之后,P^+N 结表面耗尽区展宽,电力线变疏,表面电场降低。

另外,场板也可以改善表面电荷对器件击穿电压的影响。在硅和二氧化硅膜层之间,以及二氧化硅膜层和钝化层(Passivation Layer,PV)之间的电荷统称为表面电荷。通常这些电荷是带正电荷的,它们对 P^+N 结会产生不利影响。芯片加工的过程对表面电荷值的影响很大,如湿氧氧化 1 μm 厚的氧化层,其表面

电荷可达 $5 \times 10^{11} cm^2$；如果表面电荷值超过 $1 \times 10^{12} cm^2$，就可能导致高压器件失效。在没有场板时，如图 2.5(a) 所示，电力线从 N 正电荷出发，终止于 P 耗尽区的负电荷上；氧化层表面正电荷发出的电力线，也终止于 P 耗尽区的负电荷上，因为全部穿过耗尽区弯曲处，该处的电力线密度大于平坦区，所以弯曲处的击穿电压比平坦处的低。对于理想场板结构，如图 2.5(b) 所示，表面电荷发出的电力线被引到场板的负电荷上，因此不影响结电场，消除了表面电荷对击穿电压的影响；同时 N 侧的一部分电力线也终止在场板上的负电荷，不穿过结弯曲处，于是弯曲处的电力线变疏，电场强度降低，提高了器件的表面耐压。场板的存在虽然可以有效抑制 PN 结弯曲处电力线的集中，但在场板的边缘却会形成一个电场的峰值。因为场板的存在相当于在半导体表面加了一层电荷，这些电荷产生的横向电场在场板内部相互削弱，但在场板的边缘，横向电场则相互加强，结果在场板边缘处出现了一个横向电场的峰值。

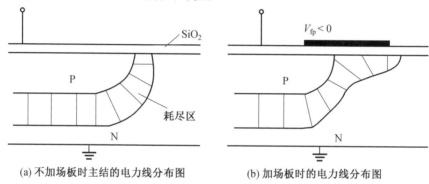

(a) 不加场板时主结的电力线分布图　　　　(b) 加场板时的电力线分布图

图 2.5　场板与表面电场分布图

在设计场板时，不仅要考虑场板的长度，还要考虑场板下氧化层的厚度。对氧化层而言，随着氧化层厚度的增加，击穿电压随之提高。但场板下场氧化层的厚度有一个优值，如果氧化层太厚，场板就会失去分散 PN 结曲率部分电力线的作用；如果氧化层太薄，场板的电荷耦合作用会增强，抑制表面电荷的作用更好，但在场板边缘也会容易出现电力线的过渡集中而发生击穿。所以，在选择使用场板时，要考虑场板的长度以及氧化层的厚度对击穿特性的影响。另外场板技术还可以和其他终端技术结合使用。

（2）场限环技术。

场限环是在扩散形成 PN 结（主结）时，在其周围做同样掺杂的一个环，没有电极接触。它是目前普遍采用的一种终端技术，它的工艺简单，可以与主结一起扩散形成，无须增加任何工艺步骤。

如图 2.6 所示，当给 PN 结施加反偏电压时，主结的耗尽区在表面向外扩展。当耗尽区扩展到场限环时，主结弯曲处电场强度还没有达到临界击穿电场，也就是主结弯曲处还不会发生雪崩倍增效应而使器件发生雪崩击穿。随着反向偏压的进一步增大,主结和环结之间发生穿通。在穿通之后,环结的电位提高,如果再进一步提高反向偏压,空间电荷区将在环结展开,所增加的电压将由环结承担,将主结的电场值限制在临界击穿电场以内,击穿电压因此得到提高。这样环结就相当于一个分压器分担了加在主结上的电压,所以场限环也被称为分压环。

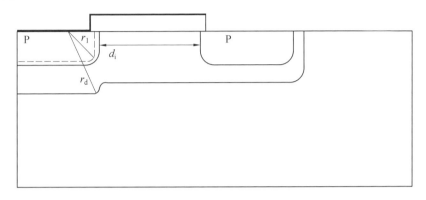

图 2.6　内场限环的结构图

综上所述,当 VDMOS 器件的外延层足够厚,而使器件的表面击穿先于体击穿而发生时,可以使用场板、场限环或者两者的结合来提高实际中器件的击穿电压。

2.2.2　宇航 VDMOS 器件静态参数

电参数上宇航 VDMOS 与普通 VDMOS 表征参数是类似的,静态参数主要包括阈值电压、导通电阻、最大持续漏电流、击穿电压、截止漏电流等。

1. 阈值电压 V_{TH}

因为沟道非均匀掺杂,VDMOS 的阈值电压的精确计算相对复杂,从实际工程应用角度来讲,可以假设沟道为均匀掺杂,一个概念比较清晰的公式为

$$V_{TH} = \frac{Q_s + Q_{ox} + Q_{is}}{C_{ox}} + 2\Psi_B + \Phi_{MS} \qquad (2.14)$$

式中,Q_s 为 MOS 沟道反型时半导体表面电荷;Q_{ox} 为 MOS 栅介质氧化层电荷,包括辐射产生的氧化层电荷;Q_{is} 为 MOS 栅介质氧化层与半导体界面电荷,包括辐射参数的界面态电荷;C_{ox} 为 MOS 栅介质电容;$2\Psi_B$ 为半导体表面强反型的表面势;Φ_{MS} 为栅电极与半导体之间的金属半导体功函数差引起的电势差。

一般正常情况下,不考虑功函数及氧化层电荷影响,阈值电压计算式为

$$V_{TH} = \frac{\sqrt{4\varepsilon_s kTN_A \ln(N_A/n_i)}}{C_{ox}} + \frac{2kT}{q}\ln\frac{N_A}{n_i} \qquad (2.15)$$

式中，ε_s 为半导体介电常数；k 为玻尔兹曼常数；T 为热力学温度；q 为电子电荷量；N_A 为掺杂浓度；n_i 为本征载流子浓度。

对功率 MOSFET 结构而言，通常第一项在阈值电压计算中占主导地位。氧化层特征电容用公式代替后，其阈值电压可以重新写成

$$V_{TH} = \frac{t_{ox}}{\varepsilon_{ox}}\sqrt{4\varepsilon_s kTN_A \ln(N_A/n_i)} \qquad (2.16)$$

式中，t_{ox} 为氧化层厚度；ε_{ox} 为氧化层介电常数。

由式（2.16）可知，随氧化层厚度增加，功率 MOSFET 的阈值电压线性增大，并且随着半导体掺杂浓度的均方根近似线性地增大。

宇航 VDMOS 在使用过程中受电离辐射总剂量效应影响，其中一个最主要的影响就是对阈值电压 V_{TH} 的影响，从式（2.14）可见阈值电压会受到 Q_{ox}、Q_{is} 几乎线性的影响，对于 100 nm 的栅介质，1×10^{11} cm^{-2} 的 Q_{ox} 或 Q_{is}，对于 N 沟道 VDMOS 阈值电压将降低 0.46 V；对于初始阈值电压为 2.5 V 的宇航 VDMOS 来说，7.6×10^{11} cm^{-2} 的 Q_{ox} 或 Q_{is} 将使得阈值电压降为零；1×10^{12} cm^{-2} 的 Q_{ox} 或 Q_{is} 将使得阈值电压变成 -1.14 V，使得 VDMOS 从增强型晶体管变为耗尽型常开的 VDMOS，严重时将导致电路失效，功耗剧烈增加。这种失效模式是宇航 VDMOS 一种重要的失效模式，宇航 VDMOS 辐射加固的任务之一就是抑制其栅介质在总剂量辐射环境下 Q_{ox}、Q_{is} 的产生数量，以便稳定和减少 VDMOS 的阈值电压变化量，至少不过零，禁止变成负阈值电压。

2. 导通电阻 R_{ON}

功率 MOSFET 的导通电阻（R_{ON}）是指施加栅压使器件导通后源漏之间有电流流动时的总电阻。导通电阻限制了功率 MOSFET 的最大电流传导能力。功率 MOSFET 结构在导通期间的功耗为

$$P_D = I_D V_D = I_D^2 R_{ON} \qquad (2.17)$$

式（2.17）也可以以单位面积为基准进行改写

$$\frac{P_D}{A} = P_{DA} = J_D^2 R_{ON,SP} \qquad (2.18)$$

式中，A 为器件的有源区面积；J_D 为导通状态下的电流密度；$R_{ON,SP}$ 为功率 MOSFET 结构的比导通电阻。

单位面积的功耗由可靠性决定的最大允许结温（T_{JM}）限制。高于室温 T_A 后的温升由封装热阻 R_θ 决定。结合这些关系，连续导通工作时的最大电流密度为

$$J_{DM} = \sqrt{\frac{T_{JM} - T_A}{R_{ON,SP} R_\theta}} \qquad (2.19)$$

可见,降低特征导通电阻可以提高功率 MOSFET 的电流传导能力。

　　VDMOS 导通电阻 R_{ON} 详细分解有的可分解成 8 个部分,有的简单分解为 4 ~ 5 个部分。这些分解的电阻中最基本的、最核心的、最受栅电极控制的是 MOS 沟道电阻,如图 2.7 中电阻 R_3。

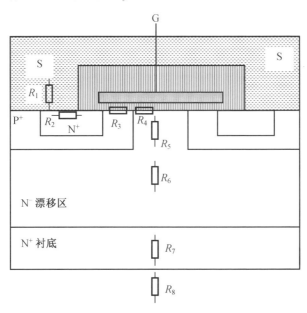

图 2.7　VDMOS 导通电阻 R_{ON} 组成部分

　　R_{ON} 主要由 8 个部分组成,它们分别是源接触电阻 R_1、源区电阻 R_2、沟道电阻 R_3、积累电阻 R_4、JFET 电阻 R_5、漂移区电阻 R_6、N^+ 衬底电阻 R_7、漏接触电阻 R_8,再细分下去还可包括有源连线压焊电阻、漏烧结电阻,如果只针对器件内部的电阻,只考虑以上 8 个部分即可。由于功率 MOSFET 结构中源漏之间的电流通路上的各部分电阻是串联的,所以总的导通电阻为各部分电阻之和。

　　下面对 R_{ON} 的 8 个部分进行简单阐述。从结构上看,为了 VDMOS 在单位面积有更多的沟道宽度,或权衡 JFET 区大小,一般是把源接触电阻 R_1 做得非常紧凑和最小可靠尺寸,一般接触窗口都比较小,需保证表面源 N^+ 或 P^+ 浓度足够高,这样金属接触电阻才能比较低。对于 N^+ 源表面浓度在 5×10^{19} cm^{-3} 以上,接触电阻约为 1×10^{-5} $\Omega \cdot$ cm^2;对于 10 μm^2 窗口,接触电阻约为 100 Ω;10 万个元胞情况下,接触电阻约为 0.001 Ω,这对一些高压电阻较大的 VDMOS 比例还不算大,但对 mΩ 级 VDMOS 还是比较大。

　　对于源区电阻 R_2,主要是 N^+ 源区的方块电阻表征,一般源区方块电阻在 20 $\Omega/\square$,每个接触孔相对源区宽长比为 $10:1$,那么每个接触孔源区电阻约为 2 Ω,相对源接触电阻还是非常小的。

对于沟道电阻 R_3，可以简单使用下式进行估算：

$$R_3 = \frac{L_g}{Z\mu_{ni}C_{ox}(V_G - V_{TH})} \tag{2.20}$$

式中，L_g 为 MOS 沟道长度，是 body 区与源区相对结深之差；Z 为沟道总宽度；μ_{ni} 为表面反型层迁移率；C_{ox} 为栅与 body 区反型后电容；V_G 为栅极电压。

假设 μ_{ni} 为 300 cm^2/(V·s)，Z 和 L_g 都是 1 μm，$V_G - V_{TH} = 7$ V，氧化层厚度 50 nm，则 R_3 为 2 402 Ω，这是 1 μm 沟道宽度下电阻值，考虑实际沟道宽度在 10^4 μm 以上，实际的 R_3 为 0.024 Ω 以下。

MOSFET 在导通状态下，由于施加栅压，电流扩散现象会在栅氧化层下方形成电荷累积层。累积层电荷引起的积累电阻 R_4 与式（2.20）是类似的：

$$R_4 = \frac{L_A}{Z\mu_{nA}C_{ox}(V_G - V_{TH})} \tag{2.21}$$

式中，L_A 为体区边缘到栅中心处的距离；μ_{nA} 为积累层迁移率。

R_5 是 JFET 电阻，通常情况下，可以认为通过 JFET 区的电流具有均匀的电流密度。在 VDMOS 器件结构中，由于体区是通过扩散工艺形成，因此 JFET 区域的横截面积随着位于半导体表面下的距离增大而增大。为了简化分析，通常假设 JFET 区的电流在宽度为 a 的横截面内均匀流动。可以用下式简单表示：

$$R_5 = \rho_{JFET}\frac{x_j}{Za} \tag{2.22}$$

式中，x_j 为 body 区结深；Z 为元胞或半导体材料等效厚度；a 为两边 body 区除去 body 和 JFET 区耗尽层的间距；ρ_{JFET} 为 JFET 区电阻率，可由下式给出：

$$\rho_{JFET} = \frac{1}{q\mu_n N_{DJ}} \tag{2.23}$$

式中，μ_n 为适用于 JFET 区掺杂水平的体迁移率；N_{DJ} 为 JFET 区的掺杂浓度。

对于元胞宽度 20 μm 的功率 VDMOS，若 P 阱区（P - body 区）结深 2 μm，JFET 区掺杂 2×10^{16} cm^{-3}，此时每一个元胞 R_5 约为 48 Ω。

R_6 是漂移区电阻，因为电流从 R_5 流出，电流路径是 JFET 区限制，因此从 JFET 区流出的电流在到高掺杂衬底之前都是一种扩展电阻的模式，扩展电阻的计算形式一般都含有自然对数，如下式所示：

$$R_6 = \rho A\ln B \tag{2.24}$$

式中，A 和 B 为具体器件结构参数，并根据不同的近似假设有一定差异。对于漂移区掺杂浓度为 1×10^{16} cm^{-3}，元胞节距为 20 μm 的 VDMOS，漂移区单位面积比导通电阻约为 0.337 mΩ·cm^2。

R_7 是 N$^+$ 或 P$^+$ 衬底电阻，一般衬底电阻率可以低到 0.001 ~ 0.003 Ω·cm，为改善散热和降低衬底电阻，一般 VDMOS 圆片需要减薄，最好能减薄到 40 ~

$50~\mu m$。对于 N^+ 型材料,一般这个衬底电阻可以小到 $0.06~m\Omega \cdot cm^2$。

R_8 是金属与漏电极接触电阻,由于漏极接触的电流为均匀电流,所以漏极接触电阻不会出现与源极接触类似的被放大的现象,一般可以得到 $1 \times 10^{-5}~\Omega \cdot cm^2$ 的比导通电阻,钛镍银多层金属接触从接触电阻角度是较好的接触金属层。

3. 最大持续漏电流 I_D

最大持续漏电流 I_D 一般指漏端能持续以直流状态提供的最大电流,实际上这个电流受 VDMOS 器件温度的影响,具体影响因素有 VDMOS 自身的功耗、环境的温度、器件的散热能力。一般情况下温度越高,最大持续漏电流会越小。

4. 击穿电压 BV_{DSS}

目前 VDMOS 击穿电压有两种模式:一种模式是遵循平行平面结击穿电压规律;另一种是不遵循平行平面结击穿电压规律,以 Superjunction 为典型代表,宇航 VDMOS 多数还是遵循平行平面结类型的器件,因此这项指标的设计理想程度就是接近平行平面结击穿电压的程度。

理想单边平行平面结击穿电压可以用下式表示:

$$BV = 5.34 \times 10^{13} N_D^{-\frac{3}{4}} \tag{2.25}$$

多数情况下 VDMOS 最大击穿电压都可以参照式(2.25),实际 VDMOS 击穿包括两方面的情况:一个方面是器件有源区元胞击穿电压;另一个方面是终端部分击穿电压,最终 VDMOS 击穿由二者较小的击穿电压决定。

器件击穿电压也是受辐射影响较大的主要参数,宇航 VDMOS 应用中,无论是总剂量辐射效应还是单粒子效应,对宇航 VDMOS 击穿电压都有不小的影响。总剂量辐射将产生氧化层陷阱电荷、界面陷阱电荷,这些电荷对宇航 VDMOS 终端和元胞反向高压时的电场分布产生矢量叠加效应,改变原有电场分布,降低击穿电压(少数情况会提高击穿电压),这对终端结构的击穿电压影响更大,终端结构相对元胞结构是非对称结构,当总剂量辐射效应产生氧化层陷阱电荷时没有像元胞结构的栅电极对称性屏蔽作用。

而单粒子辐射效应情况下,被粒子轰击过的区域产生高密度的电子 – 空穴对,这种电子 – 空穴对类似在高压器件绝缘空间耗尽层放入一根短路的金属棒,对器件高压电场分布影响非常巨大。如果此时单粒子作用后,因为高压、功率、热互相作用发生器件局部熔融、介质击穿等永久性失效则视为不满足宇航需求;若因热弛豫时间等因素没有发生宇航 VDMOS 永久性失效,并且统计性单粒子试验击穿的恢复都处于某个可用限度之下,那么这颗宇航 VDMOS 就是能承受额定高压和功率下可用的宇航 VDMOS。

5. 截止漏电流 I_{DSS}

宇航 VDMOS 的截止漏电流 I_{DSS} 与击穿电压 BV_{DSS} 关系密切。截止漏电流是 VDMOS 器件在关断情况下，额定漏电压下漏极静态泄漏电流。对于宇航 VDMOS，截止漏电流主要受总剂量辐射效应影响较大，单粒子辐射影响是短暂的，除非单粒子辐射对器件产生永久性损伤，并且表现在截止漏电流上。一般情况下，单粒子辐射产生永久性损伤非常明显，不像仅仅是截止漏电流增大那么轻微。而总剂量辐射效应一般产生界面陷阱，正好产生的泄漏电流量级比较弱，适合用截止漏电流这样的参数来描述。一般宇航 VDMOS 截止漏电流总剂量作用之前和最终总剂量寿命结束后截止漏电流允许 100 倍的变化，比如从 nA 变到上百 nA。

6. 栅源漏电流 I_{GSS} 和栅漏泄漏电流 I_{GDS}

栅源漏电流，即栅源泄漏电流，是评估栅源之间包括栅介质在内的介质完整性参数，在宇航 VDMOS 中，这个参数是评估单粒子辐射后是否发生 SEGR 效应的重要参考参数之一，栅漏电极之间的泄漏电流是宇航 VDMOS 是否发生 SEGR 效应的另一个重要参考因素。普通 VDMOS 一般是不会发生明显的栅漏泄漏电流 I_{GDS} 的，因此一般的 VDMOS 是不考虑这个栅漏泄漏电流的。需要注意的是栅源电压的反向偏置对宇航 VDMOS 单粒子辐射是非常敏感和致命的，此时失效主要模式是单粒子栅穿效应（SEGR）。

7. 漂移区比导通电阻 $R_{ON,SP}$

比导通电阻 $R_{ON,SP}$ 是 VDMOS 单位面积的导通电阻，对于不同电压的 VDMOS，构成 VDMOS 导通电阻的结构层电阻所占百分比也不同，对于低压 VDMOS 管，主要是栅下沟道电阻及 JFET 区夹断电阻对 VDMOS 导通电阻影响百分比较大，因此现代低压 VDMOS 管都是高集成密度和消除 JFET 区的槽栅结构，高集成密度可以活动单位面积下 MOS 沟道足够的宽度，以便降低 MOS 沟道电阻。对于高压 VDMOS 管，其导通时电阻的主要组成部分是承受耐压的漂移区电阻，对于单边平行平面结构构的比导通电阻计算公式为

$$R_{ON,SP} = \frac{4BV^2}{\varepsilon_s \mu E_C^3} \tag{2.26}$$

式中，BV 为平行平面结击穿电压；ε_s 为半导体介电常数；μ 为载流子迁移率；E_C 为半导体击穿时的临界击穿电场。

针对硅器件，一般漂移区掺杂浓度比较低，近似可以认为迁移率是不变的常数，当器件为电子导电，或者 N 型漂移区，比如 N 沟道 VDMOS 时，理论上特定击穿电压下其漂移区比导通电阻可以进一步简化为

$$R_{ONN,SP} = 5.93 \times 10^{-9} BV^{2.5} \tag{2.27}$$

同样,P 型 VDMOS 理论上漂移区比导通电阻简化为

$$R_{\mathrm{ONP,SP}} = 1.63 \times 10^{-8} \mathrm{BV}^{2.5} \qquad (2.28)$$

单位是 $\Omega \cdot \mathrm{cm}^2$,并且可以看出,P 型 VDMOS 的比导通电阻约是相同耐压 N 型 VDMOS 比导通电阻的 2.75 倍。因此,除了电压极性必需以及其他原因需要,比导通电阻更小一点的 N 型 VDMOS 应用更多。

需要说明的是,式(2.22)~(2.24)是一般的以平行平面结扩展空间电荷漂移层模式工作的计算式,对于非平行平面结空间耗尽漂移区模式,例如 Superjunction 结构为典型的模式,漂移区比导通电阻就不能使用式(2.22)~(2.24),此时也没有很统一的漂移区比导通电阻,而是与具体结构形式有比较大的关联性。

2.2.3　宇航 VDMOS 器件动态参数

宇航 VDMOS 动态参数与普通 VDMOS 动态参数描述是相同的,主要是电容参数、开关时间参数和开关过程中充电电荷参数。对一些有源漏反向二极管工作模式,还有二极管的正反向转换时的时间参数,以及是否工作于同步整流模式(即 VDMOS 反向二极管工作模式下,MOS 沟道是否也反向导通辅助二极管导通),在这里因为与宇航 VDMOS 主要工作模式和机理关联不特别强,所以不讨论这个问题。

电容参数方面,VDMOS 器件物理结构上的电容主要就是栅源、栅漏、漏源(C_{GS}、C_{GD}、C_{DS})这 3 个电容;从电路应用角度看,这几个电容分别组合成 C_{ISS}、C_{OSS} 和 C_{RSS},分别被称为输入电容、输出电容和反向传输电容,物理结构电容与电路等效电容关系为

$$C_{\mathrm{ISS}} = C_{\mathrm{GS}} + C_{\mathrm{GD}}, \quad C_{\mathrm{OSS}} = C_{\mathrm{GD}} + C_{\mathrm{DS}}, \quad C_{\mathrm{RSS}} = C_{\mathrm{GD}}$$

从宇航 VDMOS 角度看,宇航环境的总剂量和单粒子对这些电容的影响都不是直接和明显的,可能的影响是总剂量辐射效应引起的界面陷阱电荷会对介质面积较大的 C_{GS}、C_{GD} 电容有一定轻微的迟滞作用,表现为因为界面陷阱电荷响应迟缓引起的充放电延迟;另外,单粒子辐射效应可能会破坏 C_{GS}、C_{GD}、C_{DS} 这 3 个电容的介质绝缘特性,引入电阻的阻性损耗,降低这些电容的品质因素,不过一般这种情况发生时也意味着宇航 VDMOS 是不可靠的,已经失效或接近失效了。

在开关时间参数方面,从严格控制寄生参数的标准测试板卡测试波形看,可分为 $t_{\mathrm{d(on)}}$、t_{r}、$t_{\mathrm{d(off)}}$、t_{f},分别称为导通延迟时间、上升时间、关断延迟时间、下降时间,如图 2.8 所示,这些时间起算点都是 V_{GS}、V_{DS} 波形满幅度的 10% 和 90%,这些时间参数都与 VDMOS 的几个可变电容有关,并且也与驱动信号的特性、输出阻抗等参数有关系。

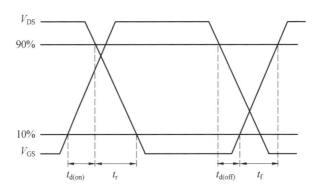

图 2.8　VDMOS 的 4 个主要时间参数定义示意图

在充电电荷方面,VDMOS 器件开启时栅上电压与所充的电荷不是一个固定电容特性,而是在充电中间有一段栅电压几乎保持不变的状态,这一段被称为 Miller 过程。VDMOS 器件在开启过程中,漏电压相对栅电压的增加,急剧下降,当栅压增加超过 VDMOS 反型时,漏电压开始下降,此时一方面 C_{GD} 随漏电压下降而增加,另一方面,因为栅压和漏压的反向放大 Miller 效应,等效放大了 C_{GD} 电容。此时栅电极继续给栅充电,但是栅上电压却因为 Miller 效应增加了电容,增加得并不明显,相对整个充电曲线,曲线仿佛是一段水平线,如图 2.9 中 Q_{GD} 这一段。当漏电极电压降低速度放缓后(因为负载和自身阻抗限制)栅电压才继续增加,进一步增加 VDMOS 导通能力,降低其导通电阻。

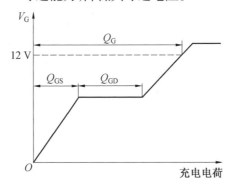

图 2.9　VDMOS 栅压与充电电荷曲线示意图

图 2.9 给出了典型 VDMOS 不同阶段的充电电荷 Q_{GS}、Q_{GD}、Q_G 曲线,需要注意的是这种充电电荷曲线是近似恒流电流方式得到的。

电容参数、开关时间参数和开关过程中充电电荷参数在宇航 VDMOS 中与辐射环境和辐射效应没有太大的直接关联,如前述电容参数分析,会有一些间接的关系。

2.2.4　宇航 VDMOS 器件极限参数

VDMOS 从电气功能看是一种低压电路控制高压电路的良好的电子开关,不过其控制的高压也是有一定形式和规格的,一般情况下只能是单侧高压,控制端电平也只在低压到地电位,负载一般都加在漏电极上,无论是阻性负载还是感性或容性负载,这是由 VDMOS 器件结构和工作机理决定的。超过一定限度,VDMOS 就不能正常工作,严重时会失去功能。这些限度就是 VDMOS 器件极限参数规定的范围。

一般地,这些极限参数包括最大持续漏电流 I_D、最大脉冲漏电流 I_{DM},这两个极限电流与器件自身损耗功率、散热条件有关,一般需要结合具体的封装形式和测试环境条件来确定;紧接着是与功率相关的 VDMOS 器件最大耗散功率 P_D,与静态或准静态功率相关极限参数之后是栅源允许的最大电压范围 BV_{GSS},因为栅介质一旦超过其击穿电压,就成为不可恢复的永久性损坏,因此这个极限参数是需要重视的;还有些参数不那么直观,但在应用中是可能遇到的,这些参数与外部变化的电能信号有关,包括单脉冲雪崩能量 E_{AS}、可重复雪崩能量 E_{AR}。

宇航 VDMOS 极限参数与普通 VDMOS 极限参数没有太大差异,不过因为宇航 VDMOS 需要在空间辐射环境下能按计划寿命工作,会因为工艺和器件结构有一定改变而有一定的不同,比如单脉冲雪崩能量 E_{AS}、可重复雪崩能量 E_{AR} 与器件电容相关,但也与结构抗雪崩能力有关系,这也与 VDMOS 中寄生三极管有关系,这一点上与宇航 VDMOS 抗单粒子辐射机理是有相似之处的。

2.3　宇航 MOSFET 器件的单粒子辐射效应

功率 MOSFET 器件作为一类功率型半导体器件,是通过半导体工艺方法(光刻、掺杂、介质生长、薄膜沉积、刻蚀等)在硅、碳化硅等半导体衬底材料上制作 PN 结、栅介质、绝缘层介质、金属电极等结构形成的具有整流、开关功能的功率器件。当重离子辐射功率 MOSFET 器件时,重离子与材料中的原子发生能量交互,使得材料原子电离,产生新生电子 - 空穴对,进而对器件的正常工作产生影响。目前公开报道的功率 MOSFET 器件的单粒子效应包括 SEB 和 SEGR 效应,但作者在对功率 MOSFET 器件的单粒子效应进行研究时,还观察到了一种 SEB 致 SEGR 现象,即当重离子由 MOSFET 器件的源区或沟道区入射时,存在先发生 SEB 后发生 SEGR 的现象,此效应在 TCAD 仿真和单粒子辐照试验中进行了复现。

图2.10给出了重离子辐射功率 MOSFET 器件的原理示意图。一般地,当重离子沿颈区(neck)入射时,会发生 SEGR 效应,如图2.10中入射径迹 a;当重离子由 MOSFET 器件的源区(source)及源极接触区(source contact)入射时,会发生 SEB 效应,如图2.10中入射径迹 b;当重离子沿沟道区(channel)入射时,会发生 SEB/SEGR 效应,如图2.10中入射径迹 c。J. L. Titus 与 C. F. Wheatley 研究结果表明,当入射粒子入射的位置在 P - body 区与 neck 区的交界处时,功率 MOSFET 器件的 SEB 效应最为敏感。

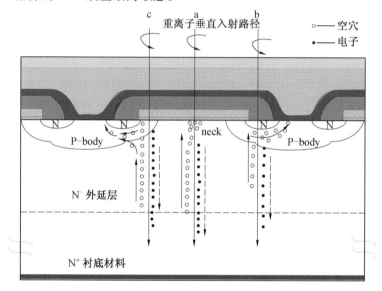

图2.10　功率 MOSFET 器件的单粒子辐射效应示意图

2.3.1　功率 MOSFET 的 SEB 效应

功率 MOSFET 器件的单粒子效应研究开始于 1986 年,美国的 A. E. Waskiewicz 等人在 *IEEE Transactions on Nuclear Science* 期刊上发表文章,首次报道了 VDMOS 器件的 SEB 效应,发现在使用5 μCi 的锎(^{252}Cf)源自发裂变产生的碎片(平均 LET 值约42 MeV·cm^2/mg)对 VDMOS 器件正面进行轰击时,VDMOS 器件发生了烧毁,在芯片表面观测到了明显的烧毁痕迹,且辐照过程中多数被测器件的栅源和栅漏均发生了短路现象。此外,烧毁现象的产生具有最低的漏源电压阈值(V_{DS-TH})。1989 年,Jakob H. Hohl 和 G. H. Johnson 研究了功率 MOSFETs 单粒子烧毁触发机制的特点,指出了 VDMOS 器件的雪崩特性(Single Pulse Avalanche Energy,EAS)与 SEB 存在重大关系,能量高于阈值的重离子可导致雪崩过程进入雪崩倍增因子单调增长的区域,从而导致烧毁的发生。LET 值较低的高能重离子、质子以及不带电的中子也可以通过与器件材料核反应以及弹性碰撞过程产生次级离子,从而能够诱发 VDMOS 烧毁。例如,中子与硼的相互作用会产生 Li 离子碎片以及 α 粒子。当然,当中子或质子与不同的半导体材料相互作用时,可能会发生许多不同的反应。如质子与硅的相互作用会产生Na、Mg、Al、P 等多种次级重离子,具体产物种类与质子能量有关。

功率 MOSFET 的 SEB 敏感位置具有明显的区域性。通过重离子微束装置,可以精确地甄别被测器件的 SEB 敏感节点,并绘制不同试验条件下的敏感区域图像。图 2.11 所示为 IR 公司采用 HEXFET 设计的 IRF360 功率 MOSFET 在不同源漏偏置电压下的 SEB 敏感区域分布。该器件采用六边形元胞结构,可见 SEB的敏感区域主要集中在沟道区和源区,且随源漏偏置电压增大,敏感区域逐渐增大。

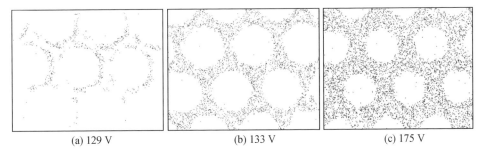

(a) 129 V　　　　　　　(b) 133 V　　　　　　　(c) 175 V

图 2.11　IRF360 功率 MOSFET 在不同源漏偏置电压下的 SEB 敏感区域分布

功率 MOSFET 之所以容易产生 SEB 效应,在于其固有地存在由源区、阱区(body 区)、外延层形成的寄生三极管器件,如图 2.12 所示。以下为描述方便,未特别指出时,所述功率 MOSFET 器件均指 N 沟道 MOSFET 器件,即功率 MOSFET器件的源区为 N 型掺杂、阱区为 P 型掺杂、外延层和衬底材料均为 N 型掺杂。

如图 2.12 所示,当重离子经由功率 MOSFET 器件的 body 区入射时,重离子与体硅材料中的硅原子产生能量交互,硅原子在接收到入射重离子的能量后发生电离,产生新生电子 – 空穴对;新生电子 – 空穴对在漏极正的偏置电压产生的电场作用下发生相对移动;电子和空穴的移动会在其移动径迹上产生电势差,当空穴由近沟道区向源极金属移动过程中产生的电势差达到 0.7 V 时,由 N 源区(发射区)、P – body 区(基区)、N^- 外延层(集电区)形成的寄生 NPN 管处于放大状态,即 N 源区/P – body 区形成的 PN 结正偏、P – body 区/N^- 外延层形成的 PN结反偏。P – body 区/N^- 外延层形成的 PN 结出现漏斗状形变,漏极到源极间出现未经沟道区的异常电流通道,在漏极和源极间出现异常的瞬时大电流(I_s),并且这是一种正反馈;经过一定时间(通常在 ns 量级),这种发生在功率 MOSFET器件局部点的电流集中效应使得晶格温度急剧升高,使得 PN 结退化或金属熔化,严重时使得器件烧毁,从而发生 SEB 效应。

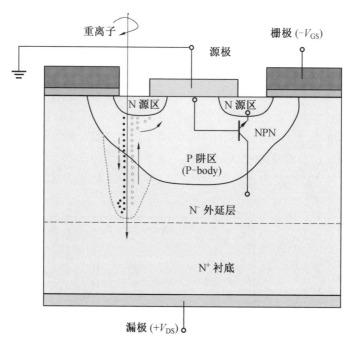

图 2.12　功率 MOSFET 器件的 SEB 效应示意图

功率 MOSFET 器件的 SEB 效应在非破坏单粒子试验过程中的直观表现是出现异常的瞬时大电流,且漏源漏电流随着总注量的增加而逐渐变大;但出现大电流并不一定都是由 SEB 效应引起,如重离子辐射下产生的局部氧化层陷阱电荷(Q_{ot})也可以使得沟道区反型,从而在出现漏源漏电流变大,因此需要对功率 MOSFET 器件的 SEB 特征进行正确识别。

功率 MOSFET 器件发生 SEB 失效的典型特征如下。

(1)SEB 失效阈值电压与关态下的栅偏置电压无关。

(2)SEB 失效会造成器件芯片表面局部颜色的变化或出现可观测的烧毁痕迹。

(3)SEB 失效会造成漏源之间呈现电阻特性,栅氧化层可能被损坏也可能未被损坏。

(4)SEB 效应对漏源间串联电阻的大小特别敏感。

图 2.13 所示为重离子辐照条件下 VDMOS 发生 SEB 前后典型的漏极和栅极电流变化。在 $t = 0$ s 时刻,被测器件的漏源电流保持在 10^{-8} A,栅极电流保持在 10^{-10} A;而在 $t = 50$ s 时刻,被测器件漏源电流显著增大,而栅极电流则基本保持不变。这标志着一个典型的 SEB 事件的产生。图 2.14 所示为研制的一款功率 MOSFET 器件在单粒子辐射后的芯片表面局部照片,这是典型的 SEB 失效。器件芯片表面出现了明显的烧毁痕迹,如图 2.14(a)所示;对出现烧毁痕迹的位置

进行定点剖片分析,发现烧毁点的体硅出现了空洞,如图 2.14(b) 所示。由此可以判断,该器件在进行单粒子辐照试验过程中,烧毁点出现了大电流,且引起烧毁点体硅晶格温度的急剧升高,使得此处的体硅融化,金属铝向体硅扩散,从而器件完全失效。

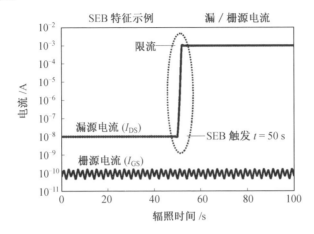

图 2.13　重离子辐照条件下 VDMOS 发生 SEB 前后典型的漏源和栅源电流变化

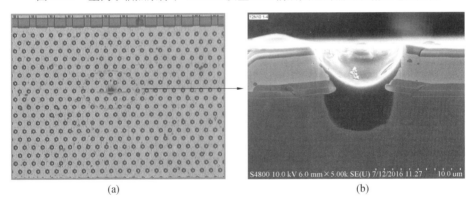

(a)　　　　　　　　　　　　　　　(b)

图 2.14　研制的一款功率 MOSFET 器件 SEB 失效照片

下面,以一款 130 V 的功率 MOSFET 器件为例,使用 TCAD 软件对其进行 SEB 效应分析,可以得到 SEB 效应引起的器件内部晶格温度、电流密度分布、电场等参数随时间的变化情况。

图 2.15 所示为使用 SILVACO 集成的 ATHENA 仿真器构建的一款 130 V 功率 MOSFET 器件元胞剖面结构图。使用仿真器 ATLAS 模拟重离子辐射过程,得到当 LET 值为 98 MeV·cm²/mg 的重离子分别沿径迹 A 和径迹 B 入射功率 MOSFET 器件时,器件的漏源电流(I_{DS})、栅源电流(I_{GS}) 在不同漏源偏置电压下随重离子入射时间的变化曲线,分别如图 2.16 和图 2.17 所示。

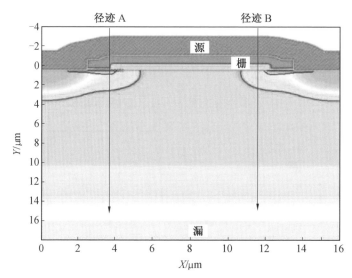

图 2.15　仿真的一款 130 V 功率 MOSFET 器件元胞剖面结构图

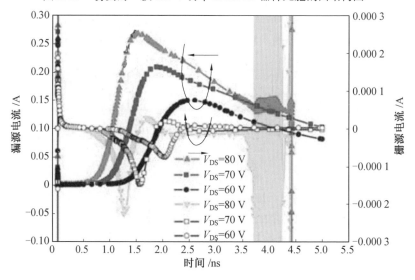

图 2.16　重离子沿径迹 A 入射 MOSFET 器件的 SEB 特性曲线(彩图见附录)

　　图 2.16 是重离子沿着径迹 A 入射器件时,在不同漏源偏置电压(V_{DS})下的漏源电流和栅源电流随时间的变化曲线。当 $V_{DS} = 60$ V 时,漏源电流在重离子入射 2 ns 时出现最大值(约 0.15 A),仿真的器件元胞面积为 16 μm^2,最大平均漏源电流密度为 9.38 mA/μm^2,考虑重离子入射径迹的有效半径(亚微米半径范围,约 0.5 μm),则在柱形径迹范围内的最大电流密度将达到 191 mA/μm^2,在重离子入射 2 ns 以后,漏源电流逐渐下降;当 $V_{DS} = 80$ V 时,漏源电流在重离子入射 1.5 ns 时出现最大值(约 0.27 A),其最大平均漏源电流密度为 16.87 mA/μm^2,考虑重

离子入射径迹的有效半径,则在柱形径迹范围内的最大电流密度将达到 343 mA/μm²,虽然漏源电流在重离子辐射 1.5 ns 后电流开始下降,在下降 2.5 ns 后漏源电流仍然高达 0.13 A,最终出现了器件烧毁的现象。

图 2.17 所示为重离子沿着径迹 B 入射器件时,在不同漏源偏置电压(V_{DS})下的漏源电流和栅源电流随时间的变化曲线。其现象与粒子沿径迹 A 入射时的现象类似,在此不再赘述。

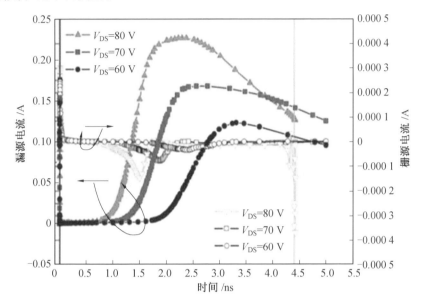

图 2.17　重离子沿径迹 B 入射 MOSFET 器件的 SEB 特性曲线(彩图见附录)

由以上对功率 MOSFET 器件的 SEB 效应及 TCAD 仿真结果可以得出:①SEB 效应的外在表现一定是漏源间出现了大电流,呈现电阻特性,表观可见烧毁痕迹;②SEB 效应的内在机制一定是出现了异常大电流,器件的晶格温度急剧升高,使得器件出现局部热烧毁。

2.3.2　功率 MOSFET 的 SEGR 效应

功率 MOSFET 器件要实现沟道的关断控制功能,固有地存在绝缘栅介质层,目前功率 MOSFET 器件通常采用热生长的二氧化硅层或二氧化硅与氮化硅的复合介质层作为绝缘栅介质层。在辐射环境中,功率 MOSFET 器件的栅介质层出现了退化或损坏,则定义为 SEGR 效应。功率 MOSFET 器件的 SEGR 现象最早报道于 1987 年。T. Fischer 等在开展 VDMOS 器件的重离子辐照试验时发现在 330 MeV 的 ^{197}Au 离子(LET 值为 83 MeV·cm²/mg)辐照后,被测 VDMOS 器件的栅源漏电流较辐照前增大了 8 个数量级,但在 160 倍显微镜下观察 VDMOS 器件的芯片表面并未发现单粒子烧毁的痕迹,因此认为被测器件发生了栅介质击穿,即 SEGR 效应。1993 年,Bell 实验室的 M. N. Darwish 等人和美国海军地面战斗中心(NSWC)的 J. L. Titus 结合辐照试验和数值仿真方法对功率 MOSFET 的 SEGR 失效机制进行了研究,结果表明空穴沿离子径迹输运在 Si/SiO$_2$ 界面处形成的高表面电场是导致栅氧化物击穿的主要原因,并指出通过改变栅氧化层厚度可以提高被测器件的抗 SEGR 能力。

如图 2.18 所示,重离子沿功率 MOSFET 器件的颈(neck)区入射器件,重离子与 neck 区及以下区域 N$^-$ 外延层中的硅原子发生能量交互,使得硅原子电离,产生新生电子 – 空穴对,新生电子 – 空穴对在漏极正的偏置电压产生的电场作用下发生相对移动,即电子向栅氧化层／硅界面聚集,空穴向 N$^+$ 衬底运动;聚集在栅氧化层／硅界面附近的电子在栅氧化层中产生瞬时的附加电场(E'),并与重离子辐射前的初始稳态电场(E_0)叠加,当 $E_0 + E' \geqslant E_i$(E_i 为栅氧化层的本征击穿场强)时,栅氧化层介质被击穿,从而发生 SEGR 效应。由上可知,离子径迹中逃脱初始复合的过剩载流子在 SEGR 产生过程扮演着重要角色。Vladimir V. Emeliyanov 等人的研究给出了原子序数为 26 ~ 83、不同能量重离子导致 SEGR 和电荷产额的测量结果,证明了 SEGR 击穿电压与栅氧化物中的电离能量沉积和电荷产额的乘积具有线性关系,如图 2.19 所示。

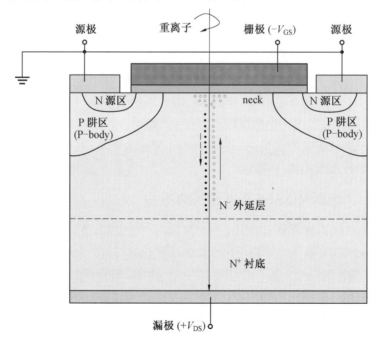

图 2.18　功率 MOSFET 器件的 SEGR 效应示意图

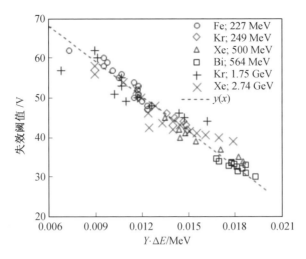

图 2.19　SEGR 失效阈值与电荷沉积量和产额之积的关系

　　一般地,功率 MOSFET 器件在发生 SEGR 失效后,芯片表面无明显的物理失效痕迹,在小电压下测试时会发现器件的栅源漏电流(I_{GSS})超标。图 2.20 所示为重离子辐照下功率 MOSFET 产生 SEGR 前后典型的漏源和栅源电流变化情况。在 $t = 0$ s 时刻,漏源电流约为 10^{-8} A,栅源电流约为 10^{-10} A。初始状态的漏源和栅源漏电流在很大程度上取决于器件的泄漏特性、由测试装置引起的寄生泄漏以及测试系统的测量能力。在 $t = 50$ s 时刻,漏源和栅源的漏电同时大幅增大,标志着一个典型的 SEGR 事件的产生。SEGR 通常在栅源和漏源之间造成阻性短路通道。图 2.21 所示为重离子从不同位置入射后 MOSFET 栅氧化层内部电场强度随时间的变化。当入射位置为颈区中心且源漏电压较高时,栅氧化层内具有最高的电场强度,即最容易发生击穿。S. Liu 和 J. L. Titus 针对 IR 公司第三代 HiRel(R6)两款产品(600 V 和 250 V)大量的单粒子效应测试数据进一步表明,入射离子的布拉格峰在 buffer(衬底与外延层界面)位置,栅源施加高的负偏压时被测器件更容易发生 SEGR。图 2.22 所示为研制的一款功率 MOSFET 器件在单粒子辐射后的芯片照片,单粒子辐射后测试器件功能正常,但 I_{GSS} 已经达到微安量级,在 10 × 显微镜下检查辐射后芯片表面无烧毁和变色痕迹;通过失效分析手段,把器件的漏源短接,在栅上加 3 V 电压,得到器件芯片表面的热分布图,证明热集中的地方出现了栅微击穿,发生了 SEGR 效应。与 SEB 有所不同,SEGR 效应的产生并不一定都会导致器件功能的完全丧失,一些功率 MOSFET 发生 SGER 后能够正常开关。这是由于栅穿后氧化层的绝大部分仍然能够保持良好的绝缘性。但需要指出的是,单粒子入射在栅氧化物中引入的缺陷在后续开关过程中的动态演化仍然会对器件的可靠性造成较大影响,需要额外的测试以准确评估实际应用条件下发生 SEGR 后被测器件的使用寿命。

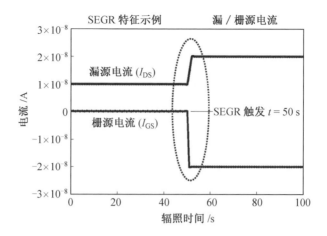

图 2.20　重离子辐照下 SEGR 产生前后典型的漏源和栅源电流变化

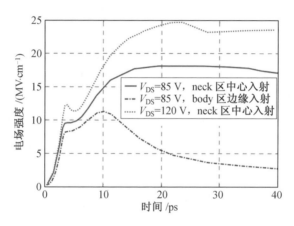

图 2.21　重离子从不同位置入射后 MOSFET 栅氧化层内部电场强度随时间的变化

图 2.22　研制的功率 MOSFET 器件 SEGR 失效照片

图 2.23 所示为使用 TCAD 软件(SILVACO)对图 2.15 所示结构进行 SEGR 效应仿真的结果曲线。模拟 SEGR 效应过程中,设定重离子由器件 neck 区的中心位置垂直入射,在重离子整个入射径迹上的 LET 值为 98 MeV·cm²/mg,粒子穿透整个外延层;由图 2.23 可以看出,当 V_{DS} = 30 V、V_{GS} = 0 V 时,器件的栅源电流在重离子入射的瞬间(0.5 ns)出现了瞬时变大的现象,而后恢复,但栅氧化层与 neck 区界面附近的晶格温度由 300 K 变大到 700 K;当 V_{DS} = 40 V、V_{GS} = 0 V 时,器件的栅源电流在重离子入射后持续 4.9 ns 时,出现了陡然变大的现象,且不能恢复,此时器件中栅氧化层与 neck 区界面附近的晶格温度由 300 K 变大到 1 350 K,发生了 SEGR 失效。

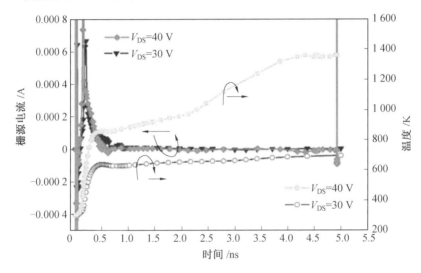

图 2.23　重离子由 neck 区入射时 MOSFET 器件的 SEGR 特性曲线(彩图见附录)

美国海军地面战斗中心(NSWC)的 J. L. Titus 对功率 MOSFET 器件的 SEB 和 SEGR 进行总结,把 SEGR 效应分为了以下三类。

第一类是平板电容 SEGR 效应,即:把功率 MOSFET 器件暴露于确定种类的粒子辐射环境中,同时把器件的漏和源接地,缓慢增加栅极电压,直至 SEGR 发生。

第二类是外延层 SEGR 效应,即:当粒子穿过 neck 区内的外延层时,会形成高度电离的轨迹,从而扭曲 neck 区粒子径迹区域周围的耗尽场,并将一部分漏极电压耦合到外延层 – 栅介质层界面。定义耦合到外延层 – 栅氧化层界面的漏极电压为 V_{COUPLE},当漏极电压增加或 LET 值增加时,V_{COUPLE} 随着增大,直至 SEGR 发生。

第三类是衬底 SEGR 效应,即:当粒子经过外延层到达衬底时,在衬底材料中粒子的径迹周围一样会形成高度电离的轨迹,但衬底材料中没有耗尽层,因此衬底材料对 SEGR 的贡献很小,通常与外延层 SEGR 效应一起联合分析。但也有部分文献描述衬底对 SEGR 效应有重要影响。

由以上 SEGR 效应的物理过程可以看出,功率 MOSFET 器件 SEGR 效应的失效机制与 SEB 的失效机制截然不同,SEGR 效应的外在表现是栅源电流变大,严重时呈现电阻特性;SEGR 的内在表现是单粒子辐射下在栅介质层产生了瞬态的附加电场。

2.3.3　功率 MOSFET 的 SEB 致 SEGR 效应

在研究功率 MOSFET 器件的单粒子效应过程中,观察到当重离子由器件的源区或沟道区入射时,会发生 SEB 效应,且在 SEB 效应发生后的 2 ~ 4 ns 时间内会引起 SEGR 效应,即如果没有 SEB 发生,则 SEGR 效应不会发生,作者把这种由 SEB 效应引起的 SEGR 效应定义为功率 MOSFET 器件的 SEB 致 SEGR 效应。

当重离子沿图 2.15 所示结构中的路径 A 入射一款 130 V 功率 MOSFET 器件时,使用 TCAD 软件仿真得到如图 2.24 所示的单粒子效应仿真结果。设定入射重离子的 LET 值固定为 98 MeV·cm²/mg,偏置条件为 $V_{GS} = 0$ V、$V_{DS} = 80$ V,由器件的源区垂直入射。其中图 2.24(a) 是重离子入射时间与栅源电流和漏源电流变化关系曲线。由图 2.24(a) 可以看出,在重离子入射时间 $t = 1.5$ ns 时,器件的漏源电流达到峰值约 0.27 A,而后漏源电流开始下降;当 $t = 2.8$ ns 时,漏源电流出现不规则扰动,同时引起栅源电流扰动,扰动持续约 0.7 ns 后,漏源电流和栅源电流突然增大,出现 SEB 致 SEGR 现象。图 2.24(b) 是入射点晶格温度随重离子入射时间的变化关系曲线。当重离子入射时间 $t = 2.8$ ns 时,入射点晶格温度达到 1 360 K(1 087 ℃),栅极开始出现偶发击穿,栅源电流出现不规则跳变,持续约 0.7 ns 后,栅被完全击穿(发生 SEGR 效应)。

图 2.25 所示为与源区交叠的栅氧化层中电场强度随重离子入射时间的变化曲线。当重离子入射时间 $t = 0.01$ ps 时,氧化层中最大电场为 5.38×10^4 V/cm,Si – SiO₂ 界面处电场高于 SiO₂ – 多晶硅界面处的电场;当 $t = 5$ ps 时,氧化层中最大电场为 2.77×10^4 V/cm,Si – SiO₂ 界面处电场低于 SiO₂ – 多晶硅界面处的电场;当 $t = 50$ ps 时,氧化层中最大电场为 2.14×10^4 V/cm;当 $t = 150$ ps 时,氧化层中最大电场为 2.85×10^4 V/cm。即:随着重离子入射时间的增加,与源区交叠的栅氧化层中的电场随着重离子入射时间的增加,出现了先降低后增加的现象,且峰值电场由 Si – SiO₂ 界面向 SiO₂ – 多晶硅界面转移。

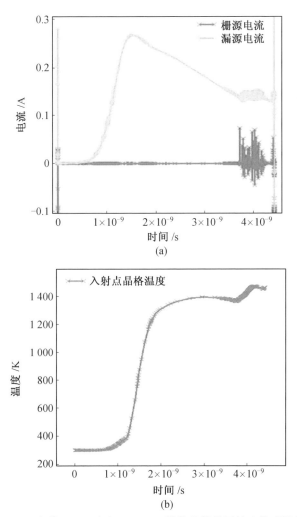

图 2.24　N 沟道 130 V 功率 MOSFET 器件的单粒子效应仿真结果曲线

　　图 2.26 所示为一款 N 沟道 150 V 功率 MOSFET 器件的单粒子试验结果曲线，其中横坐标表示采集的数据点(数据采集频率为 3 个 /s)，纵坐标为采集的栅源电流和漏源电流。试验从采集第 100 个数据时开始对器件实施离子辐射，注量率为 2 000 ～ 10 000 ions/(cm² · s)，随着总注量的增加，器件的漏源电流和栅源电流均逐渐增大，且在漏极偏置电压由 80 V 增加到 100 V 的瞬间出现了电流突然增大的情况，而后随着总注量的增加缓慢增大。

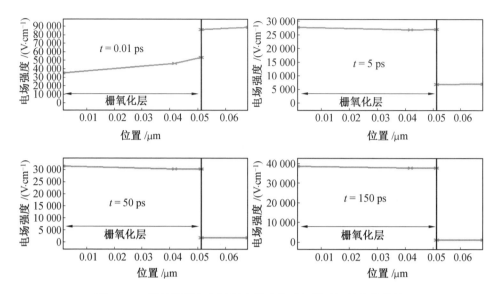

图 2.25　栅氧化层中电场强度随重离子入射时间的变化曲线

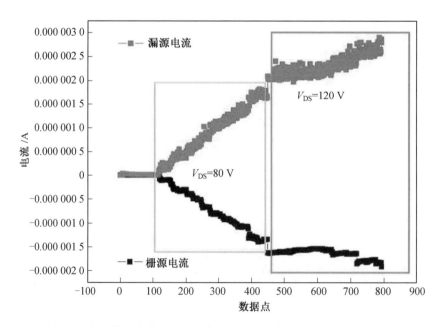

图 2.26　一款 N 沟道 150 V 功率 MOSFET 器件的单粒子效应特性曲线

图 2.27 是采集的原始数据截图,由图可以看出,当采集到第 122 个数据点时,漏源电流由 − 8 次方量级变大到 − 7 次方量级;在采集第 126 个数据点时,栅源电流由 − 8 次方量级突变到 − 7 次方量级,中间间隔约 1.3 s(4 个数据点),即:SEGR 效应在 SEB 效应发生 1.3 s 后发生。由于数据采集系统采集数据的频率为 3 个 /s,通过采集数据计算得到的 SEB 效应导致的 SEGR 效应在时间上与仿真结果存在差异。

数据点	栅压	栅极电流	漏压	漏极电流
115	-2.53E-06	6.86E-10	80	9.68E-09
116	2.51E-06	-1.44E-09	80	1.11E-08
117	-8.50E-07	-9.53E-10	80	8.20E-09
118	2.51E-06	-1.17E-09	80	9.14E-08
119	4.18E-06	-1.07E-09	80	6.16E-08
120	-1.09E-08	-7.26E-08	80	1.25E-07
121	-1.69E-06	-6.50E-08	80	7.76E-08
122	-1.69E-06	-5.99E-08	80	1.13E-07
123	-8.50E-07	-9.13E-08	80	2.24E-07
124	-8.50E-07	-9.02E-08	80	1.60E-07
125	-1.09E-08	-8.55E-08	80	1.23E-07
126	-8.50E-07	-1.09E-07	80	1.29E-07
127	-3.37E-06	-1.04E-07	80	1.44E-07
128	2.51E-06	-1.05E-07	80	1.93E-07
129	-1.69E-06	-1.04E-07	80	2.63E-07
130	-8.50E-07	-1.03E-07	80	1.28E-07
131	8.28E-07	-1.02E-07	80	1.66E-07
132	3.35E-06	-9.93E-08	80	1.99E-07
133	-8.50E-07	-1.00E-07	80	1.96E-07
134	-1.09E-08	-9.91E-08	80	1.09E-07
135	-3.37E-06	-9.82E-08	80	1.32E-07
136	8.28E-07	-9.93E-08	80	1.64E-07
137	3.35E-06	-9.82E-08	80	2.40E-07
138	-8.50E-07	-9.91E-08	80	1.50E-07
139	8.28E-07	-9.73E-08	80	1.33E-07
140	-1.09E-08	-9.94E-08	80	2.53E-07

图 2.27　一款 N 沟道 150 V MOSFET 器件的单粒子效应试验原始数据截图

由 TCAD 仿真结果及 N 沟道 150 VMOSFET 器件的单粒子试验结果可以看出,出现了一种 SEB 致 SEGR 效应。其原因可能是:①SEB 致 SEGR 效应的内在物理机制是重离子会引起入射径迹上晶格温度的急剧升高,甚至达到 1 300 K 以上;②在栅氧化层 – 沟道区或栅氧化层 – 源区界面附近晶格温度升高,栅氧化层介质在高温下本征击穿降低,出现 SEGR 现象。

2.4 宇航 MOSFET 器件的单粒子辐射损伤模型

由 2.3 节对功率 MOSFET 器件单粒子效应物理过程的分析可以概括出影响器件抗单粒子辐射阈值的三大类影响因子:粒子特征、试验条件、结构与工艺。其中粒子特征包括重离子到达器件表面的能量、在材料中的射程、表面 LET 值、原子序数等;试验条件包括栅极偏置、漏极偏置、入射角度、试验温度等;结构与工艺包括元胞尺寸、栅氧化层厚度、P – body 区结深、P – body 区掺杂浓度、外延层厚度、外延层掺杂分布等。从 1986 年功率 MOSFET 器件的单粒子效应报道至今,已经出现了各种描述器件 SEB、SEGR 效应及失效阈值的半定量分析模型,由于每一款功率 MOSFET 器件在结构尺寸、工艺参数等方面均存在差异,很难建立一个包括三大类影响因子的通用模型。因此,作者也将在不考虑结构与工艺差异的基础上,研究功率 MOSFET 器件的 SEB 和 SEGR 评价损伤模型。在 SEB 效应被报道的第二年,J. H. Hohl 和 K. F. Galloway 就首次提出了功率 MOSFET 单粒子烧毁分析模型,该模型采用已建立的半导体器件理论中常用的简化近似法以及模拟单粒子翻转现象的典型初始条件和参数,能够模拟离子入射器件结构后等离子体径迹的演化过程以及器件二次击穿的诱发机制。1992 年,美国亚利桑那大学的 G. H. Johnson 等人研究了温度对 N 沟道功率 MOSFET 的 SEB 敏感性的影响,并对现有模型进行了修正,通过对碰撞电离系数的变化引入温度的影响,使用该模型的计算结果与试验数据的趋势一致。1993 年,美国亚利桑那大学的 J. R. Brews 等人第一次提出了一种基于空穴收集的物理模型,并用于解释 MOSFET 的 SEGR 过程中氧化层电场的变化,发现氧化物中峰值电场的大小及达到峰值所需的时间与空穴的迁移率有密切联系。1994 年,C. F. Wheatley、J. L. Titus 和 D. I. Burton 第一次得到了描述功率 MOSFET SEGR 的经验公式,使用该公式可以得到任意 LET 值下器件发生栅穿的漏和栅电压阈值。1995 年,J. L. Titus、D. I. Burton 和 I. Mouret 等人研究了栅氧化层厚度对 VDMOS 器件 SEGR 失效的影响,并提出了一种改进的半定量表达式,在 C. F. Wheatley 等人提出的经验公式基础上,增加了栅氧化层厚度对器件 SEGR 的影响因子。1996 年,美国亚利桑那大学的 G. H. Johnson 等人对之前 SEB 和 SEGR 的解析、半解析和仿真模型进行了综述,总结了每种模型的优点与局限性。1999 年,J. L. Titus 等人研究了粒子能量对电容介质击穿电压的影响,使用 Cu、Ni 和 Au 粒子进行了试验研究,结果显示仅考虑 LET 值不能对试验中观察到的结果进行充分描述,需要考虑原子序数(Z)的影响,基于这种现象,提出了一种包括原子序数半定量表达式来描述重离子导致的栅介质击穿。2013 年,芬兰于韦斯屈莱大学的 Arto Jacanainen 等人提出了一种考虑能量沉积统计学涨落的半经验模型,用于预测功率 MOSFET 的 SEGR 失效。对于能量大于 2 MeV/u 的重离子,上述模型可进一步简化至仅与入射离子 LET、原子序数以及氧化层厚度有关。2014 年,Arto Jacanainen 等人进一步研究了栅介质使用 $SiO_2 - Si_3N_4$ 复合结构器件的 SEGR 效应,提出了一种预测复合栅介质结构 SEGR 效应的半经验模型,讨论了 SEGR 截面与重离子在介质层中沉积能量的相互关系,建立了介质中能量沉积与 SEGR 的定性关系。

单粒子效应是由单个能量粒子与器件体材料相互作用,在器件局部很小的区域发生的一种“概率性”事件,因此在研究功率 MOSFET 器件的 SEB 和 SEGR 损伤模型之前,有必要对单粒子效应几个重要的概念及影响因子进行理解。

2.4.1　描述单粒子效应的几个重要概念

半导体器件工作于空间辐射环境中,需要掌握半导体器件在重离子辐射下的安全工作区,从而对器件的工作状态和偏置条件进行冗余设计,也保证航天器的在轨安全运行和长期可靠性。这就需要对半导体器件的抗单粒子辐射性能进行合理和有效评估,因此需要对评估功率 MOSFET 器件抗单粒子辐射能力的几个重要概念进行理解和掌握。

1. SEB 截面(σ_{SEB})

SEB 截面(σ_{SEB})定义为单位注量时间范围内发生 SEB 效应的次数。一般地,测试功率 MOSFET 器件 SEB 截面所选取重离子的 LET 值和在器件中的入射深度需要满足器件辐射环境应用要求;定义单粒子辐射功率 MOSFET 器件总注量达到 10^6 ions 时的注量为单位注量;器件的 SEB 效应不能超过每秒数百次;试验时,栅源电压固定不变,且外加栅源偏置必须确保沟道处于夹断状态,漏源电压缓慢增加(每次最大增加 10 V),试验获取每种漏源电压下的 SEB 次数,从而得到 σ_{SEB} 与漏源偏置电压(V_{DS})的关系曲线。从 SEB 效应的物理过程及外在表现可以看出,要获取功率 MOSFET 器件的 SEB 截面,需要对试验系统进行改进。首先,功率 MOSFET 器件的单粒子效应辐照试验必须是非破坏性的,则需要在器件的漏极到电源间串联合适的限流电阻,使得器件发生 SEB 效应时能够保护器件不被烧毁;其次,试验系统能够对器件的漏源和栅源电压进行实时监控和数据采集,漏源电流每变大一次则记录发生一次 SEB 效应。

图 2.28 所示为美国国际整流器件(IR)公司研制的 IRF120 型 100 V 功率 MOSFET 器件的 σ_{SEB} 与 V_{DS} 的关系曲线。单粒子试验使用能量为 247 MeV、LET 值为 30 MeV·cm²/mg、射程为 40 μm 的 Cu 粒子,随着 V_{DS} 电压的增加,σ_{SEB} 的值首先急剧增加,在 V_{DS} 大于 80 V 后 σ_{SEB} 趋于固定值。

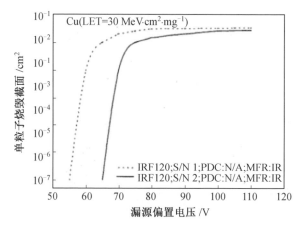

图 2.28　IRF120 型 100 V 功率 MOSFET 器件的 σ_{SEB} – V_{DS} 关系曲线

很明显,影响功率 MOSFET 器件 SEB 效应的因素同样会影响功率 MOSFET 器件的 σ_{SEB},其中漏源偏置电压(V_{DS})、重离子入射角度、单粒子试验温度、工作模式(直流/交流工作模式)、LET 值等均会影响功率 MOSFET 器件的 σ_{SEB}。一般地,具有表 2.1 所示的关系。

表 2.1　σ_{SEB} 与影响因子变化的对应变化关系

	漏源偏置电压		入射角度		试验温度		工作模式		LET 值	
	增大	减小	增大	减小	增大	减小	直流	交流	增大	减小
σ_{SEB}	↑	↓	↑	↓	↑	↓	↑	↓	↑	↓

特别地,随着入射角度的增大,LET 值增大,电离产生的新生电子 – 空穴对数目增加,功率 MOSFET 器件的单粒子效应加剧,因此 σ_{SEB} 增加。如图 2.29 所示,当重离子带倾角 θ 入射功率 MOSFET 器件时,定义重离子在器件表面的线性

能量转移为 LET,穿透钝化层、金属层、复合介质层(绝缘介质 + 多晶硅 + 栅氧化层)并达到体硅上表面时的线性传输能量为 LET′,则到达硅片上表面的有效 LET 值(LET$_{eff}$)与 LET′ 具有如下关系:

$$\text{LET}_{eff} = \frac{\text{LET}'}{\cos \theta} \qquad (2.29)$$

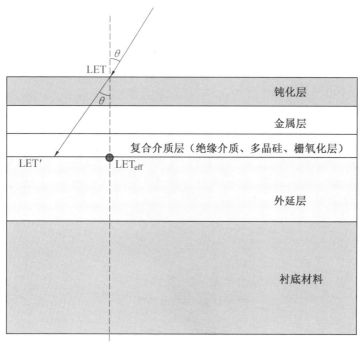

图 2.29　重离子带倾角 θ 入射功率 MOSFET 器件有效 LET 值的简易模型

尽管如此,也有部分文献报道,当重离子带倾角入射功率 MOSFET 器件时,LET 值不仅不增大,还会减小。2001 年,J. L. Titus 等人报道了离子能量、入射深度和入射角度对条栅功率 MOSFET 的 SEGR 效应影响的试验结果,指出这些因子对 SEGR 失效阈值具有重要影响,且有效 LET 值的概念对条栅器件不再适用。

2. 线性能量转移(LET)

重离子入射半导体器件,会在器件中产生新生的电子 – 空穴对,新生的电子和空穴会在外加偏置电场的作用下发生相向移动,电子或空穴移动所引起器件内部寄生结构被触发或栅氧化层介质损坏的效应,就是单粒子效应。宇航用功率 MOSFET 器件主要的单粒子效应是 SEB 和 SEGR。描述重离子及半导体器件抗单粒子辐射能力最重要的物理量是线性能量转移(LET),定义为重离子在材料中入射径迹单位尺度范围内沉积的能量,即

$$LET = \frac{\partial E}{\partial L \times \rho} = \frac{MeV}{cm \times mg/cm^3} = MeV \cdot cm^2/mg \qquad (2.30)$$

式中, E 为重离子入射径迹上单位长度内重离子的能量差, MeV; ∂E 可以理解为单位入射径迹范围内入射粒子与靶材料原子能量的交互量; L 为单位长度, cm; ρ 为材料密度, mg/cm^3。

由 LET 的定义可以看出, LET 值综合了重离子能量与靶材料特性, 表示不同能量的重离子辐射同一半导体器件产生的单粒子效应不同; 相同能量的同种重离子辐射不同半导体材料(器件)产生的单粒子效应也不相同。

3. 布拉格峰(Bragg Peak)

布拉格峰(Bragg Peak)是描述重离子自身特性的重要概念。在布拉格峰的左侧, 重离子的 LET 值随着入射深度的增加而缓慢增加, 重离子具有极高的能量(几百到几千 MeV); 在布拉格峰的右侧, 重离子的 LET 值随着入射深度的增加而急剧减小, 重离子的能量相对较低(几十到几百 MeV)。图 2.30 给出了 Cu、Kr、Ag、Xe、Ag 几种不同粒子的 LET 值与入射深度的关系曲线。

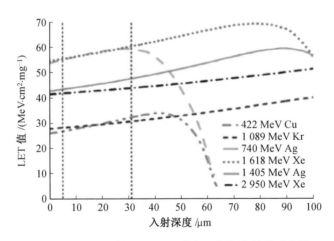

图 2.30　几种不同粒子的 LET 值与入射深度的关系曲线

当粒子入射到功率 MOSFET 器件芯片表面的能量足够大时, Bragg Peak 在体硅材料内部, 研究表明, 当 Bragg Peak 位于外延层和衬底材料的界面时, 重离子对器件的 SEGR 考核最严苛。即随着粒子入射深度的增加, LET 值越来越大, 当入射深度达到 Bragg Peak 深度时, LET 值急剧降低。具备这种特性的粒子通常只能由回旋加速器加速后产生, 如中国科学院近代物理研究所的等时性回旋加速器(SFC + SSC)产生的 $^{181}Ti^{31+}$ 粒子。

当粒子入射到功率 MOSFET 器件芯片表面的能量较低时,粒子 LET 值在体硅材料内部的分布按照图 2.30 中所示 Bragg Peak 右边的分布,即随着粒子入射深度的增加,LET 值急剧减小。这类粒子通常由串列加速器产生,由于直线加速器的加速距离较短,粒子的能量较低,粒子 LET 值与入射深度的关系遵从图 2.30 所示 Bragg Peak 右边曲线的关系。认识这一点对于科学评价对比和评价宇航用 MOSFET 器件的抗单粒子辐射能力至关重要。图 2.31 给出了不同粒子沿入射径迹产生新生电子 – 空穴对的密度分布示意图,要使得粒子对器件的辐射损伤最大,在外延层中产生新生电子 – 空穴对的数目就必然最多。

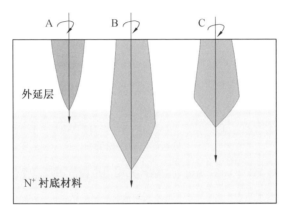

图 2.31　不同粒子沿入射径迹产生新生电子 – 空穴对的密度分布示意图

2.4.2　功率 MOSFET 器件单粒子辐射效应的影响因素

影响功率 MOSFET 器件单粒子辐射效应的影响因素概括起来可以分为三大类:粒子特征、试验条件、结构与工艺。

1. 粒子特征

由式(2.26)可以看出,衡量器件单粒子辐射能力的重要物理参量 LET 值与入射粒子和靶材料原子的能量交互量密切相关;同时从布拉格峰的概念不难理解,入射粒子的能量与器件的抗单粒子辐射能力关系密切。因此在研究功率 MOSFET 器件的单粒子辐射效应时,需要对入射粒子的特征进行明确和界定:粒子能量、粒子种类(原子序数)、表面 LET 值、材料中的射程。如图 2.32 所示为功率 MOSFET 的 SEB 阈值电压与外延层中电荷沉积量和离子种类的关系。随外延层中电荷沉积量的增加,SEB 触发阈值逐渐降低。而外延层中电荷沉积量事实上又与入射粒子的原子序数、能量密切相关,因为两者共同决定了入射粒子的

LET 值和射程。另一个典型的例子如图 2.33 所示。能量为 422 MeV 的 Cu 离子与能量为 1 089 MeV 的 Kr 离子具有相同的 LET 值,从而在器件外延层中具有相同的能量沉积。然而,由于 Kr 离子的原子序数较大,在相同栅源偏置电压下,其诱发 SEGR 的阈值电压要显著低于 Cu 离子。此类现象可能与不同原子序数重离子产生的粒子径迹结构不同有关,但目前还未有定论,有待开展进一步研究。

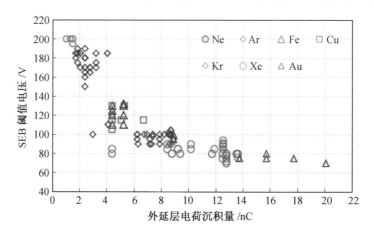

图 2.32 SEB 阈值电压随外延层内电荷沉积量的变化

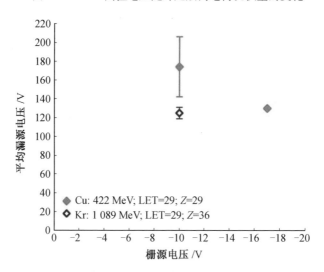

图 2.33 不同原子序数重离子诱发 SEGR 的阈值电压对比

2. 试验条件

在功率 MOSFET 器件单粒子辐照试验过程中,最为关心的是器件的偏置电压,偏置电压的大小直接影响器件的 SEB 截面;同时入射角度、试验温度、线路负载也对功率 MOSFET 器件的抗单粒子辐射能力具有重要影响。如图 2.34 所示为来自哈里斯(Harris)、IR 和摩托罗拉(Motorola)三家厂商的 IRF440s 型 N 沟道功率 MOSFET 的 SEGR 试验数据。随温度上升,被测器件 SEGR 触发栅源电压阈值显著降低,而随入射角度增加,被测器件的 SEGR 触发栅源电压阈值显著升高。

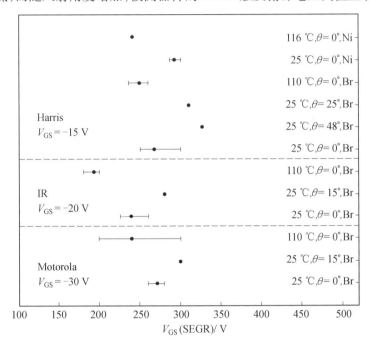

图 2.34　来自不同厂商的功率 MOSFET 器件 SEGR 试验数据

3. 结构与工艺

与"世界上没有完全一样的树叶"一样,每一款功率 MOSFET 器件产品具有自己独特的结构、制造工艺和电特性。因此不同厂家、不同型号、不同批次、不同晶圆,甚至相同晶圆、不同位置的功率 MOSFET 产品也表现出不同的抗单粒子辐射能力。在结构上,主要存在元胞尺寸、body 区大小、neck 区宽窄、是否带 P + body、是否在 neck 区上覆盖厚氧化层、是否采用分立栅／分立 body 等方面的差异;在工艺上,主要存在加工 CD/OL、杂质浓度、杂质分布、源区／body 区结深、接触金属、栅介质层类型等差异。因此,功率 MOSFET 器件结构及工艺与单粒子辐射效应及 SEB 截面的关系极为复杂。

表 2.2 汇总列出了功率 MOSFET 器件单粒子辐射效应的影响因素,结构与工艺类的影响因子最为复杂。

表 2.2　功率 MOSFET 器件单粒子辐射效应影响因素汇总表

	粒子特征	试验条件	结构与工艺
影响因素	粒子能量、粒子种类（原子序数）、表面 LET 值、材料中的射程	偏置条件、入射角度、试验温度、线路负载	器件结构、元胞大小、工艺尺寸、栅氧化层厚度/成分、杂质浓度、杂质分布、源区/body 区结深、接触金属、合金条件等

综上所述,功率 MOSFET 器件单粒子辐射效应的影响因素种类繁多、错综复杂,且重离子辐射器件入射位置具有随机性,因此很难获取一种通用的、覆盖所有影响因素的数学模型来对功率 MOSFET 器件的单粒子辐射能力进行预计和评估。因此,在对功率 MOSFET 器件的单粒子辐射效应、SEB 截面进行研究时,有意义的是针对相同设计、相同工艺条件的同一款产品开展不同粒子、不同偏置条件的单粒子辐照试验,以获得 SEB 截面数据,同时结合 TCAD 仿真,建立半定量的数学模型,实现器件单粒子辐射半定量评估。

2.4.3　功率 MOSFET 的 SEB 损伤模型

由第 2.3.1 节对功率 MOSFET 器件 SEB 效应和第 2.4.2 节对功率 MOSFET 器件影响因子的分析可以看出,目前对功率 MOSFET 器件的 SEB 半定量评估模型主要集中在包括部分粒子特征、试验条件和栅氧化层厚度方面等。

功率 MOSFET 器件的 SEB 效应与器件中寄生的三极管特性直接相关,因此研究寄生三极管特征与重离子特性的关系是建立 SEB 分析模型的关键。1987 年,J. H. Hohl 和 K. F. Galloway 第一次提出了功率 MOSFET 器件 SEB 的数值分析模型,模型建立了辐射离子(离子质量、离子能量和阻止本领)与器件(杂质分布、横向尺寸、漏源电压)的关系,模型中的参数通过 TCAD 仿真的方式进行确定。

图 2.35 是一款带 P^+ plug 的平面型 N 沟道功率 MOSFET 器件半元胞的剖面结构图(图 2.35(a))和由源区经由 P – body 区、N^- 外延层到 N^+ 衬底的硼杂质和磷杂质浓度分布曲线(图 2.35(b))。器件的源区、P – body 区和 N^- 外延层分别形成了寄生 NPN 晶体管的发射区、基区和集电区;发射区结深(X_{je})为 0.45 μm,发射区磷掺杂浓度由上表面的 2×10^{20} cm^{-3} 线性降低到发射结结面处的 7×10^{17} cm^{-3};基区宽度 1.7 μm,基区硼掺杂浓度分布近似为准线性分布,基区上表面硼杂质浓度为 7×10^{17} cm^{-3},下表面为 2×10^{15} cm^{-3};集电结结深(X_{jc})为 2.15 μm,集电区磷杂质分布近似为均匀分布,磷杂质掺杂浓度为 2×10^{15} cm^{-3}。

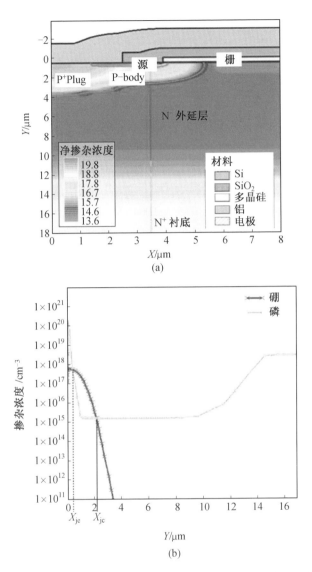

图 2.35　功率 MOSFET 器件半元胞结构及杂质分布曲线(彩图见附录)

　　由于功率 MOSFET 器件的 SEB 效应是由重离子由器件的源区和沟道区入射引起,在重离子入射径迹上产生了柱形的高密度电子 – 空穴对离化区,漏极电压近似为完全加在集电结的耗尽层上,因此研究集电极耗尽区电场非常重要。图 2.36 给出了图 2.35 所示器件结构在漏源偏置电压为 150 V、漏源发生雪崩击穿时的耗尽层边沿线分布图,耗尽层向基区展宽 0.72 μm、向集电区展宽 9.19 μm,即耗尽层主要向集电区展宽。耗尽层宽度(W) 为 9.91 μm。

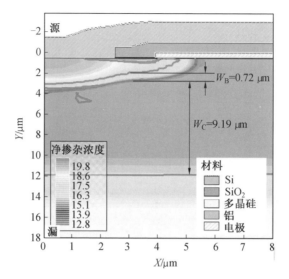

图 2.36　功率 MOSFET 器件半元胞耗尽层边沿线分布图(彩图见附录)

由半导体器件物理经简单推导后可以得到耗尽层宽度的表达式:

$$W = \left[\frac{2\varepsilon(N_A + N_D)V_{DS}}{qN_AN_D} \right]^{\frac{1}{2}} \tag{2.31}$$

式中,N_A 为 P - body 区的硼杂质掺杂浓度;N_D 为 N^- 外延层的磷杂质掺杂浓度。

表 2.3 是采用式(2.31)在各个参数下计算得到的耗尽层宽度表。

表 2.3　寄生 NPN 管集电结耗尽层宽度与掺杂浓度的关系表

V_{DS}/V	$\varepsilon_0/(F \cdot m^{-2})$	ε_r	q/C	N_A/cm^{-3}	N_D/cm^{-3}	$W/\mu m$
150	8.85×10^{-12}	11.9	1.6×10^{-19}	7×10^{17}	2×10^{15}	9.95
150	8.85×10^{-12}	11.9	1.6×10^{-19}	5×10^{16}	2×10^{15}	10.13
150	8.85×10^{-12}	11.9	1.6×10^{-19}	2×10^{15}	2×10^{15}	14.05

由此可见仿真得到的耗尽层宽度与使用半导体器件物理的基本公式推导计算得到的耗尽层宽度数值吻合较好。实际中,使用式(2.31)计算耗尽层宽度时建议 P - body 区的掺杂浓度取均值。

下面讨论寄生 NPN 晶体管集电结耗尽层中电场的情况。图 2.37 是仿真的图 2.35 所示结构在漏源电压为 150 V 时,由寄生 NPN 晶体管的发射区、基区和集电区的电场分布仿真结果曲线。发射结结面和集电结结面处是电场分布的峰值,E_{MAX} 为 2.62×10^5 V/cm。可以采用图 2.37 中所示虚线对寄生 NPN 晶体管中的电场分布进行近似。假设 N⁻ 外延层中耗尽层边沿为电场为零的原点,集电结 PN 结处为最大电场 E_{MAX},则电场为

$$E_{MAX} = \frac{2V_{DS}}{W} \tag{2.32}$$

联合式(2.31) 有

$$E(x) = \frac{2V_{DS}(x)\left[qN_A(x)N_D(x)\right]^{\frac{1}{2}}}{\{2\varepsilon\left[N_A(x)+N_D(x)\right]V_{DS}\}^{\frac{1}{2}}} = \left[\frac{2q}{\varepsilon} \cdot \frac{N_A(x)N_D(x)}{N_A(x)+N_D(x)} \cdot V_{DS}(x)\right]^{\frac{1}{2}} \tag{2.33}$$

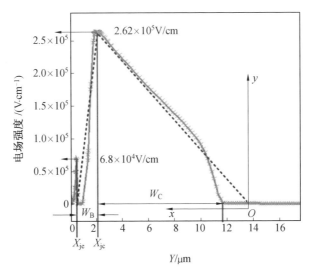

图 2.37　寄生 NPN 管电场分布曲线

由图 2.35 可以看出,集电区磷掺杂为均匀掺杂,掺杂浓度为 2×10^{15} cm⁻³;基区(P – body 区) 硼掺杂为准线性分布,最大杂质浓度为 7×10^{17} cm⁻³。由此可以得到耗尽层中最大电场 E_{MAX} 为距离原点 W_C 距离处(集电区结面处):

$$E_{MAX} = E(W_C) = \left[\frac{2q}{\varepsilon} \cdot \frac{N_A(W_C)N_D(W_C)}{N_A(W_C)+N_D(W_C)} \cdot V_{DS}\right]^{\frac{1}{2}} \tag{2.34}$$

把相关工艺参数代入式(2.34),计算得到 E_{MAX} 为 2.26×10^5 V/cm。实际中,由于衬底磷杂质在高温工艺过程中向 N⁻ 外延层扩散约 2.0 μm(是砷衬底上返量的两倍),造成耗尽层并未按照完全的均匀掺杂 N⁻ 外延层进行展宽,因此实际计算得到的电场需要对耗尽层宽度进行修正,耗尽层宽度修正量为 2 μm,则修正后的 W_C 数值为 11.91 μm,修正后峰值电场为 2.52×10^5 V/cm,与 TCAD 仿真结果吻合较好。

按照修正后计算得到的峰值电场值和图 2.37 虚线所示的电场分布,可以得到 N⁻ 外延层一侧电场与峰值电场的关系式:

$$E(x) = \frac{2V_{DS}(x)}{W+2} = \frac{E_{MAX}}{W+2} \cdot x \qquad (2.35)$$

式中,W 和 E_{MAX} 可以通过 TCAD 仿真确定。

由式(2.35)可以计算 N⁻ 外延层一侧耗尽层中任何位置的电场大小。

N 沟道功率 MOSFET 器件因为寄生有 NPN 晶体管,因此也存在二次击穿特性。触发二次击穿的原因有两种解释:一是热不稳定理论,即在 NPN 晶体管发射区正向偏置时,局部晶格温度升高和电流集中造成“热点”区域被击穿;二是 CB 结雪崩击穿,即 CB 结发生一次雪崩击穿后,在某些点上因电流密度过大,改变了集电结耗尽层的电场分布,使器件内部电场瞬间增加很大,产生了负阻效应。不论哪一种解释,都认为是由局部电流集中引起。

图 2.38 给出了重离子入射 0.01 ps 后的离子径迹、电子浓度和空穴浓度分布图。重离子在体硅中产生了柱形的离化区,在源区、P - body 区和 P - body 区附近 N⁻ 外延层中新生了大量的电子 - 空穴对,使得电流密度急剧增加,引起寄生 NPN 晶体管发生二次击穿。因此可以建立图 2.39 所示的寄生 NPN 的畸变模型。则耗尽层宽度在 N⁻ 外延层的有效厚度 W_{Ceff} 可表示为

$$W_{Ceff} = W_C - d \qquad (2.36)$$

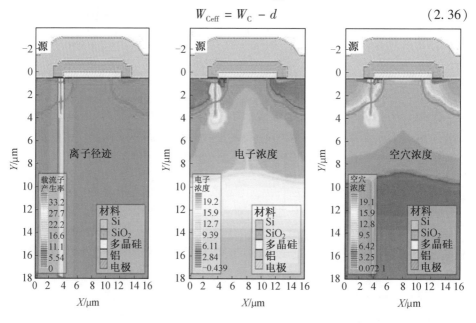

图 2.38　重离子从源区入射的离子径迹、电子浓度和空穴浓度分布图($t = 0.01$ ps)(彩图见附录)

把式(2.36)代入式(2.34),得到重离子辐射后集电结耗尽层中电场的表达式:

$$E_{\mathrm{MAX}} = E(W_{\mathrm{Ceff}}) = \left[\frac{2q}{\varepsilon} \cdot \frac{N_{\mathrm{A}}(W_{\mathrm{Ceff}}) N_{\mathrm{D}}(W_{\mathrm{Ceff}})}{N_{\mathrm{A}}(W_{\mathrm{Ceff}}) + N_{\mathrm{D}}(W_{\mathrm{Ceff}})} \cdot V_{\mathrm{DS}} \right]^{\frac{1}{2}} \quad (2.37)$$

由于 $W_{\mathrm{Ceff}} < W_{\mathrm{C}}$,因此重离子辐射后会造成 E_{MAX} 增加。通过仿真确定 NPN 晶体管集电结向 N⁻ 外延层的弯曲量,可以计算最大电场。

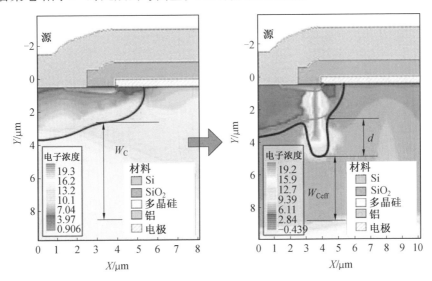

图 2.39　重离子入射后寄生 NPN 晶体管的集电结畸变(彩图见附录)

2.4.4　功率 MOSFET 的 SEGR 损伤模型

功率 MOSFET 器件的 SEGR 效应与 SEB 效应不同,SEGR 效应是由于重离子辐射在 neck 区和 N⁻ 外延层产生新生电子 – 空穴对,空穴在 neck 区之上 Si – SiO₂ 界面积累,产生瞬时附加电场,使得栅介质层被局部击穿,击穿后的漏栅电流使得局部晶格温度升高,造成器件永久性被击穿,因此 SEGR 效应与重离子 LET 值(与产生新生电子 – 空穴对数目有关)、偏置电压(与局部击穿后的电流大小有关)相关。1994 年,C. F. Wheatley 等人第一次得到了描述功率 MOSFET SEGR 的经验公式,如式(2.38)所示,使用该公式可得到任意 LET 值下器件失效的漏和栅阈值。

1995 年，J. L. Titus 等人研究了氧化层厚度对 MOSFET 器件 SEGR 失效的影响，并提出了一种改进的半定量表达式，在 C. F. Wheatley 等人提出的经验公式基础上，增加了氧化层厚度、重离子入射角度对器件 SEGR 的影响因子，式（2.39）中 θ 为重离子入射的角度，指数 n 约为 0.7。

$$V_{\text{GS}} = 0.84 V_{\text{DS}} \left[1 - \exp\left(-\frac{\text{LET}}{17.8} \right) \right] - \frac{50}{1 + \dfrac{\text{LET}}{53}} \tag{2.38}$$

$$V_{\text{GS}} = 0.87 V_{\text{DS}} \left[1 - \exp\left(-\frac{\text{LET}}{18} \right) \right] - \frac{10^7 t_{\text{ox}}}{\cos^n \theta \left(1 + \dfrac{\text{LET}}{53} \right)} \tag{2.39}$$

1999 年，J. L. Titus 等人研究了粒子能量对电容介质击穿电压的影响，使用 Cu、Ni 和 Au 离子进行了试验研究，结果显示粒子会导致介质击穿，且 LET 值不能对该现象进行充分描述，需要使用原子序数（Z），基于这种现象，提出了一种包括原子序数半定量表达式来描述粒子导致的介质击穿，如

$$E_{\text{CRIT}} = \frac{V_{\text{GS}}}{t_{\text{ox}}} = \frac{E_{\text{BD}}}{1 + \dfrac{Z}{44}} \tag{2.40}$$

由此可以看出，式（2.38）～（2.40）通过对单粒子辐照试验的统计分析所得到经验公式不能表征所有功率 MOSFET 器件的 SEGR 阈值。

下面借助 TCAD 工具先构建重离子入射过程。

图 2.40 所示为重离子由功率 MOSFET 器件的 neck 区入射 0.01 ps 时的离子径迹、电子浓度和空穴浓度分布图。由图可以看出，重离子入射径迹上，N^+ 衬底对电子具有抽取作用；空穴在 neck 区上方的 Si－SiO$_2$ 界面聚集。图 2.41 和图 2.42 分别是 neck 中心处（在 $x = 8$ μm 的位置，也是重离子入射径迹的中心）、neck 区边沿（在 $x = 6$ μm 的位置）栅氧化层中峰值电场随重离子入射时间的对应关系。

由此可见，按照圆柱形模型定义离子的入射径迹，针对构建的各种功率 MOSFET 器件，并在 TCAD 软件中定义辐射重离子的属性（LET 值、射程、新生电子－空穴对空间分布函数）等可以仿真计算得到任何试验条件（入射角度、偏置电压、试验温度、线路负载）下功率 MOSFET 器件栅氧化层中的峰值电场 E_{MAX}。只要满足 E_{MAX} 小于栅氧化层的本征击穿场强，就可以确保功率 MOSFET 器件不发生 SEGR。此方法可以涵盖所有对功率 MOSFET 器件 SEGR 有影响的因子。

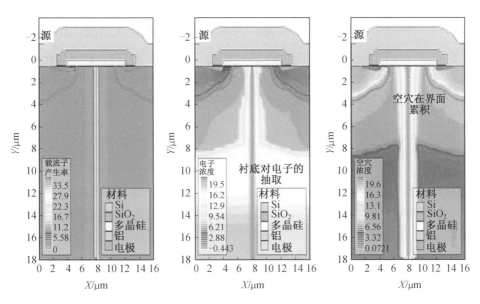

图 2.40　重离子从 neck 区入射的离子径迹、电子浓度和空穴浓度分布图(t = 0.01 ps)（彩图见附录）

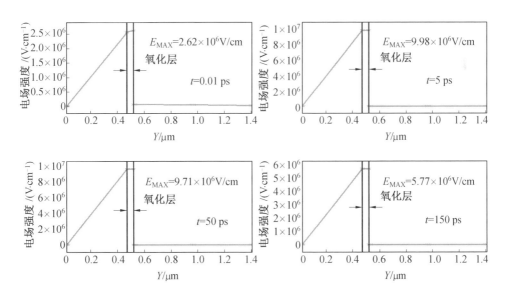

图 2.41　栅氧化层中电场与重离子入射时间的关系（neck 区中心，x = 8 μm）

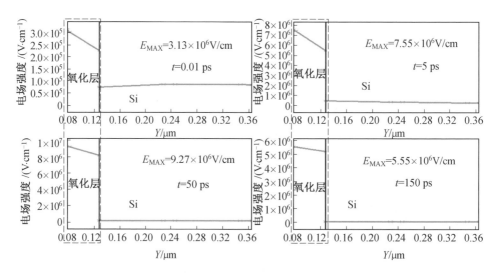

图 2.42　栅氧化层中电场与重离子入射时间的关系(neck 区边沿,$x = 6$ μm)

本章参考文献

[1] WAS G S. Fundamentals of radiation materials science—metal and alloys[M]. 2nd ed. New York:Springer, 2015:45-76.

[2] 唐昭焕,杨发顺,马奎,等. 功率 VDMOS 器件抗 SEB/SEGR 技术研究进展[J]. 微电子学, 2017, 47(3): 401-405.

[3] 陈星弼. 功率 MOSFET 与高压集成电路[M]. 南京:东南大学出版社, 1990: 1-42.

[4] WASKIEWICZ A E, GRONINGER J W, STRAHAN V H, et al. Burnout of power MOS transistors with heavy ions of Californium-252[J]. IEEE Transactions on Nuclear Science, 1986, 33(6):1710-1712.

[5] HOHLJ H,JOHNSON G H. Features of the triggering mechanism for single event burnout of power MOSFETs[J]. IEEE Transactions on Nuclear Science, 1989, 36(6): 2260-2266.

[6] HARANA, BARAK J, DAVID D, et al. Mapping of single event burnout in power MOSFETs[J]. IEEE Transactions on Nuclear Science, 2007, 54(6):2488-2494.

[7] TITUSJ L. An updated perspective of single event gate rupture and single

event burnout in power MOSFETs[J]. IEEE Transactions on Nuclear Science, 2013, 60(3):1912-1928.

[8] FISCHERT. Heavy-ion induced gate rupture in power MOSFETs[J]. IEEE Transactions on Nuclear Science, 1987, 34(6): 1786-1791.

[9] DARWISHM N, SHIBIB M A, PINTO M R, et al. Single event gate rupture of power DMOS transistors[C]. Washington: IEEE, 1993: 671-674.

[10] EMELIYANOV VV, VATUEV A S, USEINOV R G. New insight into heavy ion induced SEGR: Impact of charge yield[C]. Moscow: IEEE, 2015:1-4.

[11] LIUS, BODEN M, CAO H, et al. Evaluation of worst-case test conditions for SEE on power DMOSFETs[J]. IEEE Transactions on Nuclear Science, 2006:165-171.

[12] PRIVAT A, TOUBOUL A D, PETIT M, et al. Impact of single event gate rupture and latent defects on power MOSFETs switching operation[J]. IEEE Transactions on Nuclear Science, 2014, 61(4):1856-1864.

[13] HOHL J H, GALLOWAY K F. Analytical model for single event burnout of power MOSFETs[J]. IEEE Transactions on nuclear science, 1987, 34(6): 1275-1280.

[14] JOHNSON G H, SCHRIMPF R D, GALLOWAY K F. Temperature dependence of single-event burnout in n-channel power MOSFETs[J]. IEEE Transactions on Nuclear Science, 1992, 39(6):1605-1612.

[15] BREWS J R, ALLENSPACH M, SCHRIMPF R D, et al. A conceptual model of single-event gate-rupture in power MOSFETs[J]. IEEE Transactions on Nuclear Science, 1993, 40(6): 1959-1966.

[16] WHEATLEYC F, TITUS J L, BURTON D I. Single-event gate rupture in vertical power MOSFETs: An original empirical expression[J]. IEEE Transactions on Nuclear Science, 1994, 41(6):2152-2159.

[17] TITUSJ L, WHEATLEY C F, BURTON D I, et al. Impact of oxide thickness on SEGR failure in vertical power MOSFETs: Development of a semi-empirical expression[J]. IEEE Transactions on Nuclear Science, 1995, 42(6): 1928-1934.

[18] JOHNSON G H, PALAU J M, DACHS C, et al. A review of the techniques used for modeling single-event effects in power MOSFETs[J]. IEEE Transactions on Nuclear Science, 1996, 43(2):546-560.

[19] TITUS J L, WHEATLEY C F, VAN TYNE K M, et al. Effect of ion energy upon dielectric breakdown of the capacitor response in vertical power

MOSFETs[J]. IEEE Transactions on Nuclear Science, 1998, 45(6): 2492-2499.

[20] JAVANAINEN A, FERLET-CAVROIS V, JAATINEN J, et al. Semi-empirical model for SEGR prediction[J]. IEEE Transactions on Nuclear Science, 2013, 60(4 Part1):2660-2665.

[21] JACANAINEN A, FERLET-CAVROIS V, BOSSER A,et al. SEGR in SiO$_2$-Si$_3$N$_4$ stack[J]. IEEE Transactions on Nuclear Science, 2014, 61(4):1902-1908.

[22] TITUS J L, WHEATLEY C F, GILLBERG J E,et al. A study of ion energy and its effects upon an SEGR-hardened stripe-cell MOSFET technology[J]. IEEE Transactions on Nuclear Science, 2001, 48(6):1879-1884.

[23] MOURET I, CALVET M C, CALVE P,et al. Experimental evidence of the temperature and angular dependence in SEGR[power MOSFET][J]. IEEE Transactions on Nuclear Science, 1996, 43(3):936-942.

[24] LAUENSTEIN J, GOLDSMAN N, LIU S, et al. Effects of ion atomic number on single-event gate rupture (SEGR) susceptibility of power MOSFETs[J]. IEEE Transactions on Nuclear Science, 2011, 58(6):2628-2636.

[25] LIU S, LAUENSTEIN J M, FERLET-CAVROIS V, et al. Effects of ion species on SEB failure voltage of power DMOSFET[J]. IEEE Transactions on Nuclear Science, 2011, 58(6):2991-2997.

[26] TITUS J L. An updated perspective of single event gate rupture and single event burnout in power MOSFETs[J]. IEEE Transactions on Nuclear Science, 2013, 60(3):1912-1928.

[27] JOHNSON G H, PALAU J M, DACHS C,et. al. A review of the techniques used for modeling single-event effects in power MOSFETs[J]. IEEE Transactions on Nuclear Science, 1996, 43(2):546-560.

[28] TITUS J L, WHEATLEY C F. Experimental studies of single-event gate rupture and burnout in vertical power MOSFET's[J]. IEEE Transactions on Nuclear Science, 1996, 43(2):533-545.

[29] LIU S, TITUS J L,BODEN M. Effect of buffer layer on single-event burnout of power DMOSFETs[J]. IEEE Transactions on Nuclear Science, 2007, 54(6):2554-2560.

[30] BEZERRA F, LORFÈVRE E, ECOFFET R, et al. In flight observation of proton induced destructive single event phenomena[C]. Brugge: IEEE,

2008:1361-1364.

[31] LIU S, MAREC R, SHERMAN P, et al. Evaluation on protective single event burnout test method for power DMOSFETs[J]. IEEE Transactions on Nuclear Science, 2012, 59(4):1125-1129.

[32] LIU S, TITUS J L, DICIENZO C, et al. Recommended test conditions for SEB evaluation of planar power DMOSFETs[J]. IEEE Transactions on Nuclear Science, 2008, 55(6):3122-3129.

[33] SCHEICK L, SELVA L. Sensitivity to LET and test conditions for SEE testing of power MOSFETs[C]. Quebec: IEEE, 2009:82-92.

[34] SCHEICK L Z, GAUTHIER M, GAUTHIER B, et al. Recent power MOSFET single event testing results[C]. Miami: IEEE, 2011:1-6.

[35] OBERGD L, WERT J L. First nondestructive measurements of power MOSFET single event burnout cross sections[J]. IEEE Transactions on Nuclear Science, 1987, 34(6):1736-1741.

[36] NICHOLS D K, MCCARTY K P, COSS J R, et al. Observations of single event failure in power MOSFETs[J]. Radiation Effects Data Workshop (REDW), 1994:41-54.

[37] SZE S M. Physics of semiconductor devices[M]. 2nd ed. New York : John Wiley & Sons, 1981:45-47.

[38] 黄昆, 韩汝琦. 半导体物理基础[M]. 北京:科学出版社, 2010.

[39] 夏鹏昆, 程齐家. PN 结掺杂浓度对耗尽层宽度及内建电场和内建电势的影响[J]. 大学物理, 2015, 34(6):54-56.

[40] HU C, CHI M. Second breakdown of vertical power MOSFETs[J]. IEEE Transactions on Electron Devices, 1982, 29(8):1287-1292.

[41] 张丽, 庄奕琪, 李小明, 等. VDMOSFET 二次击穿效应的研究[J]. 微电子技术, 2005, 28(4):114-117.

[42] 王思慧. 抗辐射 VDMOS 器件的研究与设计[D]. 南京:东南大学, 2016.

[43] JOHNSON G H, GALLOWAY K F, SCHRIMPF R D, et al. A physical interpretation for the single-event-gate-rupture cross-section of n-channel power MOSFETs[J]. IEEE Transactions on Nuclear Science, 1996, 43(6):2932-2937.

[44] BECK M J, TUTTLE B R, SCHRIMPF R D, et al. Atomic displacement effects in single-event gate rupture[J]. IEEE Transactions on Nuclear Science, 2008, 55(6):3025-3031.

[45] GALLOWAY K F. Catastrophic failure of silicon power MOS in space[C].

Xi'an: IEEE, 2012:1-4.

[46] SELVA L E, SWIFT G M, TAYLOR W A, et al. On the role of energy deposition in triggering SEGR in power MOSFETs[J]. IEEE Transactions on Nuclear Science,1999, 46(6):1493-1409.

[47] CAVROIS V F, BINOIS C, CARVALHO A,et al. Statistical analysis of heavy-ion induced gate rupture in power MOSFETs—methodology for radiation hardness assurance[J]. IEEE Transactions on Nuclear Science, 2012, 59(6):2920-2929.

[48] MURAT M, AKKERMAN A, BARAK J. Ion track Structure and dynamics in SiO$_2$[J]. IEEE Transactions on Nuclear Science, 2008, 55(4): 2113-2120.

[49] MEFTAHA. Track formation in SiO$_2$ quartz and the thermal-spike mechanism[J]. Physical Review B, 1994, 49(18):12457.

宇航 MOSFET 器件抗单粒子辐射加固技术

在对功率 VDMOS 器件单粒子辐射效应及损伤模型进行详细研究的基础上，本章的主要研究内容是功率 VDMOS 器件的单粒子辐射加固技术。从单粒子辐射功率 VDMOS 器件的三个阶段出发，总结提炼出功率 VDMOS 器件的单粒子辐射加固技术框架，系统性地研究屏蔽技术、复合技术和增强技术三类加固技术，为功率 VDMOS 器件的单粒子辐射加固提供了整体思路和具体加固技术参考。

从 1986 年 A. E. Waskiewicz 使用锎源（^{252}Cf）对 N 沟道功率 VDMOS 器件进行辐照试验发现 SEB 效应开始，对功率 VDMOS 器件抗辐射加固技术的研究就从来没有停止过。在 30 余年的时间内，国内外研究人员提出了大量加固方案，并开展了一些卓有成效的尝试。下面对国内外宇航功率 MOSFET 单粒子效应加固技术研究历程及现状进行简要介绍，并对期间重要的研究成果进行总结引述，以供读者参考。

在功率 VDMOS 器件的抗 SEB 加固技术方面，1989 年，美国海军地面战斗中心的 J. L. Titus 和哈里斯（Harris）半导体公司的 C. F. Wheatley 在使用 LET 值为 80 MeV·cm^2/mg 的 Au 离子对一款 150 V 的 N 沟道 VDMOS 器件进行试验研究的基础上讨论了 VDMOS 器件的单粒子辐射加固技术，提出了元胞采用窄（短）源区设计有利于提高功率 VDMOS 器件的抗 SEB 能力，其本质是减小了寄生 NPN 晶体管发射区的结面积，且由于发射区变窄，单粒子辐射在 body 区产生的空穴（特别是邻近沟道区）从 body 区运动到达接触金属的路径缩短，因此空穴在 body 区运动产生的电势差难于达到 0.7 V，从而实现功率 VDMOS 器件抗 SEB 能力的提升，但这些加固措施同时也会造成器件导通电阻的增加。1996 年，M. Allenspach 等人提出了一种使用功率 VDMOS 器件的多晶硅栅自对准在 body 区内进行掺杂，且掺杂的峰值浓度位于源区下方的器件元胞结构,该结构主要是通过高能离子注入掺杂的方式在 body 区之内、源区之下注入 B^{11+},且 B^{11+} 的掺杂浓度大于 body 掺杂浓度,本质上是提高了寄生 NPN 晶体管的基区掺杂浓度,减小了基区输运系数,实现器件抗 SEB 能力的提升。

2007 年,美国 IR 公司的 S. Liu 等人研究结果表明,合适的 buffer 层厚度和电阻率可以使得 SEB 阈值达到 100% BV_{DS},且导通电阻不会增加,厚度太薄或太厚、电阻率太大或太小均会使得 SEB 阈值下降。其原理是高掺杂的 buffer 层(buffer 层掺杂浓度大于外延层掺杂浓度)增加了外延层中重离子辐射电离产生的新生电子 – 空穴对数目。2008 年,电子科技大学的李泽宏提出了一种带局部绝缘层上硅(Partial Silicon on Insulator, PSOI)的抗单粒子辐射加固 VDMOS 器件结构,该加固结构的本质是在外延层中制作了 Si – SiO₂ 复合中心,能够快速复合重离子电离辐射产生的新生电子 – 空穴对。作为改进,其在 2014 年申请的专利中又提出了一种将 PSOI 结构置于 body 区内、源区之下的结构,进一步缩小了寄生三极管 EB 结面积,有效地抑制了寄生三极管的开启。2015 年,王英等人使用局部载流子寿命控制方法研究了平面型 VDMOS 器件的单粒子烧毁效应加固方法,通过外延参数的优化缩短了漂移区的过剩载流子寿命。同年,清华大学的万欣等人提出了一种采用高 K 介质和沟道区高掺杂对 VDMOS 器件进行 SEB 加固的方法,其中栅介质采用 Si₃N₄ 代替 SiO₂。2017 年,中国电子科技集团公司第二十四研究所张培健等人提出一种带双层交错 PSOI 的 VDMOS 器件结构,器件的抗单粒子辐射安全工作区(Safe Operating Area, SOA)提高了 50%,其技术方案是在 VDMOS 器件的有源层制作 PSOI,形成界面复合中心,从而达到对重离子产生的电子 – 空穴对寿命调制的目的。2018 年,唐昭焕、李兴冀等人提出了一种带双埋层(Double Buried Layers, DBL)的 VDMOS 器件(DBL_MOS),在 LET 值为 99.1 MeV·cm²/mg 的重离子辐射下,器件抗单粒子辐射的安全工作区提高了 300%。

在功率 VDMOS 器件的抗 SEGR 加固技术方面,1996 年,美国亚利桑那大学的 M. Allenspach 等人提出了一种基于分立栅(Split – Gate)的功率 VDMOS 器件结构,其技术方案是在元胞设计时,仅保留沟道区上方对器件沟道进行控制的掺杂多晶硅,去除了 neck 区上方对沟道控制无贡献的多晶硅,使得 neck 区上方不存在平板介质电容结构,则在 neck 区上方的二氧化硅(栅氧化层)中原则上不存在电场,因此可以提高器件的抗 SEGR 能力。1998 年,美国桑迪亚国家实验室的 F. W. Sexton 等人和 Bell 实验室的 K. S. Krisch 等人采用厚度为 7 nm、热生长并氮化处理的氧化层,研究了该氧化层中重离子预先引入的缺陷与 SEGR 的关系,证明了栅氧化层做氮化处理可以改善 VDMOS 器件的抗 SEGR 能力。2001 年,美国海军地面战斗中心的 M. W. Savage 等人研究了条栅功率 MOSFET 的抗单粒子加固技术,并对 30 ~ 250 V 的条栅 VDMOS 进行了试验研究,发现采用条栅结构的 VDMOS 抗 SEGR 效果比六边形结构更好,并证明了颈(neck)区宽度对 SEGR 失效阈值有直接影响:随颈区宽度缩短,SEGR 阈值呈上升趋势,且此种现象在漏源电压较高时更为明显。2006 年,IR 公司的 S. Liu 等人指出了窄 neck 区的功率 VDMOS 器件抗 SEGR 能力比宽 neck 区的抗 SEGR 能力强,主要是漏极偏置电压经过圆柱形的电离区(离子入射径迹)施加到窄 neck 区栅氧化层上的电压低于宽 neck 区栅氧化层上的电压。2011 年,中芯国际的何永根等人提出了一种栅介质层及 MOS 晶体管的形成方法,其技术方案是在栅氧化层生长之后,在二氧化硅层表面注入氮离子,该方法一方面保证了栅氧化层 / 硅的良好界面特性,另一方面提高了栅氧化层介质的击穿电压。同年,唐昭焕等人发现了一种 neck 区带局部氧化隔离(Local Oxidation of Silicon,LOCOS)的抗单粒子栅穿 VDMOS 器件新结构,器件的抗 SEGR 能力提高了 120% ,该结构主要是由于 neck 区上方氧化层厚度由 60 ~ 80 nm 增加到了 1 700 nm,因此提高了器件的抗 SEGR 能力。

在典型抗单粒子辐射加固功率 VDMOS 产品方面,国外从事抗辐射加固 VDMOS 器件研究的公司主要有美国的 IR 公司、仙童(Fairchild)、威世(Vishay),德国的英飞凌(Infineon),日本的瑞萨(RENESAS)等,其中美国 IR 公司长期致力于功率 MOSFET 及功率电子系统的研发,给美国国防及产业界提供系统的功率解决方案和产品,其包括耐压覆盖 20 ~ 1 000 V 的 N 沟道 VDMOS 和耐压覆盖 - 20 ~ - 250 V 的 P 沟道 VDMOS 等产品达数千款,代表着国际最先进的技术水平(图 3.1)。该公司依托布鲁克海文国家实验室的范德格拉夫串列静电加速器对工业级 VDMOS 器件产品进行了系统的单粒子效应辐照试验,给出了每款产品的单粒子辐射安全工作区,并于 1989 年推出了第一代抗辐射加固 VDMOS 产品(G4),器件耐压覆盖 60 ~ 600 V。此时在国际上对 VDMOS 器件的单粒子辐射损伤机理并不完全明晰,辐射加固措施更无从谈起。

经过 10 年的研究,以 IR 公司的 S. Liu 为首的技术团队在 VDMOS 器件的单粒子辐射加固技术方面积累了较多经验,并于 1998 年推出了第二代辐射加固 VDMOS 产品(R5),器件耐压覆盖 30 ~ 250 V,在 $V_{GS} = - 5$ V 条件下,LET 阈值大于 82.43 MeV·cm²/mg(Au 离子,能量 354 MeV、硅中射程 28.6 μm),如图 3.2(a) 所示。为了满足深空更高辐射水平的要求,IR 公司于 2001 推出了第三代辐射加固 VDMOS 器件产品(R6),耐压覆盖 100 ~ 1 000 V 的 N 沟道 VDMOS 产品,在 $V_{GS} = - 5$ V 条件下,LET 阈值大于 90.1 MeV·cm²/mg(Au 离子,能量 1 480 MeV、硅中射程 80 μm),但器件的安全工作区(SOA)下降为标称击穿电压的 87% 左右(即在单粒子辐射环境中,200 V 的器件只能在 175 V 以下的工作电压下工作），如图 3.2（b）所示。

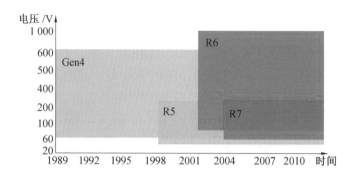

图 3.1　IR 公司功率 MOSFET 研究路线图

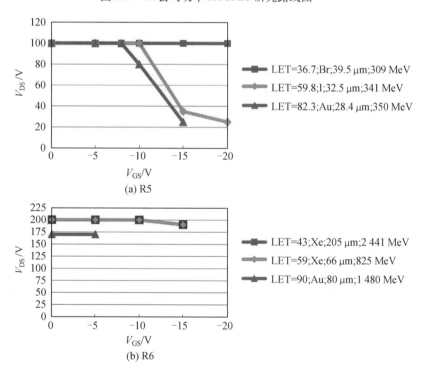

图 3.2　IR 公司两代功率 VDMOS 在不同重离子辐照下的失效阈值

　　IR 公司还分别于 2003 年和 2013 年推出了 R7 和 R8 两代辐射加固 VDMOS 产品，R7 产品的推出是为空间和其他辐射环境中的功率元件接口 CMOS 和 TTL 控制电路提供简单的解决方案；R8 代产品则把深亚微米制造工艺与 Trench 结构相结合，极大地提升了器件的功率密度，实现每平方厘米 1 740 万个元胞的布局。2014 年 9 月德国芯片制造巨头英飞凌以 30 亿美元收购 IR 后，结合英飞凌在第三代半导体材料（SiC、GaN）上的优势，拓展了在高温（200 ℃ 以上）、超高压（10 kV）领域的应用，同时 SiC 和 GaN 为宽禁带半导体材料，其禁带宽度分别为 3.0 eV 和 3.39 eV，理论上在抗辐射方面具有天然的优势，预期在航空航天领域将会具有不凡的表现。2016 年 12 月，英飞凌公司在德国慕尼黑和美国的埃尔塞贡多同时发布了第六代首款基于 R9 技术的高可靠抗辐射功率 VDMOS 产品 IRHNJ9A7130。相较于 R8 代的产品，在进一步减小面积、减轻质量的同时，器件的导通电阻降低了 33%，尽管如此，其抗总剂量能力仍然可以达到 100 ～ 300 krad（Si），抗单粒子达到 90 MeV・cm²/mg。

表 3.1 对比了 IR/ 英飞凌公司六代高可靠（High Reliability，HiRel）功率 VDMOS 产品的技术特征，由表 3.1 可以看出，IR（英飞凌）公司在解决了宇航用功率 VDMOS 器件单粒子辐射加固的技术瓶颈后，为了追求系统效能的提升，把随后出现的小线宽、槽栅（Trench）、低 R_{ON} 封装等先进技术与功率 VDMOS 器件的单粒子辐射加固技术相结合，把宇航用 DC/DC 变换器的效能和可靠性提高到了一个全新的高度。

表 3.1　IR 公司六代 HiRel 功率 VDMOS 技术特征对比表

	单位	G4	R5	R6	R7	R8	R9
推出年份	年	1989	1998	2001	2003	2013	2016
器件类型	—	N	N/P	N	N/P	N	N
耐压范围	V	60 ～ 600	30 ～ 250 − 30 ～ − 200	100 ～ 1 000	60 ～ 250 − 60	20 ～ 200	100
抗总剂量	krad（Si）	100 ～ 1 000	100 ～ 1 000	100 ～ 300	100 ～ 300	100 ～ 300	100 ～ 300
抗单粒子	MeV・cm²/mg	—	—	90	82	90	90
器件元胞	—	六角	条形	条形	条形	条形	条形
工艺方案	—	平面	平面	平面	平面	槽栅	槽栅
特征尺寸	μm	5	1.5 ～ 0.6	1.5 ～ 0.6	1.5 ～ 0.6	0.4	—
衬底材料	—	Si	Si	Si	Si	Si	Si
元胞密度	万个/cm²	1.8	—	—	—	1 740	

综上所述，目前国内外在功率 VDMOS 器件的单粒子辐射加固方面，针对器件的 SEB 加固，包括窄源区、P⁺ − Plug、浅结（低掺杂）源区、外延 buffer 层、缓变外延层、局部 SOI、载流子寿命调制等加固技术；针对器件的 SEGR 加固，包括减小元胞尺寸、条栅、Split − Gate、LOCOS 结构、窄 neck 区、neck 区厚氧、栅氧化层氮

化处理等加固技术;通过对功率 VDMOS 器件结构与制造工艺的改进,把功率器件的抗单粒子辐射水平向前推进了一大步,部分产品在 LET 大于 75 MeV·cm²/mg 的单粒子辐射下,器件的安全工作电压达到了 100% BV$_{DSS}$。

同时还对 LDMOS(Laterally Diffused Metal Oxide Semiconductor,LDMOS)、超结 – VDMOS(Super Junction VDMOS,SJ – VDMOS)的单粒子效应进行了试验研究,得到 PSOI 的 LDMOS、SJ – VDMOS 的单粒子敏感性弱于传统 VDMOS 器件的结论。

国外在功率 VDMOS 器件的单粒子辐射效应、损伤模型、加固技术、评估方法、失效模型等方面的研究已经超过 30 年,推出了大量的高可靠抗辐射 MOSFET 产品,并经历了 30 年整机系统的应用验证,建立了完备的上下游高可靠功率 MOSFET 产品产业链,极大地推动其现代化国防装备的更新换代。

本章针对国产功率 VDMOS 器件抗单粒子辐射加固的技术瓶颈,从单粒子与材料的相互作用机制及功率 VDMOS 器件的单粒子辐射过程出发,提出了功率 VDMOS 器件的谱系化加固技术,概括归纳出针对单粒子与功率 VDMOS 器件三个作用阶段相对应的加固技术:屏蔽技术、复合技术和增强技术。3.1 节介绍功率 VDMOS 器件的整体加固思路和原理;3.2 节、3.3 节和 3.4 节分别详细介绍屏蔽技术、复合技术和增强技术的内涵,并根据研究经验,介绍了三类加固技术的具体加固案例方案和效果。

3.1　抗单粒子辐射加固整体思路

根据单粒子辐射的作用过程、重离子与材料的作用机制及功率 VDMOS 器件的单粒子辐射效应,绘制了重离子辐射功率 VDMOS 器件的作用过程示意图,如图 3.3 所示。

由图 3.3 可以看出,重离子垂直辐射功率 VDMOS 器件,设定在器件上表面时的粒子能量为 E_0,重离子需要依次穿过钝化层、金属层、层间介质(Inter Layer Dielectric,ILD)、多晶硅栅、栅氧化层等总厚度(d_1)约 8 μm 的介质层才能达到 N⁻ 外延层的上表面。由前面可以知道,重离子与任何材料作用均会发生能量的交互,在介质层中产生能量损失(ΔE_1),设在重离子到达外延层上表面时的能量为 E'_0,则有关系式(3.1)成立。重离子在钝化层、多晶硅栅、ILD 介质、栅氧化层等介质层中发生能量交互产生的新生电子 – 空穴对,但因介质中缺陷较多而被快速复合,仅引起介质层中局部柱形区域内原子迁移的加剧。

$$E'_0 = E_0 - \Delta E_1 \tag{3.1}$$

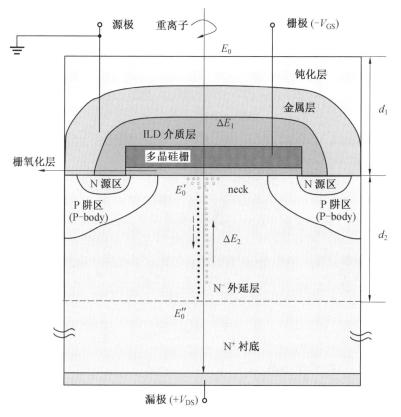

图 3.3　重离子辐射功率 VDMOS 器件的过程示意图

当重离子进入硅 N⁻ 外延层后,重离子与硅原子发生能量交互,在重离子入射径迹的柱形区域内使得硅原子电离,产生新生电子 – 空穴对。新生电子在漏极正偏压的作用下向漏极运动,并在高掺杂浓度的衬底中被复合;新生空穴向栅氧化层 /N⁻ 外延层界面运动,在栅氧化层中产生瞬时的附加电场,附加电场与稳态的电场叠加,可以引起功率 MOSFET 器件栅氧化层退化或击穿,出现栅源或栅漏的漏电流增加,严重时使得多晶硅栅失去对沟道的控制能力;或在 body 区中产生新生电子 – 空穴对,新生空穴在 body 区中向源极金属运动产生电势差,引起源区 /body 区形成的 PN 结正偏电压升高,当达到 0.7 V 时,寄生 NPN 管工作,且处于共射放大状态,产生异常电流,器件局部晶格温度急剧升高,导致器件烧毁。当重离子在硅中的入射深度达到重离子在硅材料中的平均总射程(R_{p})时,能量衰减为 0 ~ 10 eV 的重离子与硅材料原子作用不能使得原子电离。

设重离子在硅材料中达到射程深度时的能量为 E''_0，重离子在硅材料（N^+ 衬底和 N^- 外延层）中沉积的能量为 ΔE_2，则有式（3.2）成立：

$$E''_0 = E'_0 - \Delta E_2 \tag{3.2}$$

由图 3.3 可知，重离子在芯片表面的能量 E'_0 等于重离子在厚度为 d_1 的介质层中的能量损失（ΔE_1）与硅材料中的能量损失（ΔE_2）之和，即

$$E'_0 = \Delta E_1 + \Delta E_2 \tag{3.3}$$

由以上分析可以看出，为了使描述重离子辐射功率 VDMOS 器件的作用过程简单化，可以把作用过程分为以下三个阶段。

（1）第一阶段：能量沉积。

重离子与功率 VDMOS 器件中的介质层材料原子和 N^- 外延层中的硅原子均会发生能量交互，使得重离子的能量降低；能量降低后的重离子在减小硅材料中原子电离率的同时，在材料中产生次级辐射效应的概率降低。因此在重离子进入硅材料之前降低其入射能量，可有效减弱重离子对功率 VDMOS 器件辐射产生的损伤。为了清楚界定功率 VDMOS 器件单粒子辐射加固的技术门类，重离子辐射功率 VDMOS 器件的能量沉积阶段特指重离子在厚度为 d_1 的介质层中的能量沉积（或能量损失），因为介质层中的能量沉积对功率 VDMOS 器件的性能几乎没有影响。

（2）第二阶段：原子电离。

对硅基功率 VDMOS 器件起决定性作用的是重离子在硅材料（特别是 N^- 外延层）中的能量沉积，重离子在硅材料中沉积的能量会使得硅原子电离，产生新生电子 – 空穴对。沉积的能量越多，硅原子电离越多，新生电子 – 空穴对的数目越多，新生电子 – 空穴对在电场作用下参与器件载流子的运动，从而引起器件工作状态改变。

（3）第三阶段：电荷收集（积累）。

在外延层中产生的新生电子 – 空穴对在外加偏置电场（漏极正电压）的作用下发生方向相反的漂移运动，新生电子向漏极运动、新生空穴向栅氧化层 $/N^-$ 外延层界面或源极金属运动；从而在栅氧化层上附加一个很高的瞬时电场，使得栅氧化层性能退化或击穿；或使得寄生三极管被触发，产生大电流导致局部晶格温度升高，从而使得器件烧毁，最终引起半导体器件状态发生改变。

由单粒子辐射功率 VDMOS 器件的三个阶段，归纳提炼出提升功率 VDMOS 器件单粒子辐射加固能力的三类技术：屏蔽技术、复合技术和增强技术。

功率 VDMOS 器件单粒子辐射加固的整体思路如下。

（1）屏蔽技术。使用高 Z（Z 指材料的原子序数）材料屏蔽重离子，在重离子进入 N^- 外延层之前，最大限度地衰减其能量。

（2）复合技术。制作复合中心快速复合掉新生电子 – 空穴对，在器件中不影

响常态电性能的区域制作局部复合中心,减少新生电子和新生空穴的数目。

（3）增强技术。提升栅氧化层的击穿电压和寄生三极管的触发阈值,提高栅氧化层的厚度或单位厚度的本征击穿电压,降低寄生三极管的特性。

一般地,抗单粒子辐射能力强的功率 VDMOS 器件通常不是采用某一种单粒子辐射加固技术来保证的,往往根据可以利用的工艺线的加工能力,从结构、工艺两大方面入手,选取与工艺线加工能力匹配的加固技术组合进行综合加固。由于器件结构与工艺条件的匹配程度严重影响功率 VDMOS 器件的抗单粒子辐射性能,因此功率 VDMOS 器件的单粒子辐射加固是一项基础的、长期的研究工作。

3.2　屏蔽技术

屏蔽技术是使用某种材料对重离子进行阻挡,衰减其能量,使得重离子对功率 VDMOS 器件的辐射损伤减弱或消失,实现器件抗单粒子辐射能力提升的技术。不同于传统航天器壳体涂敷特殊材料阻挡空间辐射环境中能量粒子,从而对腔体内正常工作的电子元器件产生影响而采用的屏蔽技术,本节所研究的屏蔽技术是在晶圆制造过程中,在芯片有源层之上制作高原子序数材料对重离子能量进行衰减的技术,制作的高原子序数材料与器件芯片融为一体。

从描述重离子的重要物理量 LET 可以看出,重离子对功率 VDMOS 器件的单粒子辐射不仅与重离子的能量有关,还与靶材料原子的密度有关。在空间辐射环境中粒子特性不能控制和改变的情况下,选择高原子序数（高 Z）的材料作为芯片的保护材料一定程度上可以降低重离子对功率 VDMOS 器件的辐射损伤。图 3.4 给出了使用高 Z 材料（金（Au）、镍（Ni）、铜（Cu）等）对功率 VDMOS 器件进行屏蔽加固的器件剖面结构示意图,图 3.5 是其平面示意图。

由图 3.4 和图 3.5 可以看出,采用 Au、Ni、Cu 等高原子序数材料作为阻挡层材料,通过溅射、光刻、电镀、去胶、腐蚀等工艺后,可以在晶圆级实现功率 VDMOS 器件上表面厚金属的加工。特别地:① 高原子序数材料的厚度一般为 20 μm,根据光刻机涂胶、显影及电镀高原子序数材料应力大小情况,可以进行调整,原则上希望高原子序数材料更厚;② 高原子序数材料可以是导体、半导体、绝缘体等各种材料,如果是导体材料,则材料不能覆盖功率 VDMOS 器件的终端部分;③ 高原子序数材料不能与功率 VDMOS 器件的源极和栅极金属相连。实践证明,如果采用 Au 作为屏蔽材料,当 Au 材料由功率 VDMOS 器件的芯片区延伸覆盖器件的终端区时,会引起器件漏源击穿电压（BV_{DSS}）的大幅下降。

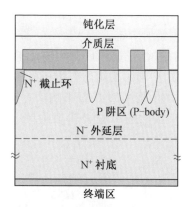

终端区

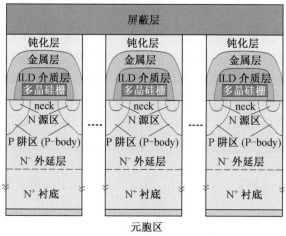

元胞区

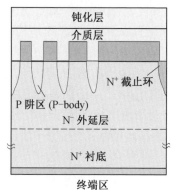

终端区

图 3.4　采用高原子序数材料屏蔽后的功率 VDMOS 器件剖面示意图

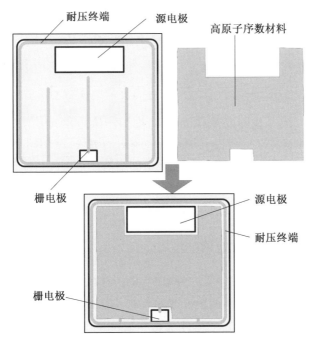

图 3.5　采用高原子序数材料屏蔽后的功率 VDMOS 器件芯片示意图

图 3.6 是实际加工的一款 200 V 功率 VDMOS 器件芯片,芯片表面钝化层之上制备 20 μm 金属 Ni。采用金属 Ni 作为屏蔽材料制作的功率 VDMOS 器件与未采用屏蔽材料的同款功率 VDMOS 器件同时在中国原子能科学研究院的 HI - 13 串列加速器上进行单粒子辐射对比试验,试验中采用示波器监控漏极电流波形和栅极电流波形,未采用屏蔽材料的功率 VDMOS 器件出现了单粒子烧毁现象;而采用了屏蔽技术的器件样品未发生单粒子效应,且未见波形扰动。

重离子屏蔽方式各种阻挡层材料参数可以参考 SRIM 计算程序。

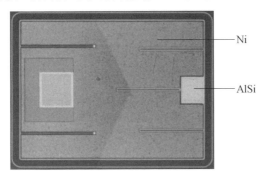

图 3.6　采用 20 μm Ni 屏蔽后的功率 VDMOS 器件芯片照片

3.3 复合技术

复合技术是通过在功率 VDMOS 器件的内部制作复合中心对重离子辐射产生的新生电子 – 空穴对的寿命进行调制,进而提高器件抗单粒子辐射能力所采用的技术。其目的是减少新生电子或新生空穴的数目,减弱新生电子 – 空穴对对功率 VDMOS 器件的影响,提高器件在空间辐射环境中的长期可靠性和生存能力。由半导体器件物理关于载流子寿命的相关描述可知,降低载流子寿命的措施包括局部高掺杂、异质材料界面、重金属复合中心三大技术途径。

3.3.1 局部高掺杂技术

由半导体器件物理及晶体管原理可知,提高材料的杂质掺杂浓度,可以降低材料中载流子的寿命,但材料掺杂浓度的增加,如功率 VDMOS 器件外延层浓度、body 区掺杂浓度的增加,会带来器件击穿电压的降低,因此采用高掺杂技术调制载流子寿命通常针对功率 VDMOS 器件的局部进行高掺杂或优化杂质的浓度分布。

表 3.2 给出了一款 N 沟道 200 V 功率 VDMOS 器件采用两种 body 区注入条件的主要电参数及单粒子辐射安全工作电压的对比表。其中高掺杂 body 区的离子注入条件:注入杂质为硼(B^{11+})、注入剂量为 $2.0 \times 10^{14} \, cm^{-2}$、注入能量为 65 keV、注入角度为 7°;低掺杂 body 区注入条件为:注入杂质为硼(B^{11+})、注入剂量为 $1.4 \times 10^{14} \, cm^{-2}$、注入能量为 65 keV、注入角度为 7°;特别地,两种 body 区注入条件的功率 VDMOS 器件样品的结构与尺寸完全相同,使用相同的材料规格、工艺流程,仅是硼(B^{11+})的注入剂量存在差异。单粒子辐照试验是在中国科学院兰州近代物理研究所(兰州近物所)进行,试验采用的辐射粒子信息见表 3.3 和表 3.4。因此,两种不同 body 区掺杂条件研制的 N 沟道 200 V 功率 VDMOS 器件的抗单粒子辐射能力与 body 区注入剂量可以建立对应关系。由于低掺杂 body 区条件制作的 VDMOS 器件(LDB_VDMOS)抗单粒子辐射安全偏置条件为 $V_{GS} = 0 \, V$、$V_{DS} = 80 \, V$,高掺杂 body 区条件制作的 VDMOS 器件(HDB – VDMOS)抗单粒子辐射安全偏置条件为 $V_{GS} = 0 \, V$、$V_{DS} = 90 \sim 100 \, V$,说明 body 区高掺杂对功率 VDMOS 器件的抗 SEE 能力有提升,相同条件下可以改善约 25%。

表 3.2　body 区掺杂浓度对 N 沟道 VDMOS 器件常态及抗单粒子辐射性能对比表

	HDB – VDMOS	LDB – VDMOS
body 区注入杂质	B^{11+}	B^{11+}
body 区注入剂量 /cm^{-2}	2.0×10^{14}	1.4×10^{14}
击穿电压 /V	229 ~ 231	218 ~ 220
阈值电压 /V	3.86 ~ 3.92	3.47 ~ 3.50
导通电阻 /mΩ	230	380
SEE 安全工作区	$V_{GS} = 0$ V, $V_{DS} = 100$ V	$V_{GS} = 0$ V, $V_{DS} = 80$ V

表 3.3　单粒子辐照试验重离子试验信息表

辐射源 / 粒子信息	描述	备注
加速器名称	SFC + SSC	试验终端 TR5
重离子类型	^{209}Bi	—
^{209}Bi 粒子能量 1	1 985.5 MeV	—
试验条件	真空外	器件开帽后暴露在大气中
^{209}Bi 粒子能量 2	1 832.1 MeV	经过 12.5 μm 闪烁体后粒子能量
^{209}Bi 粒子能量 3	1 283.3 MeV	经过 14.7 μm Ti 引出后粒子能量
距离芯片表面距离	7 μm	达到芯片表面的能量 446.7 MeV, 硅中射程 33.2 μm, LET 值 93.9 MeV · cm^2/mg

表 3.4　试验距离与^{209}Bi 粒子特性的关系

辐射距离 /μm	粒子能量 /MeV	硅中射程 /μm	表面 LET 值 /(MeV · cm^2 · mg^{-1})
1	1 163.9	64.5	98.7
2	1 043.7	59.3	99.5
3	923.2	54.1	100.1
4	802.4	48.9	100.2
5	682.5	43.7	99.1
6	563.6	38.5	97.2
7	446.7	33.2	93.9
8	333.1	27.8	86.1
9	224.7	22.0	74.1
10	129.6	15.8	57.3
11	57.4	9.2	37.2
空气中总射程	127.9 μm		

由表 3.2 可知,器件的击穿电压在增加 body 区注入剂量后不仅没有降低,反而出现了增加;导通电阻在增加 body 区注入剂量后由 380 mΩ 减小为 230 mΩ。对材料规格进行详细分析和对比可知,材料电阻率和外延层厚度均有一定的差异。

3.3.2 异质材料界面技术

在功率 VDMOS 器件内制作异质材料界面,最常见的是硅(Si)/二氧化硅(SiO$_2$)界面。在 Si 与 SiO$_2$ 的交界面存在 Si 晶格的不连续,产生大量的悬挂键;同时在 SiO$_2$ 淀积/生长到 Si 衬底上产生 Si-SiO$_2$ 界面之前,由于工艺线洁净度控制、清洗液、操作不规范等会导致清洗后的硅片表面存在钠(Na)、钾(K)等可动离子,在 SiO$_2$ 淀积/生长到 Si 衬底的上表面之后,可动离子会在电场、辐射的作用下在 Si-SiO$_2$ 界面移动,产生新生复合中心,对新生空穴或新生电子产生复合。

图 3.7 所示为 Si-SiO$_2$ 界面悬挂键及可动电荷的示意图。由图 3.7 很容易理解 Si-SiO$_2$ 界面对界面附近的新生电子和新生空穴存在的复合作用,引起重离子辐射径迹电离区域内的新生电子和新生空穴数量减少,从而实现功率 VDMOS 器件抗单粒子辐射能力的提升。

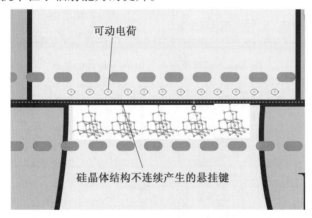

图 3.7 Si-SiO$_2$ 界面悬挂键及可动电荷示意图

图 3.8 所示为电子科技大学李泽宏教授提出的带 PSOI 的功率 VDMOS 器件元胞的剖面结构示意图。带 PSOI 的功率 VDMOS 其器件结构特点在于:PSOI 位于器件的 body 区之下,且 PSOI 介于 N$^-$ 外延层与 N$^+$ 衬底的界面位置。假定重离子垂直入射功率 VDMOS 器件,当重离子穿透钝化层、金属层、ILD 介质层、body 区、外延层、PSOI 层等材料进入 N$^+$ 衬底材料,在离子的入射径迹上存在的 Si-SiO$_2$ 界面对新生电子和新生空穴存在较强的复合作用。

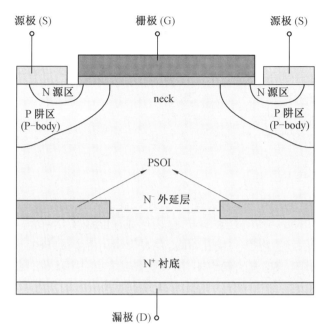

图 3.8　带 PSOI 的功率 VDMOS 器件元胞的剖面结构示意图

　　TCAD 仿真结果表明,使用线性电荷沉积(Liner Charge Deposit,LCD) 值为 0.35 pC/μm(线性能量传输 LET 值约为 34.3 MeV·cm²/mg) 的铜粒子辐射该器件,不论处于导通还是关断状态,均无单粒子效应,而传统结构的功率 VDMOS 器件则存在明显的单粒子效应。图 3.9 给出了使用 Cu 粒子辐射传统功率 VDMOS 器件和带 PSOI 的功率 VDMOS 器件在导通(on-state) 和关断(off-state) 状态下的单粒子效应(SEE) 仿真结果。结果显示,PSOI 的功率 VDMOS 器件在 LCD 值为 0.35 pC/μm 的铜粒子辐射下,随着 LCD 值的增加,漏极电流几乎没有增加,具有很强的抗 SEB 能力。

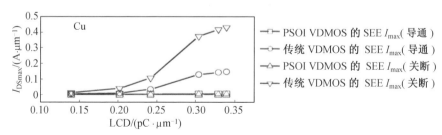

图 3.9　带 PSOI 的功率 VDMOS 器件抗单粒子仿真结果

3.3.3　重金属复合中心技术

金（Au）、铜（Cu）、铂（Pt）等重金属原子进入体硅中会在硅的能带中产生附加能级，成为复合中心，对新生电子和新生空穴具有强烈的复合作用。作者在研究功率 VDMOS 器件单粒子辐射加固技术的过程中，从一款集成电路中 PNP 晶体管在多次合金后出现性能退化的现象得到启发，提出了一种采用 Pt 制作复合中心的工艺加固方法。Pt 作为半导体器件制造中常见的接触金属，与半导体器件的制造工艺具有很好的工艺兼容性，因此是一种易于实施和实现的工艺加固技术。其技术方案在于：功率 VDMOS 器件的接触孔刻蚀后，在接触孔上使用磁控溅射方法溅射一层 30 nm 的金属 Pt，并使用高温炉管退火，使得 Pt 原子向功率 VDMOS 器件的 body 区扩散，在 body 区内形成深能级复合中心。当重离子辐射在 body 区内产生新生电子－空穴对时，存在于 body 区内的 Pt 复合中心对新生电子和新生空穴具有快速复合的作用，可以提高功率 VDMOS 器件抗 SEB 能力；显而易见，该技术方案也可以有效抑制 SEB 致 SEGR 失效的发生。

图 3.10（a）所示为使用 Pt 作为接触金属制作的功率 VDMOS 器件的结构图；图 3.10（b）所示为在高温炉管退火后，Pt 原子扩散进入 body 区后的功率 VDMOS 器件结构示意图。为了快速评估使用 Pt 作为接触金属后对寄生 NPN 晶体管特性的抑制效果，使用中国科学院微电子研究所的传输线脉冲（Transmission Line Pulse，TLP）测试系统对研制的 200 V 和 400 V 功率 VDMOS 器件进行了对比测

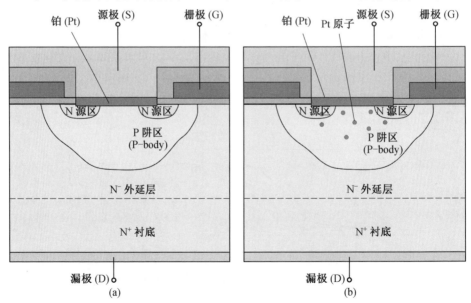

图 3.10　使用 Pt 作为接触金属的功率 VDMOS 器件结构示意图

试,TLP 测试原理图如图 3.11 所示,测试条件为:波形 Pulse,频率 1 Hz,高电平 2.5 V, 低电平0 V, 脉宽 500 ms。

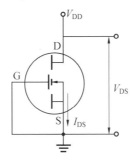

图 3.11　功率 VDMOS 器件 TLP 测试原理图

图 3.12 所示为研制的一款 N 沟道 200 V 功率 VDMOS 器件采用不同接触金属的 TLP 测试结果曲线。由图 3.12 可以看出,在中国科学院微电子研究所极限 2 000 V 的脉冲电压下测试,使用 AlSi 作为接触金属的功率 VDMOS 器件出现了明显的二次击穿现象(图 3.12(a));而使用 Pt 作为接触金属的功率 VDMOS 器件无二次击穿现象(图 3.12(b))。对比测试结果表明,使用 Pt 作为接触金属可以抑制功率 VDMOS 器件中寄生 NPN 晶体管特性。

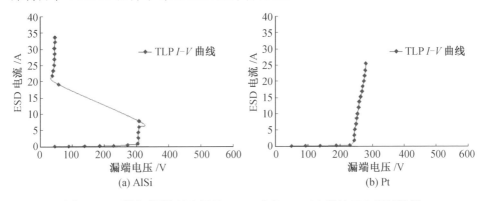

(a) AlSi　　　　　　　　　　　　　　　(b) Pt

图 3.12　采用不同接触金属的 200 V 功率 VDMOS 器件 TLP 测试结果

图 3.13 所示为研制的一款 N 沟道 400 V 功率 VDMOS 器件采用不同接触金属的 TLP 测试结果曲线,其现象与 N 沟道 200 V 功率 VDMOS 器件的 TLP 测试结果相似。400 V 功率 VDMOS 器件的 TLP 测试更进一步证明,采用 Pt 作为接触金属可以有效抑制功率 VDMOS 器件中寄生 NPN 晶体管特性。

由以上的研究结果可以得出,在功率 VDMOS 器件结构中制作局部高掺杂区、Si－SiO$_2$ 界面和重金属复合中心都可以有效提高功率 VDMOS 器件的抗单粒子辐射能力。

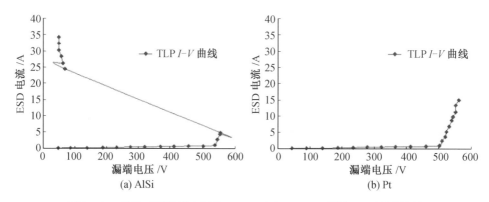

图 3.13　采用不同接触金属的 400 V 功率 VDMOS 器件 TLP 测试结果

3.4　增强技术

增强技术是指提高功率 VDMOS 器件在单粒子辐射下栅氧化层介质击穿电压和提升寄生三极管触发阈值所采取的加固技术。不难理解,在提高栅氧化层介质击穿电压方面,增加栅氧化层的厚度和提高栅介质本征击穿是提高功率 VDMOS 器件中栅氧化层介质击穿电压的两个途径;在提升寄生三极管触发阈值方面,主要从降低寄生三极管放大系数(β)和减小集电区电阻(R_c)两个方面采取措施。

3.4.1　栅介质增强技术

栅介质增强技术是指通过增加栅氧化层的厚度或提高栅介质本征击穿来提升功率 VDMOS 器件抗 SEGR 能力的技术。功率 VDMOS 器件中固有地存在绝缘的栅氧化层介质薄膜,其作用是通过改变掺杂多晶硅栅上电压的大小,实现功率 VDMOS 器件沟道的导通和关断控制;实际中,功率 VDMOS 器件应用系统对器件的开关损耗和导通损耗要求很高,因此沟道区之上的栅氧化层厚度不能无条件地增加;同时,由于 Si - SiO$_2$ 界面杂质分凝效应和光刻对位精度的限制,不能在非沟道区全部设计厚氧化层,需要在非沟道区与沟道区的交界处设计0.3 ~ 0.5 μm 的工艺加工窗口。特别地,由前面可知,厚的栅氧化层会引起功率 VDMOS 器件抗电离辐射总剂量能力的下降。因此,在增加栅氧化厚度方面,需要进行特殊设计。下面将以一款带局部氧化(LOCOS)的功率 VDMOS 器件为例进行说明。

在介绍提出的带 LOCOS 的功率 VDMOS 器件之前,先对 N 沟道 VDMOS 器件中 Si - SiO$_2$ 界面杂质分凝效应进行简单的介绍。杂质分凝效应是指在固相 - 液相界面附近,由于杂质在不同相中的溶解度不同而产生的杂质在界面两边材料中浓度分布不同的现象。后来的研究发现,在不同种类材料的固体 – 固体界面附近也存在分凝现象,最典型的是 Si – SiO$_2$ 界面,硼的分凝系数小于 1,磷的分凝系数大于 1,即掺硼的 Si 在表面热氧化生长一层 SiO$_2$ 薄膜后,在硅表面附近处的硼浓度将会降低;而掺磷的 Si 在经过热氧化之后,在硅表面附近处的磷浓度将会增高。

图 3.14(a) 给出了在 N 型硅衬底上热氧化生长 SiO$_2$ 介质层的分凝效应仿真结果,其中硅衬底的杂质为磷(P^{31+})、电阻率为 10 Ω · cm、热氧化温度为 1 000 ℃、氧化时间为 190 min。仿真结果表明:分凝效应导致 Si – SiO$_2$ 界面附近 SiO$_2$ 一侧磷的杂质浓度低于硅一侧磷的杂质浓度,界面附近的硅一侧磷杂质浓度高于体硅中磷杂质的浓度,且 Si – SiO$_2$ 界面处 Si 材料中磷杂质的浓度比 SiO$_2$ 材料中磷杂质浓度高 1 个量级以上。

图 3.14(b) 给出了在 P 型硅衬底上热氧化生长 SiO$_2$ 介质层的分凝效应仿真结果,其中硅衬底的杂质为硼(B^{11+})、电阻率为 10 Ω · cm、热氧化温度为 1 000 ℃、氧化时间为 190 min。仿真结果表明,分凝效应导致 Si – SiO$_2$ 界面附近 SiO$_2$ 一侧硼的杂质浓度高于硅一侧硼的杂质浓度,界面附近硅衬底中的硼杂质浓度低于体硅中硼杂质的浓度,且 Si – SiO$_2$ 界面处 Si 材料中硼杂质的浓度比 SiO$_2$ 材料中硼杂质浓度低约 1 个量级。

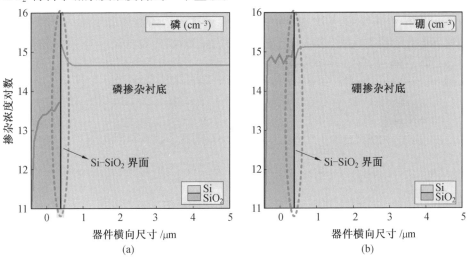

图 3.14　二氧化硅与硅材料界面存在的分凝效应仿真结果

对于 N 沟道功率 VDMOS 器件,沟道区是 P 型 body 区(P – body),杂质通常为硼,在热氧化生长完栅氧化层之后,分凝效应引起 N$^+$ 源区与 P – body 区形成 PN 结向沟道区弯曲、P – body 区与 N$^-$ 外延层形成的 PN 结也向沟道区弯曲。因此 N 沟道功率 VDMOS 器件容易出现短沟道效应,反之 P 沟道功率 VDMOS 器件的阈值电压难于做低。N 沟道功率 VDMOS 器件沟道区因分凝效应引起的 PN 结弯曲仿真结果如图 3.15 所示,P-body 与外延层形成的 PN 结明显向沟道区发生了弯曲。但 PN 结弯曲程度并不明显,主要是由于 P-body 的硼掺杂受到了 neck 普注磷杂质的调制。在 neck 普注磷杂质是在器件完成有源区刻蚀之后,在表面大面积注入磷杂质的工艺,主要为了降低 neck 区体电阻,减小功率 VDMOS 器件的导通电阻。

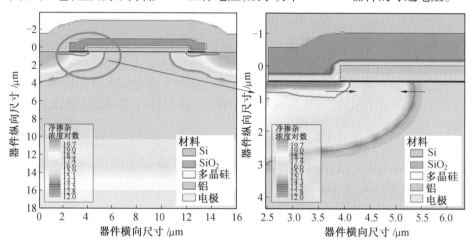

图 3.15　N 沟道功率 VDMOS 器件沟道区因分凝效应引起的 PN 结弯曲仿真结果(彩图见附录)

图 3.16 所示为 neck 区带 LOCOS 结构的功率 VDMOS 器件剖面结构图,设计结构元胞尺寸为 16 μm,多晶硅宽度为 8.2 μm,LOCOS 设计尺寸为 3.0 μm,湿法腐蚀处理后的 LOCOS 厚度为 800 nm。

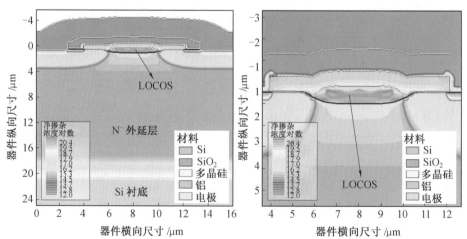

图 3.16　neck 区带 LOCOS 结构的功率 VDMOS 器件剖面结构图(彩图见附录)

LOCOS 结构的特点如下。

(1)在器件的 neck 区上方存在 LOCOS 结构,LOCOS 的厚度比栅氧化层厚度厚:通常,功率 VDMOS 器件的栅氧化层厚度为 50 ~ 100 nm,LOCOS 的厚度在 300 nm 以上。

(2)LOCOS 的两端("鸟嘴"部分)与 P - body 区上部的 PN 结交叠,P - body 区顶部 PN 结因分凝效应向沟道区弯曲,"鸟嘴"部分刚好楔入。

(3) 沟道区栅氧化层厚度与传统结构保持一致,neck 区厚度为 800 nm。

显而易见,当重离子由 neck 区入射带 LOCOS 结构的功率 VDMOS 器件时,其抗 SEGR 能力比传统结构强。

栅介质增强技术的另一方面是提高栅介质本征击穿,具体是改变栅介质层的材料组分,提高单位厚度的本征击穿。实际工艺中通过热氧化生长的 SiO₂ 介电常数为 3.9,本征击穿电压为 0.8 ~ 1.2 V/nm;通过低压化学气相沉积(Low Pressure Chemical Vapor Deposition,LPCVD) 的氮化硅(Si₃N₄) 的介电常数为 7.9,本征击穿电压为 1.2 ~ 1.4 V/nm,即 Si₃N₄ 的本征击穿高于 SiO₂ 的本征击穿,因此可以在 SiO₂ 中掺杂合适的氮原子提升栅介质薄膜的本征击穿电压。由于 Si₃N₄ 薄膜的应力大于 SiO₂,Si - Si₃N₄ 界面的 Si 悬挂键数量比 Si - SiO₂ 界面的 Si 悬挂键数量少,因此在工程实践中设计 SiO₂/Si₃N₄ 复合栅介质结构作为功率 VDMOS 器件的栅介质,不仅可以保持 Si - SiO₂ 界面的特性,还可以提高栅介质薄膜的本质击穿电压。

2011 年,中芯国际集成电路制造(上海) 有限公司的何永根等人发明了一种栅介质层及 MOS 晶体管的形成方法,其技术方案是在热生长栅氧化层之后、多晶硅淀积之前,在栅氧化层中采用大功率、高占空比方式在栅氧化层中注入氮离子,然后再以低功率、低占空比氮离子的增强注入,使得栅氧化层上部的浓度增加到接近氮化硅材料中氮原子的组分。该栅氧化层氮化处理方法一方面保证了栅氧化层/硅的良好界面特性,同时提高了栅氧化层介质的击穿电压。图 3.17 给出了氮离子注入对栅氧化层进行氮化处理的示意图。

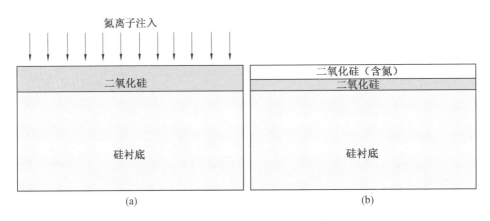

图 3.17　栅氧化层的氮化处理示意图

3.4.2 寄生三极管触发阈值提升技术

功率 VDMOS 器件发生 SEB 是由于内部寄生三极管在重离子辐射下被触发。因此,如果把寄生三极管的触发阈值提高或降低其电流增益,就可以实现功率 VDMOS 器件抗 SEB 能力的提升。对于 N 沟道 VDMOS 器件,内部固有地寄生有 NPN 晶体管,其中发射区由 N$^+$ 源极形成、基区由 P – body 区形成、集电区由 N$^-$ 外延层形成。抑制寄生 NPN 晶体管被触发的技术包括降低发射区的发射效率(γ_0)、减小基区的输运系数(β_0^*)、减小集电区电阻(R_C)。

由晶体管原理和半导体器件物理绘制 NPN 晶体管各电流组分如图 3.18 所示,得到 NPN 晶体管共基直流电流增益(α_0)的表达式为

$$\alpha_0 = \frac{I_{nC}}{I_E} = \frac{I_{nC}}{I_{nE}} \times \frac{I_{nE}}{I_E} = \gamma_0 \times \beta_0^* \qquad (3.4)$$

式中,α_0 为 NPN 晶体管由发射区到集电区电子电流的传输率(即共基直流电流增益);I_{nC} 为由发射区注入基区的电子电流到达集电区的电子电流;I_{nE} 为发射区正向注入基区的电子电流;I_E 为发射极电流;γ_0 为由发射区正向注入基区的电子电流占发射极电流的比例,称为发射效率;β_0^* 为由发射区注入基区的电子运动到集电区形成的电子电流占发射区正向注入电子电流的比例,称为基区输运系数。

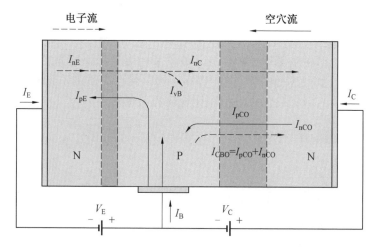

图 3.18　NPN 晶体管各电流组分示意图

假设图 3.18 中 $V_C < 0$ V(发射结反偏),$| V_C | \gg \dfrac{KT}{q}$,且基区宽度($W_B$)远远小于电子在基区的扩散长度($L_{nB}$),可得到均匀基区 NPN 晶体管发射效率($\gamma_0$)的简化表达式:

$$\gamma_0 = \cfrac{1}{1 + \cfrac{D_{pE} N_B W_B}{D_{nB} N_E L_{pE}}} \tag{3.5}$$

式中，D_{pE} 为空穴在发射区的扩散系数；D_{nB} 为电子在基区的扩散系数；N_B 和 N_E 分别为基区和发射区的掺杂浓度。

假设图 3.18 中 $V_E > 0$ V（发射结正偏）、$V_C < 0$ V（集电结反偏），且 $V_E \gg \dfrac{KT}{q}$、$|V_C| \gg \dfrac{KT}{q}$，把 I_{nE} 和 I_{nC} 的表达式代入基区输运系数 β_0^* 的定义式，并进行级数展开，取二次项，得基区输运系数的表达式：

$$\beta_0^* = \frac{I_{nC}}{I_{nE}} \approx 1 - \frac{1}{2}\left(\frac{W_B}{L_{nB}}\right)^2 \tag{3.6}$$

联合式（3.4）～（3.6），并取一级近似，得到均匀基区 NPN 晶体管共基电流增益的近似表达式：

$$\alpha_0 \approx 1 - \frac{D_{pE} N_B W_B}{D_{nB} N_E L_{pE}} - \frac{W_B^2}{2 L_{nB}^2} \tag{3.7}$$

由式（3.7）可以看出，$\alpha_0 < 1$。在功率 VDMOS 器件中，寄生 NPN 晶体管的发射区与 VDMOS 器件的源极共电极，因此对于评估功率 VDMOS 器件寄生三极管特性真正有意义的是 NPN 晶体管的共射电流增益（β_0），由晶体管原理可知：

$$\beta_0 = \frac{\alpha_0}{1 - \alpha_0} \tag{3.8}$$

把式（3.7）代入式（3.8），有均匀基区 NPN 晶体管的共射电流增益为

$$\frac{1}{\beta_0} = \frac{D_{pE} N_B W_B}{D_{nB} N_E L_{pE}} + \frac{W_B^2}{2 L_{nB}^2} \tag{3.9}$$

同时，空穴在发射区的扩散系数 D_{pE} 与空穴在发射区的迁移率（μ_{pE}）和电子在基区的扩散系数 D_{nB} 与电子在基区的迁移率（μ_{nB}）具有如下关系：

$$D_{pE} = \frac{KT}{q}\mu_{pE} \tag{3.10}$$

$$D_{nB} = \frac{KT}{q}\mu_{nB} \tag{3.11}$$

同时电子和空穴的迁移率与温度（T）的平方根具有近似的正比关系，且相同温度下，电子迁移率是空穴迁移率的 2～3 倍，因此对基区中电子的扩散系数对 NPN 晶体管发射效率的影响比发射区中空穴的扩散系数对 NPN 晶体管发射效率的影响大，常温下 $\dfrac{KT}{q} = 0.026$ eV。

由图 3.18 所示 NPN 晶体管内电流传输的三个环节（发射结发射电流、基区输运、集电结收集）和式（3.5）～（3.7）、式（3.9），可以总结提炼出降低功率 VDMOS 器件寄生 NPN 晶体管电流放大特性的措施包括以下几点。

（1）降低发射区的发射效率（γ_0）。减小电子在基区的扩散系数、增加基区掺杂浓度、降低发射区掺杂浓度、增加基区宽度、减小空穴在发射区的扩散长度。

（2）减小基区的输运系数（β_0^*）。增加基区宽度、减小电子在基区的扩散长度。

（3）减小集电区电阻（R_C）。增加集电区掺杂浓度。

由于 NPN 晶体管的输出电流的大小不仅与 NPN 晶体的放大特性有关，还与 NPN 晶体管有效发射区面积有关，因此减小发射区面积也是降低 NPN 晶体管特性的重要措施。

综合起来，提升功率 VDMOS 器件寄生三极管触发阈值，降低其性能，进而实现抗 SEB 能力提升的措施（包括减小源区结面积、降低源区结深、减小源区掺杂、增加 body 区结深、增加 body 区掺杂浓度、增加外延层掺杂浓度）。下面将结合几个具体的案例说明分析加固技术的正确性。

在减小源区结面积方面，可以采用"弓"形的源区版图布局，如图 3.19 所示。在功率 VDMOS 器件的元胞设计时，设计源区掺杂窗口（SN）完全覆盖多晶硅栅（GP），且在 GP 的边沿处对 SN 进行"弓"形处理，SN 部分延伸进入 body 区，并与接触孔刻蚀窗口（CT）交叠 $0.3 \sim 0.8~\mu\mathrm{m}$；P – body 区掺杂窗口（PW）完全覆盖 GP 的间距区域，且 GP 与 PW 交叠 $0.1 \sim 0.5~\mu\mathrm{m}$；CT 被 PW 包围，且 CT 距离 GP 间距 $0.8 \sim 1.2~\mu\mathrm{m}$。所述图层的交叠量由工艺线的加工能力所决定。SN 与 CT 交叠图形沿 GP 长度方向的宽度 a 与非交叠部分沿 GP 长度方向的宽度 b 可以设计任意尺寸，一般地，可以取 a 和 b 的大小为 5 倍元胞尺寸。

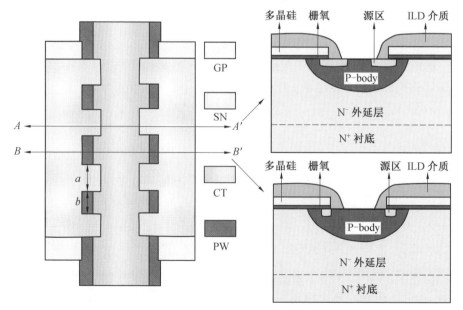

图 3.19　功率 VDMOS 器件的"弓"形源区版图布局示意图

如图 3.19 所示,沿 BB' 对器件元胞做剖面分析,其源区未与 CT 区域交叠,但此处的电流可以沿 GP 的长度方向流动,而后经由交叠区域的源区达到接触孔区域。由此可见,采用"弓"形源区布局方式设计的功率 VDMOS 器件,其源区面积可以降低 50% 以上。

减小源区结面积的另一种方法是减小源区结深,结深的大小与杂质种类、注入剂量、注入能量、退火温度、退火时间等密切相关。一般地,N 沟道功率 VDMOS 器件源区的注入杂质为磷(P^{31+})杂质,注入剂量为 $2 \times 10^{15} \sim 8 \times 10^{15}$ cm^{-2},注入能量为 60 ~ 120 keV,退火温度为 850 ~ 950 ℃,退火时间为 30 ~ 60 min,因此,可以调整的空间并不大。选取砷杂质取代磷杂质对器件的源区进行掺杂可以有效降低源区的结深。

图 3.20 所示为使用砷和磷作为功率 VDMOS 器件源区注入杂质的结深仿真结果对比曲线,其中 X_{J1} 为注入砷杂质的源区结深,为 0.15 μm;X_{J2} 为注入磷杂质的源区结深,为 0.30 μm;X_{J3} 为 body 区的结深,为 3.13 μm。仿真中,设定外延层杂质为磷,掺杂浓度为 7×10^{14} cm^{-3};P - body 区注入杂质为硼,注入剂量为 8×10^{13} cm^{-2},能量为 60 keV,推结温度 1 150 ℃,推结时间 120 min;源区注入剂量为 5×10^{15} cm^{-2},注入能量为 80 keV;注入掩蔽氧化层厚度 40 nm。由此可见,使用砷作为掺杂杂质可以大幅降低源区结深,减小源区结面积,从而提升功率 VDMOS 器件抗 SEB 的能力。

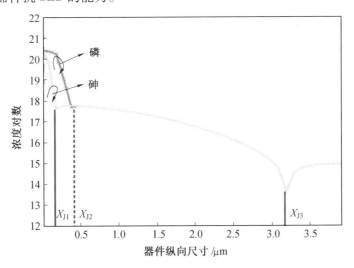

图 3.20 注入磷与注入砷的结深仿真结果

增加外延层掺杂浓度的技术方案受器件漏源击穿电压要求的限制,因此只能针对外延层进行局部高掺杂。2013 年,Dumitru Sdrulla 等人在美国申请了一项发明专利(US 20130181280A1),其技术特征包括两个方面:一是采用薄氧覆盖的多晶硅作为牺牲掩蔽层,自对准形成 body 区、P$^+$ 区和源区的结构;二是外延层材料的杂质分布是由衬底到外延层顶部逐渐减小的缓变分布。缓变外延层的杂质浓度分布如图 3.21 所示,对采用均匀掺杂外延层和缓变掺杂外延层的功率 VDMOS 器件进行二次击穿特性仿真,得到如图 3.22 的仿真结果曲线,二次击穿点由 85 V 提高到了 280 V;同时,使用金粒子模拟仿真单粒子辐射,其中金粒子的 LET 值为 89.9 MeV·cm^2/mg、能量为 150 MeV、射程为 81.4 μm、总注量为 1 × 10^6 ions,SEB 的阈值电压由 V_{DS} = 100 V、V_{GS} = 0 V 提高到了 V_{DS} = 100 V、V_{GS} = − 5 V。

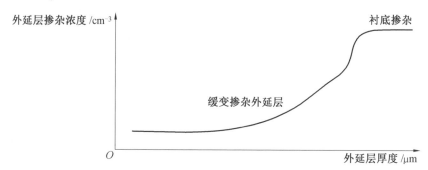

图 3.21 缓变外延层的杂质浓度分布曲线示意图

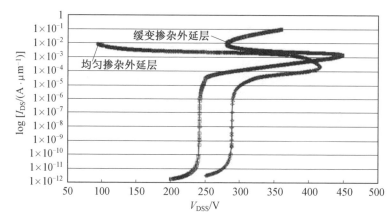

图 3.22 均匀掺杂外延层和缓变掺杂外延层制作 VDMOS 器件的二次击穿特性

减小集电极电阻 R_C 还有另外一个涉及寄生双极晶体管大注入引起的类似基区展宽 Kirk 效应原因。在研究 VDMOS 时,也有人称为 CIA(Current Induced Avalanche)电流引发雪崩效应、Kirk 效应或者 CIA 效应,可以根据寄生三极管发射极少子注入大小以及相应的集电极(VDMOS 轻掺杂外延层)电流电压大小分成以下几个阶段。

（1）正常阶段。

此时寄生三极管发射极没有注入少子，无额外其他电流注入时，寄生三极管只有复合及 PN 结边缘少数扩散电流，忽略耗尽层在寄生三极管基区 P 型区域的扩展，此时电场在外延层中呈现三角形分布，沿寄生三极管基区向外延底部逐渐降低。

（2）小注入阶段。

寄生三极管小电流时，发射极有轻微注入，由于载流子被耗尽层电场扫入外延层，抵消了部分耗尽层空间电荷作用，由于外加电压恒定不变，耗尽层需要随着展宽以保持压降，此时，相应的 PN 结交界处电场峰值下降。

（3）大注入阶段。

随着寄生三极管电流进一步增大，由少子渡越而进入集电极耗尽层导致其空间电荷层电中性要求而继续展宽，直到展宽至 N^-/N^+ 界面后，因为更高 N^+ 衬底电离载流子浓度的阻挡，而不再向衬底扩展，取而代之的则是斜率进一步降低，并最终在外延层内达到近似均一分布。此时寄生三极管 CB 结接近于正向导通，集电极类似一个纯电阻，其压降产生的电场近似均匀。

（4）临界阶段。

电流进一步增加时，由于寄生三极管发射极注入基区少子足够大，大到可直接影响集电结空间电荷形成的电场时，根据电中性条件限制要求，这部分渡过基区的少子引起近似相当的多子与其达到电中性平衡，并且越过 CB 集电结，因为此时少子浓度（以及电中性引起的多子浓度）与集电结，尤其是集电极一侧掺杂浓度相当时，CB 集电结接近于失效，可以看作近似不存在，真正的电活性的 PN 结是由基区过来的少子与多子电中性扩散区浓度分布与集电极相当的位置决定，这就是等效少子大注入引起的基区扩展 Kirk 效应开始（在发射极、基极、集电极中，一般的集电极掺杂浓度也是最低的，这是为了满足高耐压的需要）。此时，器件进入临界模式。临界电流 J_c 由下式给出：

$$J_c = q v_s \left(N_{epi} + \frac{2 V_R}{q W_{epi}^2} \right) \tag{3.12}$$

式中，v_s 为外延层载流子饱和速度；V_R 为外延层压降。

（5）超临界阶段。

当注入电流进一步大于临界电流 J_c 后，Kirk 效应将导致基区注入少子形成的等效"基区"进一步扩展，而集电区耗尽层有效宽度进一步变窄，相当于 P 型区域向外延层"扩展"，这也相当于有效的集电极外延层进一步减薄，而外加电压也没改变，这将导致大注入少子引起的"等效基区"与外延层等效 PN 结形成的电场进一步增大，当这个"等效基区"延伸到高掺杂 N^+ 衬底时，就相当于在高掺杂 N^+

与外延层边界上,出现了一个等效双边高掺杂的 P^+N^+ 结,这时外加电压维持不变,将引起这个等效的双边高掺杂 P^+N^+ 结极高的电场,直至在这里引发新的雪崩倍增效应。这个等效基区展宽程度可以用下式估算:

$$W_p = W_{epi}\left(1 - \frac{J_c - qv_sN_{epi}}{J - qv_sN_{epi}}\right) \tag{3.13}$$

据此,一旦雪崩倍增效应足够剧烈,将产生大量的电子 – 空穴对。其中的空穴越过漂移区成为寄生 NPN 三极管的基极电流,引发发射极的载流子注入效应,从而进一步促进 CIA 的发生。如果寄生三极管能顺利开启,这一正反馈过程将使电流迅速增大,产生二次击穿并使器件烧毁;反之,若正反馈条件无法形成,电流会随着时间的推移与载流子的复合迅速减小,此时无 SEB 现象发生。即 SEB 效应是否发生由雪崩效应产生载流子能否顺利开启寄生三极管决定。

由此可见,功率 VDMOS 器件的单粒子辐射加固多种多样,加固有效性不尽相同。一款单粒子辐射能力较强的功率 VDMOS 器件,需要立足具体工艺线的加工能力,在器件尺寸、器件结构、结深、掺杂浓度、掺杂分布等细节上进行综合优化。

从复合技术和增强技术两个方面,简单介绍 DBL_MOS 和 DSPSOI_MOS 两种单粒子辐射加固器件新结构。DBL_MOS 是带 N^+ 埋层(N – type Buried Layer,NBL)和 P^+ 埋层(P – type Buried Layer,PBL)的双埋层功率 VDMOS 器件(DBL_MOS),PSOI 和高掺杂埋层是半导体器件中最常见的两类结构单元。采用 PSOI 的功率器件以电子科技大学张波教授的团队研究最多,提出了多种带 PSOI 的 IGBT(Insulated Gate Bipolar Transistor)、LDMOS 和 VDMOS 器件结构。本节根据 PSOI 对电场、载流子的调制作用,并结合 $Si – SiO_2$ 界面的特性,提出了一种带双层交错 PSOI 的功率 VDMOS 器件新结构(DSPSOI_MOS)。埋层技术是所有双极工艺都会采用的技术,特别是互补双极工艺,会同时用到 NBL 和 PBL 结构,使用 NBL 和 PBL 埋层,一方面是为了降低 NPN 和 PNP 的集电区电阻,并使用对通集电区(DC)引出集电极;另一方面是为了隔离,抑制寄生效应。

图3.23 所示为典型的线性双极工艺的器件结构剖面图,图中 DC 是制作对通集电区的光刻层,BP 是制作下隔离(即 PBL)的光刻层,IS 是制作上隔离的光刻层,BN 是制作 NBL 的光刻层。由图 3.21 可以看出,BP(PBL)与 IS 通过高温推结使得上下隔离对通,实现有源器件间的电隔离,抑制寄生效应;BN(NBL)与 DC 通过高温推结实现上下对通,把 VNPN 晶体管的集电极和 LPNP 晶体管的基极从表面引出,同时降低集电区和基区电阻。由埋层可以降低 VNPN 晶体管集电区电阻得到启发,把埋层与功率 VDMOS 器件结合起来,提出了一种新型的 DBL_MOS 器件结构,用于解决功率 VDMOS 器件抗单粒子辐射能力弱的瓶颈。

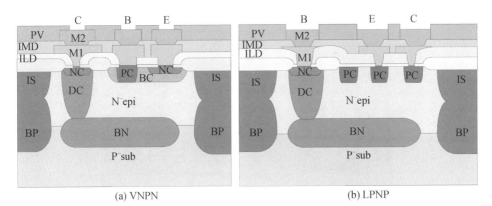

图 3.23　线性双极工艺中 VNPN 和 LPNP 器件结构剖面图

3.4.3　两种功率 MOSFET 器件新结构对比分析

图 3.24 所示为 DSPSOI_MOS 和 DBL_MOS 器件结构剖面图。图 3.24(a) 是 DSPSOI_MOS 器件,其典型特征是在器件内部制作了两层交错的二氧化硅层,当重离子由表面入射 DSPSOI_MOS 器件时,无论重离子由器件的什么位置入射都会经过 PSOI 氧化层,$Si - SiO_2$ 界面对重离子辐射产生的新生电子 – 空穴对存在显著的复合作用,因此可以提升器件的抗单粒子辐射能力。图 3.24(b) 是 DBL_MOS 器件,其典型特征是在器件内部制作了高掺杂的 NBL 和 PBL,NBL 的掺杂浓度比 N^- 外延层高约一倍,PBL 的掺杂浓度比 P – body 高约一个量级,高掺杂对重离子辐射产生的新生电子 – 空穴对也存在显著的复合作用,同时因为 PBL 的存在,有效展宽了寄生 NPN 三极管的基区宽度,因此 NBL 与 PBL 的引入,从原理上可有效提高 DBL_MOS 器件的抗单粒子辐射能力。

对两种新结构的功率 VDMOS 器件进行详细对比如下。

(1)加固技术的属性对比:按照第 3 章功率 VDMOS 器件抗单粒子辐射加固体系的划分,DSPSOI_MOS 属于复合技术的应用;DBL_MOS 属于复合技术与增强技术的综合应用。

(2)DSPSOI_MOS 器件与传统功率 VDMOS 器件对比:主要在外延层中增加了两层交错的 PSOI;在技术实现上采用 W2W(Wafer to Wafer) 晶圆键合和减薄技术实现材料的制备,因此两层 PSOI 需要三个晶圆才能制备一个带 DSPSOI 的材料片,后续工艺与传统 VDMOS 器件的制造工艺相同。

(3)DBL_MOS 器件与传统 VDMOS 器件对比:主要在 P – body 区的底部制作了一个高掺杂的 PBL、在 P – body 区之间(neck 区) 制作了高掺杂的 NBL;在技术实现上,PBL 采用双极工艺常用的埋层制作和带埋层的外延工艺方法实现,NBL 通过在有源区刻蚀后、栅氧化层生长之前,增加一次 NBL 光刻和磷注入,在器件的 neck 区使用高能离子注入磷的方式实现局部高掺杂。

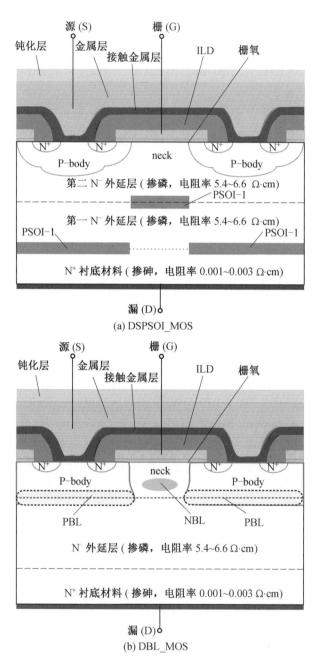

(a) DSPSOI_MOS

(b) DBL_MOS

图 3.24 两种新型功率 VDMOS 器件结构

（4）新结构对器件电参数的影响：使用 N 沟道 130 V 的功率 VDMOS 器件进行简单评估，评估结果见表 3.5。

表 3.5　新结构 MOSFET 与传统结构电参数对比表

对比参数	传统 VDMOS	DSPSOI_MOS	DBL_MOS	单位
开启电压	2.74	2.86	3.05	V
击穿电压	145.42	152.60	140.2	V
比导通电阻	9.558	11.48	11.21	$m\Omega \cdot cm^2$

前述内容在分析单粒子与功率 VDMOS 器件作用过程的基础上，把作用过程划分为三个阶段，提出了与重离子辐射功率 VDMOS 器件三个阶段相匹配的三类单粒子辐射加固技术：屏蔽技术、复合技术、增强技术，并详细介绍了三类技术的物理内涵及其技术要点。在屏蔽技术方面，发明了一种在芯片上制作 Au、Cu、Ni 等高原子序数材料的屏蔽加固方法，研制了表面电镀 20 μm Ni 金属材料的功率 VDMOS 器件样品，并通过了 HI – 13 串列加速器上的辐射验证，证明了采用该方法对重离子能量衰减的有效性。在复合技术方面，总结提炼了高掺杂、Si – SiO$_2$ 界面、重金属复合中心是提升功率 VDMOS 器件抗单粒子辐射的三种技术，详细研究了 1.4×10^{14} cm^{-2} 和 2.0×10^{14} cm^{-2} 两种不同 body 区注入剂量形成功率 VDMOS 器件的 SEB 效应，采用中国科学院近代物理研究所 SFC + SSC 回旋加速器（HIRFL 回旋加速器）对两种样品进行了单粒子辐照试验，注入剂量为 2.0×10^{14} cm^{-2} 的功率 VDMOS 器件抗 SEB 能力比注入剂量为 1.4×10^{14} cm^{-2} 的功率 VDMOS 器件抗 SEB 能力提高了 25%；发明了使用 Pt 作为器件接触金属制作重金属复合中心的技术方案，并研制了器件样品，使用中国科学院微电子研究所的 TLP 测试系统对器件样品的二次击穿特性进行了测试，在设备极限 2 000 V 的冲击下，使用 Pt 作为接触金属的功率 VDMOS 器件未出现二次击穿，证明了其抗 SEB 的优异性能。在增强技术方面，针对功率 VDMOS 器件 SEGR 和 SEB 的薄弱点，分为了栅介质增强和寄生三极管触发阈值提升两个方面，针对栅介质增强，提出并研究了带 LOCOS 的功率 VDMOS 器件结构；针对寄生三极管触发阈值提升，在详细分析并总结影响寄生 NPN 晶体管电流增益影响因子的基础上，总结出了减小源区结面积、降低源区结深、减小源区掺杂、增加 body 区结深、增加 body 区掺杂浓度、增加外延层掺杂浓度是影响功率 VDMOS 器件抗 SEB 能力提升的重要因素，并提出了一种"弓"形源区的版图布局方法。图 3.25 所示为总结的功率 VDMOS 器件单粒子辐射加固技术体系。由此可见，本章的研究内容可以为从事功率 VDMOS 器件抗辐射加固技术的工程技术人员和科研学者提供整体的加固思路和具体的加固方案参考。

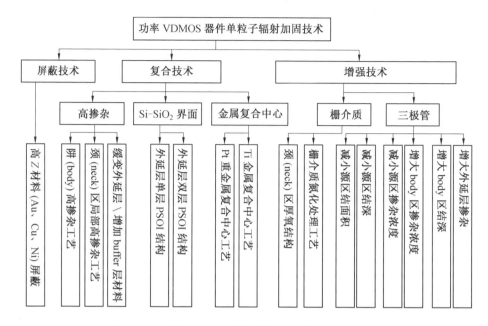

图 3.25　功率 VDMOS 器件单粒子辐射加固技术体系

本章参考文献

[1] TITUS J L, JAMIOLKOWSKI L S, WHEATLEY C F. Development of cosmic ray hardened power MOSFETs[J]. IEEE Transactions on Nuclear Science, 1989, 36(6): 2375-2382.

[2] ALLENSPACH M, DACHS C, JOHNSON G H, et al. SEGR and SEB in n-channel power MOSFETs[J]. IEEE Transactions on Nuclear Science, 1996, 43(6): 2927-2931.

[3] HUANG S, AMARATUNGA G A J, UDREA F. Analysis of SEB and SEGR in super-junction MOSFETs[J]. IEEE Transactions on Nuclear Science, 2000, 47(6): 2640-2647.

[4] LIU S, TITUS J L, BODEN M. Effect of buffer layer on single-event burnout of power DMOSFETs[J]. IEEE Transactions on Nuclear Science, 54(6): 2554-2560.

[5] LI Z, ZHANG Z, ZHANG B, et. al. The radiation characteristics of partial SOI VDMOS[C]. Xiamen: IEEE, 2008: 1361-1364.

[6] 李泽宏，吴玉舟，张建刚，等. 一种具有抗单粒子烧毁能力的功率 MOS 器

件:20141032425.2[P].2014-10-01.

[7] YU C H, WANG Y, CAO F, et. al. Research of single-event buinout in power planar VDMOSFETs by localized carrier lifetime control[J]. IEEE Transactions on Nuclear Science, 2015, 62(1):143-148.

[8] WAN X, ZHOU W, REN S, et al. SEB hardened power MOSFETs with high-K dielectrics[J]. IEEE Transactions on nuclear science,2015,62(6): 2830-2836.

[9] TANG Z, FU X, YANG F, et al. SEGR- and SEB-hardened structure with DSPSOI in power MOSFETs[J]. Journal of Semiconductor, 2017, 38(12): 124006-1-124006-5.

[10] TANG Z, LI X, TAN K, et al. Updated structure of vertical double-diffused MOSFETs for radiation hardening against single event[J]. Journal of Computational Electronics, 2018, 17:1578-1583.

[11] SEXTON F W, FLEETWOOD D M, SHANEYFELT M R, et al. Precursor ion damage and angular dependence of single event gate rupture in thin oxides[J]. IEEE Transactions on Nuclear Science, 1998, 45(6): 2509-2518.

[12] SAVAGE M W, BURTON D I, WHEATLEY C F, et al. An improved stripe-cell SEGR hardened power MOSFET technology[J]. IEEE Transactions on Nuclear Science, 2001, 48(6):1872-1878.

[13] TITUS J L, JAMIOLKOWSKI L S, WHEATLEY C F. Development of cosmic ray hardened power MOSFETs[J]. IEEE Transactions on Nuclear Science,1989, 36(6): 2375-2382.

[14] LIU S, BODEN M, CAO H, et al. Evaluation of worst-case test conditions for SEE on power DMOSFETs[J]. IEEE Transactions on Nuclear Science, 2006:165-171.

[15] TANG Z, HU G, CHEN G, et al. A novel structure for improving the SEGR of a VDMOS[J]. Journal of Semiconductors, 2012,33(4):044002-1-4.

[16] 王荣, 尚世琦, 杨学昌. 硼扩散杂质分布研究[J]. 辽宁大学学报(自然科学版), 1994,21(2): 38-43.

[17] 庄同曾. 集成电路制造技术原理与实践[M]. 北京:电子工业出版社, 1987.

[18] 陈慧凯, 邢建平. MOSFET 栅氧化过程界面分凝行为的二维工艺仿真[J]. 山东大学学报,2002, 32(5): 476-479.

[19] 何永根, 禹果柄, 吴兵. 栅介质层及 MOS 晶体管的形成方法:

201110428309.7[P]. 2013-06-19.

[20] 刘永,张福海. 晶体管原理[M]. 北京:国防工业出版社,2002.

[21] 孟庆巨,刘海波,孟庆辉. 半导体器件物理[M]. 北京:科学出版社,2005.

[22] SDRULLA D, VANDENBERG M H, KARLSSON E. Pseudo Self Aligend Radhard MOSFET and Process of Manufacture：US2013/0181280 A1[P]. 2013-07-18.

[23] 张腾. 150 V 抗辐射 VDMOS 的设计[D]. 南京:东南大学, 2015.

[24] WROBEL T F, COPPAGE F N, HASH G L, et al. Current induced avalanche in epitaxial structures[J]. IEEE Transactions on Nuclear Science, 2007, 32(6):3991-3995.

[25] ZHANG B, CHENG J, HU S, et al. Optimizing technology of bulk electronic field for lateral high-voltage devices[C]. Hongkong：IEEE, 2008:1-6.

[26] ZHOU K, LUO X, XU Q, et al. Ultralow specific on-resistance high voltage LDMOS with a varible-K dielectric trench[C]. Waikoloa：IEEE, 2014:189-192.

[27] LUO X, LV M, YIN C,et al. Ultralow on-resistance SOI LDMOS with three separated gates and high-k dielectric[J]. IEEE Transactions on Electron Devices, 2016, 63(9):3804-3807.

[28] LUO X, WANG Y, YAO G, et al. Partial SOI power LDMOS with a variable low-k dielectric buried layer and a buried p-layer[C]. Shanghai：IEEE, 2010：2061-2063.

[29] IKEDA N, KUBOYAMA S, MATSUDA S. Single-event burnout of Super-junction power MOSFETs[J]. IEEE Transactions on Nuclear Science, 2005, 51(6):3332-3335.

第4章

宇航 MOSFET 器件测试技术与辐照试验

4.1　宇航 MOSFET 器件的应用说明

功率 MOSFET 的绝对最大额定值包括漏极／源极电压、栅极／源极电压、漏极电流、脉冲漏极电流、反向漏极电流、雪崩电流、雪崩能量、最大沟道功耗、最高沟道温度、热阻等。功率 MOSFET 的电特性包括漏极／源极击穿电压、栅极／源极击穿电压、漏极截止电流、栅极截止电流、阈值电压、正向传输跨导、通态电阻、输入电容、输出电容、反向传输电容、栅极电荷、栅极／源极电荷、栅极／漏极电荷、导通延迟时间、上升时间、关断延迟时间、下降时间、二极管正向压降、二极管反向恢复时间等,见表 4.1。

表 4.1　功率 MOSFET 电特性

电特性参数	符号	典型测试条件	典型单位
漏极／源极击穿电压	BV_{DSS}	$I_{DS} = 1.0 \text{ mA}, V_{GS} = 0 \text{ V}$	V
栅极／源极击穿电压	BV_{GSS}	$\mid I_{GS} \mid = 1.0 \text{ μA}, V_{DS} = 0 \text{ V}$	V
漏极截止电流	I_{DSS}	$V_{DS} = 80\% BV_{DSS}, V_{GS} = 0 \text{ V}$	μA
栅极截止电流	I_{GSS}	$V_{DS} = \pm BV_{GSS}, V_{DS} = 0 \text{ V}$	μA
阈值电压	V_{TH}	$I_{DS} = 1.0 \text{ mA}, V_{DS} = V_{GS}$	V
正向传输跨导	g_{FS}	$I_{DS} = I_{DM}, V_{DS} = 10 \text{ V}$	s
通态电阻	$R_{DS(ON)}$	$I_{DS} = I_{DM}, V_{DS} = 10V$	mΩ

续表 4.1

电特性参数	符号	典型测试条件	典型单位
输入电容	C_{ISS}		pF
输出电容	C_{OSS}	$V_{DS} = 10\ V, V_{GS} = 10\ V, f = 1\ MHz$	pF
反向传输电容	C_{RSS}		pF
栅极电荷	Q_G		nC
栅极／源极电荷	Q_{GS}	$V_{DS} = 50\% \ BV_{DSS}, V_{GS} = 10\ V, I_{DS} = I_{DM}$	nC
栅极／漏极电荷	Q_{GD}		nC
导通延迟时间	$t_{d(on)}$		ns
上升时间	t_r		ns
关断延迟时间	$t_{d(off)}$	$V_{GS} = 10\ V, I_{DS} = I_{DM}, R_L, R_G$	ns
下降时间	t_f		ns
二极管正向压降	V_{DF}	$I_F = I_{DM}, V_{GS} = 0\ V$	V
二极管反向恢复时间	t_{rr}	$I_F = I_{DM}, V_{GS} = 0\ V, di/dt = 50\ \mu A/\mu s$	ns

1. 通态电阻 $R_{DS(ON)}$ 和漏极／源极击穿电压 BV_{DSS} 的关系

功率 MOSFET 的额定漏极／源极击穿电压 BV_{DSS} 和通态电阻 $R_{DS(ON)}$ 的关系如图 4.1 所示。

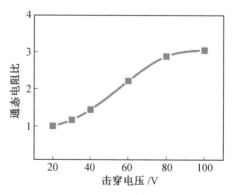

图 4.1　额定漏极／源极击穿电压 BV_{DSS} 和通态电阻比的关系

漏极／源极击穿电压是指在特定温度和栅源短接情况下，流过漏极电流达到一个特定值时的漏源电压，该情况下的漏源电压为雪崩击穿电压。漏源击穿电压是正温度系数，在 $-50\ ℃$ 时，漏极／源极击穿电压大约是 $25\ ℃$ 时漏极／源极击穿电压的 90%。在选定器件的漏极／源极击穿电压时，对于电路的电源电压

V_{DD} 以及开关断开时产生的过冲电压,在设定时需要一定的容限,宇航 MOSFET 器件的漏极 / 源极击穿电压 BV_{DSS} 一般选为电源电压 V_{DD} 的 200% ,即满足降额准则。降额可以有效地提高元器件的使用可靠性,但降额是有限度的。通常,超过最佳范围的更大降额,元器件可靠性改善的相对效益下降,而设备的质量、体积和成本却会较快增加。有时过度降额会使元器件的正常特性发生变化,甚至有可能找不到满足设备或电路功能要求的元器件;过度降额还可能引入元器件新的失效机理,或导致元器件数量不必要的增加,结果反而会使设备的可靠性下降。另外,因为 BV_{DSS} 对于温度具有正温度特性,所以必须考虑宇航 MOSFET 使用的最低温度环境条件。

功率 MOSFET 器件的额定漏极 / 源极击穿电压 BV_{DSS} 的典型温度特性如图 4.2 所示。一般来说,温度越高,功率 MOSFET 的额定漏极 / 源极击穿电压 BV_{DSS} 也会上升。

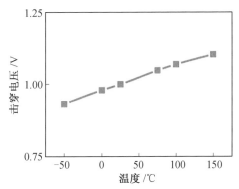

图 4.2　功率 MOSFET 器件的额定漏极 / 源极击穿电压 BV_{DSS} 的典型温度特性

2. 饱和电压 $V_{DS(ON)}$（ $= I_{DS} \times R_{DS(ON)}$ ）的栅极驱动电压依存性

规定的工作电流 I_{DS} 下,外加栅极驱动电压,使 V_{DS} 达到饱和电压 $V_{DS(ON)}$ 区(通态电阻区)的特性曲线。

根据栅极驱动的工作电压,功率 MOSFET 器件一般选用 10 V 驱动电路、4 V 驱动电路、2.5 V 电路(或者 2.5 V 以下)的产品。作为低电压驱动的方法,一般通过减薄后的栅极氧化层厚度来降低阈值电压,一般情况下每 100 Å(1 Å = 0.1 nm) 的栅极氧化层厚度可承受 4 V 左右的栅极耐压。

阈值电压 V_{TH} 一般具有大约 -5 mV/℃ 的负温度系数,即每上升 10 ℃,阈值电压 V_{TH} 下降 0.05 V。在选定使用 10 V 驱动电路、4 V 驱动电路或 2.5 V 电路的驱动电路时,必须考虑到应用条件。

3. 通态电阻 $R_{DS(ON)}$ 的温度特性

功率 MOSFET 器件通态电阻 $R_{DS(ON)}$ 的温度依存性如图 4.3 所示。一般来说,功率 MOSFET 的通态电阻 $R_{DS(ON)}$ 具有正温度特性。

对于 100 V 以下的低压功率 MOSFET 器件，150 ℃ 时的通态电阻 $R_{DS(ON)}$ 一般为 25 ℃ 时的 1.7 ~ 1.8 倍；对于 500 V 以上的高压功率 MOSFET 器件，150 ℃ 时的通态电阻 $R_{DS(ON)}$ 一般为 25 ℃ 时的 2.4 ~ 2.5 倍。

因此，在选择和设计宇航用功率 MOSFET 器件时，散热设计时就必须充分考虑该温度特性。

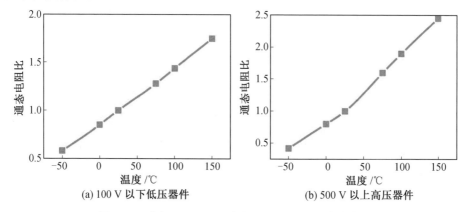

(a) 100 V 以下低压器件　　　　　(b) 500 V 以上高压器件

图 4.3　功率 MOSFET 通态电阻 $R_{DS(ON)}$ 的温度依存性

4. 栅极电荷 Q_G、Q_{GS}、Q_{GD}

图 4.4 所示为栅极电荷 Q_G、Q_{GS}、Q_{GD} 与 V_{DS} 和 V_{GS} 的关系。驱动电压 V_{GS} 处即为总栅极充电电荷量 Q_G。

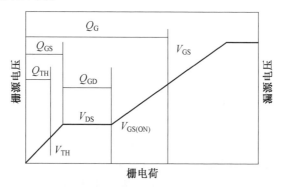

图 4.4　栅极电荷 Q_G、Q_{GS}、Q_{GD} 与 V_{DS} 和 V_{GS} 的关系

5. 二极管的反向恢复时间 t_{rr} 特性

在连续使用功率 MOSFET 内置二极管的马达驱动或开关电源的同步整流用途时，要求高速反向恢复时间 t_{rr}。这些用途中，由于在运行时，在 t_{rr} 内桥臂/下桥臂短路，产生过大的接通损耗，因此，通常的控制电路系统中，设计有在切换上/

下器件开关的同时使栅极信号断开的死区时间。图 4.5 所示为反向恢复时间 t_{rr} 的波形。

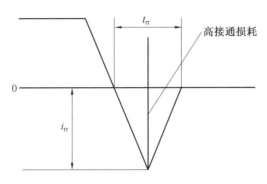

图 4.5　反向恢复时间 t_{rr} 的波形

4.2　MOSFET 器件测试技术

　　MOSFET 器件的基本参数测试包括静态参数、动态参数以及形成的安全工作区,本节对其测试方法进行简单的介绍。在本节中,若未单独说明,则管壳引脚 1 代表 MOSFET 的漏极,引脚 2 代表源极,引脚 3 代表栅极。

4.2.1　电参数测试

1. 漏源击穿电压 $\mathrm{BV_{DSS}}$

(1)测试原理。

测试原理如图 4.6 所示。

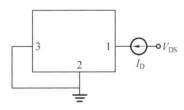

图 4.6　$\mathrm{BV_{DSS}}$、I_{DSS} 测试电路

(2)测试条件。

$$0 \text{ mA} < I_{\mathrm{DS}} < 1 \text{ mA}, \quad V_{\mathrm{GS}} = 0 \text{ V}$$

(3)测试程序。

① 将被测器件置于 $T_{\mathrm{A}} = -55\ ℃$、$25\ ℃$、$125\ ℃$ 环境中。

② 施加电压 $V_{\mathrm{DS}} = \mathrm{BV_{DSS}}$。

③ 当 0 mA $<I_{DS}<$ 1 mA 时,则记录漏源击穿电压 BV_{DSS}。

2. 漏极截止电流 I_{DSS}

(1) 测试原理。

测试原理如图 4.6 所示。

(2) 测试条件。

$$V_{DS} = 80\% \, BV_{DSS}, \quad V_{GS} = 0 \, V$$

(3) 测试程序。

① 将被测器件置于 $T_A = -55$ ℃、25 ℃、125 ℃ 环境中。

② 施加电压 $V_{DS} = 80\% \, BV_{DSS}$。

③ 测试此时流过 1 脚(D) 的电流 I_{DS},并记作 I_{DSS}。

3. 阈值电压 V_{TH}

(1) 测试原理。

测试原理如图 4.7 所示。

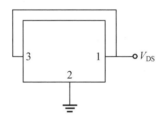

图 4.7　V_{TH} 测试电路

(2) 测试条件。

$$I_{DS} = 1.0 \, mA, \quad V_{DS} = V_{GS}$$

(3) 测试程序。

① 将被测器件置于 $T_A = 25$ ℃ 环境中。

② 接通电源。

③ 调节 V_{DS} 电压,当电流 $I_{DS} = 1.0$ mA 时,此时的 V_{DS} 为阈值电压 V_{TH}。

4. 栅极击穿电压 BV_{GSS}

(1) 测试原理。

测试原理如图 4.8 所示。

(2) 测试条件。

$$V_{DS} = 0 \, V, \quad 0 \, \mu A <| \, I_{GS} \, | < 1.0 \, \mu A$$

(3) 测试程序。

① 将被测器件置于规定的环境中。

② 施加电压 $V_{GS} = BV_{GSS}$。

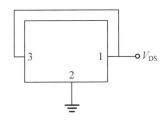

图 4.8　BV_{GSS}、I_{GSS} 测试电路

③ 测试栅漏电流 I_{GSS}，记作 I_{GSS}。

④ 若此时 $0\ \mu A < | I_{GS} | < 1.0\ \mu A$，则记录 20 V 为栅源击穿电压 BV_{GSS}。

5. 栅极截止电流 I_{GSS}

（1）测试原理。

测试原理如图 4.8 所示。

（2）测试条件。

$$V_{GS} = BV_{GSS}, \quad V_{DS} = 0\ V$$

（3）测试程序。

① 将被测器件置于规定的环境中。

② 施加电压 $V_{GS} = BV_{GSS}$。

③ 测试栅漏电流，记作 I_{GFS}。

④ 施加电压 $V_{GS} = - BV_{GSS}$。

⑤ 测试栅漏电流，记作 I_{GRS}。

⑥ 比较 $| I_{GFS} |$ 和 $| I_{GRS} |$，取最大值记作栅极截止电流 I_{GSS}。

6. 导通电阻 R_{ON}

（1）测试原理。

测试原理如图 4.9 所示。

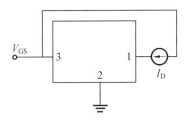

图 4.9　R_{ON}、I_{DM} 测试电路

（2）测试条件。

施加 V_{GS}、I_{DS}。

（3）测试程序。

① 被测器件置于 T_A = 25 ℃ 环境中。

② 接通电源,测试 1 脚的输出电压,记作 V_{ON}(注:由于电流较大,电路会发热,测试时间应小于 1 s)。

③ 计算导通电阻,即 R_{ON} = (V_{ON}/I_{DS})(Ω)。

7. 持续电流 I_{DM}

（1）测试原理。

测试原理如图 4.9 所示。

（2）测试条件。

施加 V_{DD}、R_L,G 端施加脉冲信号,f = 1 kHz,t_w = 5 μs。

（3）测试程序。

① 将被测器件置于 T_A = 25 ℃ 环境中。

②G 端施加脉冲信号,同时施加 V_{DD},检测电阻两端电压 V_{PP}。

③I_{DM} = V_{PP}/R_L。

8. 导通延迟时间 $t_{D(on)}$、导通上升时间 t_r、关断延迟时间 $t_{D(off)}$、关断下降时间 t_f

（1）测试原理。

测试原理如图 4.10 所示。

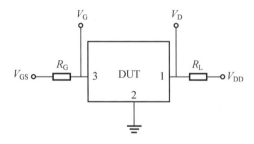

图 4.10　$t_{D(on)}$、$t_{D(off)}$、t_r、t_f 测试电路

（2）测试条件。

施加 V_{DD}、R_L、R_G,G 端施加脉冲信号,f = 1 kHz,t_w = 5 μs。

（3）测试程序。

① 将被测器件置于 T_A = 25 ℃ 环境中。

② 施加 V_{DD},同时 G 端施加脉冲信号。

③ 检测 V_D 的波形,输入输出波形图如图 4.11 所示,分别读出 $t_{D(on)}$、$t_{D(off)}$、t_r、t_f。

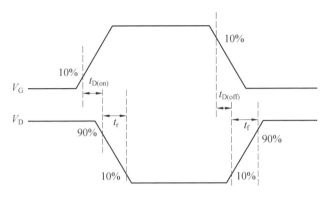

图 4.11　$t_{D(on)}$、$t_{D(off)}$、t_r、t_f 测试波形图

MOSFET 的开启关断原理如下。栅信号电压变为高电平后,栅极电源 V_G 开始给功率 MOSFET 栅电容充电。在栅极电压 V_{GS} 达到阈值电压 V_{TH} 之前,器件沟道未形成,功率 MOSFET 中没有漏极电流通过,此时 V_{DS} 始终保持在直流电源电压 V_{DD} 不变。当栅电压 V_{GS} 大于阈值电压 V_{TH} 后,表面沟道形成,器件开启,形成 I_{DS}。但在 I_{DS} 达到负载电流 I_L 之前,由于二极管 D 上不能承受电压,故 V_{DS} 仍维持在 V_{DD} 值。当 $I_{DS} = I_L$ 时,所有负载电流由二极管流入功率 MOSFET 中,此时二极管可以承受电压,漏极电压 V_{DS} 开始减小,栅电压在漏极电压减小到导通压降 V_{ON} 前一直保持平台电压 V_{GP}。当漏极电压 $V_{DS} = V_{ON}$ 时,栅电压 V_{GS} 由平台电压 V_{GS} 上升至额定电压 V_G,器件完成开启。

$$t_r = R_G [C_{GS} + C_{GD}(V_{DS})] \ln\left(\frac{V_{GS}}{V_{GS} - V_{TH}}\right) +$$

$$R_G [C_{GS} + C_{GD}(V_{DS})] \ln\left(\frac{V_{GS}\mu_{ni} C_{ox} Z}{V_{GS}\mu_{ni} C_{ox} Z - L_{CH}\sqrt{I_L} - V_{TH}\mu_{ni} C_{ox} Z}\right) +$$

$$\frac{R_G C_{GD}}{V_{GS} - V_{GP}} [V_{DS} - I_L R_{ON}(V_{GP})] \tag{4.1}$$

在栅信号电压由 V_G 下降至平台电压 V_{GP} 时,漏极电压由通态压降 V_{ON} 开始增大,但是漏电流 I_{DS} 保持在恒定的负载电流 I_L 不变,栅电压保持在平台电压 V_{GP} 不变。当 V_{DS} 升高至 V_{DD} 时,I_{DS} 开始由功率 MOSFET 转移到二极管 D 中,其值从负载电流 I_L 以指数形式衰减。电流经过栅电阻 R_G 使栅漏电容和栅源电容放电,栅电压开始从平台电压指数下降,同时漏电流随着栅压下降而下降,当 V_{GS} 小于阈值电压 V_{TH} 后,导电沟道关断,I_{DS} 下降至 0,器件完成关断。

$$t_f = R_G [C_{GS} + C_{GD}(V_{ON})] \ln\left(\frac{V_{GS}}{V_{GP}}\right) + R_G C_{GS} \frac{V_{DS} + V_{FD} - V_{ON}}{V_{GP}} +$$

$$R_{\mathrm{G}}\left[\,C_{\mathrm{GS}}\,+\,C_{\mathrm{GD}}(\,V_{\mathrm{DS}}\,)\,\right]\ln\!\left(\frac{V_{\mathrm{GP}}}{V_{\mathrm{TH}}}\right) \tag{4.2}$$

9. 总栅电荷 Q_{G}、栅源电荷 Q_{GS}、栅漏电荷 Q_{GD}

（1）测试原理。

测试原理如图 4.12 所示。

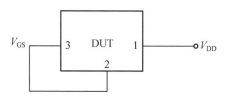

图 4.12　Q_{G}、Q_{GS}、Q_{GD} 测试电路

（2）测试条件。

$V_{\mathrm{GS}} = 50\% \, \mathrm{BV_{GSS}}$，施加 I_{DS}、V_{DS}。

（3）测试程序。

① 将被测器件置于 $T_{\mathrm{A}} = 25\ ℃$ 环境中。

② 接通电源，加入规定负载，按图 4.13 测出总栅电荷 Q_{G}、栅源电荷 Q_{GS}、栅漏电荷 Q_{GD}。

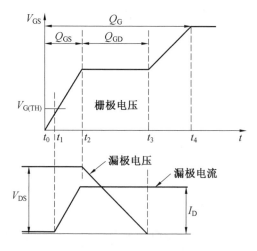

图 4.13　波形图和电荷示意图

10. 反向恢复时间 t_{rr}

（1）测试原理。

测试原理如图 4.9 所示。

（2）测试条件。

施加 I_{F}, $\mathrm{d}i/\mathrm{d}t \leqslant 100$ A/μs, $V_{\mathrm{DD}} \leqslant 25$ V。

（3）测试程序。

① 将被测器件置于 $T_{\mathrm{A}} = 25$ ℃ 环境中。

② 接通电源，加入 I_{F}, $\mathrm{d}i/\mathrm{d}t \leqslant 100$ A/μs, $V_{\mathrm{DD}} \leqslant 25$ V，测出反向恢复时间 t_{rr}。

4.2.2　安全工作区

1. 安全工作区介绍

现代的功率 MOSFET 已朝向超快转换速率和超低通态电阻发展，因此，特征通态电阻也在降低。和十几年前的功率 MOSFET 相比，当下功率 MOSFET 在相同面积下已大幅缩小了面积，导致相同通态电阻下的承受电流能力也有所下降，尤其是在线性区。功率 MOSFET 的安全工作区指的是其允许的最大电流电压范围。

功率 MOSFET 在许多应用中均工作在线性区，线性区指的是在输出特性中电流处于饱和区，在固定的栅源电压（V_{GS}）下，漏极电流（I_{DS}）不随着漏源电压（V_{DS}）变化，而仅与栅源电压（V_{GS}）相关。与线性区相对比的，即为欧姆区，在该区域，漏极电流（I_{DS}）随着漏源电压（V_{DS}）存在欧姆关系的变化。

2. 安全工作区限制

安全工作限制区域分为以下 5 区。

（1）1 区是受最大额定电流 I_{DC}、$I_{\mathrm{D(pulse)max}}$ 限制的区域。

（2）2 区是受最大通态电阻 $R_{\mathrm{DS(ON)}}$ 理论限制的区域（$I_{\mathrm{DS}} = V_{\mathrm{DS}}/R_{\mathrm{DS(ON)}}$）。通常和安全工作限制区分开的情况较多。

（3）3 区是受沟道损耗限制的区域。

（4）4 区是在连续运行或脉宽较长（至少几 ms）的运行条件下可见到的和双极晶体管相同的二次击穿区域。这是因为在该小电流区的输出传输特性（V_{GS} - I_{D} 特性）为负温度特性，所以在相同外加功率线上，工作电压越高，工作电流就应当越小。如果变为正温度特性的大电流区，此现象就会消失。使温度特性由负转正的电流值因各产品而异，在数安培以下的产品中此现象不容易产生，也就是通常所说的在没有二次击穿的相同功率线上可以得到保证。

（5）5 区是受耐压 $\mathrm{BV}_{\mathrm{DSS}}$ 限制的区域。

图 4.14 所示为一款 100 V 的宇航用 MOSFET 的安全工作区图。

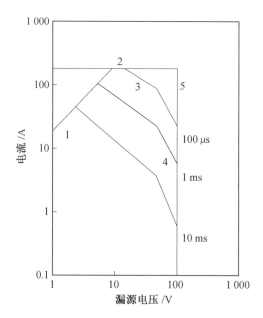

图 4.14   一款 100 V 的宇航用 MOSFET 的安全工作区图

4.2.3   宇航 MOSFET 的破坏机理和对策

宇航功率 MOSFET 较多应用在电子设备的终端输出电路中,并且可以在各种运行条件下使用,因此器件常常会在电路设计者想象不到的地方发生破坏。宇航功率 MOSFET 的主要破坏模式包括雪崩击穿破坏、安全工作区破坏、内置二极管破坏、由寄生振荡导致的破坏、栅极电涌、静电破坏等。

1. 雪崩击穿破坏

雪崩击穿破坏是指在介质负载的开关运行断开时产生的回扫电压,或者由漏磁电感产生的尖峰电压超出功率 MOSFET 的漏极额定耐压并进入击穿区而导致破坏的模式。如果在漏极 – 源极间外加超出器件额定 BV_{DSS} 的电涌电压,而且达到击穿电压 BV_{DSS}(根据击穿电流其值不同),并超出一定的能量后就发生破坏的现象。其破坏能量根据各产品以及运行条件的不同而不同。

影响雪崩击穿破坏耐量值的主要原因有 3 种:受漏极电流 I_{DS} 额定值的限制;受超过雪崩时的沟道温度限制;dV/dt 使破坏耐量降低。

针对雪崩破坏,可以采取以下 3 种对策:大电流路径尽量使用粗短布线,降低寄生电感;串联栅极电阻 R_g,抑制 dV/dt,因为在开关断开时产生电涌电压,通过增大断开时的常数 R_g,可以抑制电涌电压,但是如果常数 R_g 过大,就会导致开关损耗的增大,因此在决定常数时必须考虑此问题;插入 CR 减震器、齐纳二极管、插入用于吸收电涌的减震器等时,也尽量使用粗短布线,并直接连接在功率 MOSFET 的漏极、源极引脚。

2. 安全工作区破坏

安全工作区破坏是指负载短路引起的过电流和使用电压被同时外加时,造成瞬时局部发热而导致破坏的模式。另外,热量不相配或反复频率的高频化使芯片不能正常散热时,持续的发热使温度超出沟道温度导致热击穿的破坏也属于安全工作区破坏。

超出作为器件最大额定值的漏极电流 I_{DS}、漏极源极电压 V_{DSS}、最大沟道功耗 $P_{th(W)}$,即大多数的破坏是由超出安全区域引起发热而导致的。发热的原因分为连续性原因和过渡性原因两种。

(1) 连续性原因:由外加直流功率而导致的损耗引起的发热;通态电阻 $R_{DS(ON)}$ 损耗(高温时 $R_{DS(ON)}$ 增大);由泄漏电流 I_{DSS} 引起的损耗(和其他损耗相比极小)。

(2) 过渡性原因:脉冲电压;载短路;开关损耗内置二极管的 t_{rr} 损耗。

以上所有都具有温度依存性。

对策有以下 3 点。

(1) 保证 MOSFET 在正向偏压安全工作区域内,且降额充分。

(2) 在负载短路时,插入过电流保护电路。

(3) 进行有适当容限的散热设计。

3. 内置二极管破坏

内置二极管破坏是指在积极使用功率 MOSFET 的漏极／源极间的寄生二极管时发生的破坏模式。在源极／漏极间构成的寄生二极管运行时,由于在反向返回时功率 MOSFET 的寄生双极晶体管运行,因此二极管破坏。

4. 由寄生振荡导致的破坏

由寄生振荡导致的破坏主要是指在并联功率 MOSFET 时未插入栅极电阻而直接连接时发生的栅极寄生振荡。高速反复接通、断开漏极 – 源极电压时,在由栅极 – 漏极电容 C_{GD} 和栅极引脚电感 L_g 形成的谐振电路上发生此寄生振荡。当谐振条件($\omega L = 1/\omega C$)成立时,在栅极 – 源极间外加远远大于驱动电压 $V_{GS(IN)}$ 的振动电压,超出栅极 – 源极间额定电压导致栅极破坏,或者接通、断开漏极 – 源极间电压时的振动电压通过栅极 – 漏极电容 C_{GD} 和 V_{GS} 波形重叠导致正向反馈,因此可能会由误动作引起振荡破坏。

如果不在功率 MOSFET 中串联栅极电阻而直接并联时,在栅极产生寄生振动波形。高速反复接通、断开漏极／源极电压时,尤其是断开时,由负载的布线电感 L_d 产生的振动电压 $V_{DS(p)}$,通过栅极／漏极电容 C_{GD} 和栅极引线电感 L_g 形成谐振电路。因为大电流高速功率 MOSFET 的栅极内部电阻 r_g 很小,在 $1 \sim 2\ \Omega$ 以内,如果没有栅极外接电阻 R_g 时,谐振电路的 Q,即 $L/C/R$ 的值就变大。如果成为谐振条件时,就在 C_{GD} 间或 L_g 间(即 MOSFET 的栅极／源极间)产生大的振动电压,引起寄生振荡。

尤其是因为并联时为大电流运行,如果开关断开时的电流平衡变差,全部电流就只在此时序的偏差期间流入到一个 MOSFET。因为通常此期间非常短,在几 ns 至几十 ns 之间,因此不存在功率 MOSFET 的热应力问题。但是理论上认为漏极／源极的振动电压 $V_{DS(p)}$ 为 n 倍,或为大于 n 倍的电压。

5. 栅极电涌、静电破坏

主要表现为在栅极和源极之间外加外部电路的电涌而导致的破坏,即栅极过电压破坏和由操作中产生的静电(包括安装和测定设备的带电)而导致的栅极破坏,即 ESD。

宇航 MOSFET 在安装、使用和防护时应注意以下事项。

(1)芯片键合区主要金属为铝,适宜于键合工艺,键合材料推荐采用硅铝丝,若使用金丝,在芯片装配、使用过程中需控制金铝化合物产生;先键合源极,再键合栅极。

(2)一般来说,芯片背面为漏极且已金属化,工作时流过较大电流,可根据散热、导电性等具体要求采用烧结工艺。

(3)调试电路所用的仪器、仪表一定要有良好的统一接地。

(4)宇航 MOSFET 为功率电路,使用时注意功耗,当使用电流较大时,注意限制栅源电压。

(5)一般来说,为确保电路正常工作,使用时源漏所加电压勿超过最大额定值,且按照降额要求选择合适器件。

(6)一般来说,栅源电压最大额定值为 20 V,为确保电路正常工作,使用时栅源电压勿超过最大额定值。

(7)先上电,再加输入信号。

(8)应尽量避免电源、地线上的干扰。

(9)未使用的芯片应采用芯片盒真空包装后放置于氮气柜或干燥塔中;真空包装好的芯片应储存在温度为 $10 \sim 30\ ^{\circ}\text{C}$、相对湿度为 20% $\sim$ 70% 的环境中,周围没有酸、碱或者其他腐蚀性气体,且具备相应防静电措施。

宇航 MOSFET 常见的 ESD 故障如下。

(1) ESD 导致电路失效。传递、使用、调试中如不注意 ESD 的保护，电路的容易会被 ESD 损伤，导致电路失效。

(2) 器件无功能。漏源电压过高，导致器件被击穿，从而引起失效，使器件无功能。

4.3 单粒子辐照试验源

4.3.1 单粒子辐照试验源分类

单粒子辐照试验源主要分为四大类：回旋加速器、串列加速器、锎源和激光器，每种辐射源各有优缺点。其中第一类回旋加速器的粒子加速路径长（通常达到数百米），因此产生离子的能量高，在硅中的射程长，可以用于所有类型半导体元器件的单粒子辐照试验考核，但其致命弱点是辐射源出束难度大、调试时间长、一次试验通常只能试验一种粒子；第二类串列加速器的加速路径为直线，受建筑的限制，加速路程短，因此粒子的能量低，对于高压功率器件（如 1 200 V 以上的 IGBT），串列加速器产生的粒子不能穿过器件的有源层，不能准确评估器件的单粒子辐射效应，但串列加速器的优点刚好弥补了回旋加速器的不足，辐射源出束容易、易于切换粒子、一次可以试验多种粒子；第三类锎源是利用放射性元素锎（^{252}Cf）的自然裂变产生的重离子对器件进行轰击，没有粒子加速的过程，且每秒钟入射到器件的粒子数量低，目前已经很少使用；第四类微束（微米量级）激光器主要用于集成电路和分立器件单粒子辐射效应模拟和敏感点定位，利用激光入射器件的硅部分，在硅中产生光电流模拟重离子辐射产生的电子流或空穴流，进而对器件的敏感点和薄弱点定位，由于其光斑在微米量级，因此可以精确定位器件的敏感单元。中国科学院空间应用工程与技术中心（空间中心）使用激光对各种集成电路和分立元器件进行了激光模拟单粒子辐射效应研究，并建立多种器件使用激光模拟单粒子试验中激光能量与重离子等效 LET 值的对应关系。

4.3.2 国外主流的重离子加速器

在国外主流的重离子加速器有 13 台，其中美国 4 台（分别为布鲁克海文国家实验室的 AGS 和 NSRL、劳伦斯伯克利国家实验室的回旋加速器、密歇根州立大学的 NSCL)、法国 3 台、俄罗斯 2 台、日本 2 台、意大利 2 台,详细见表 4.2。可以开展原子序数 Z 为 1 ~ 92 范围内各种重离子的单粒子辐照试验,重离子能量最大为 30 000 MeV/n,可以穿透现有所有元器件的有源层厚度。

表 4.2   国际主要的重离子加速器信息表

加速器名称	原子序数范围	粒子能量 /(MeV·n⁻¹)
Alternating Gradient Synchrotron (AGS),Brookhaven National Laboratory (BNL),Brookhaven,New York,USA	1 ~ 79	600 ~ 30 000
NASA Space Radiation Laboratory (NSRL),Brookhaven National Laboratory (BNL),Brookhaven,New York,USA	1 ~ 79	100 ~ 300
88″ Cyclotron,Lawrence Berkeley National Laboratory (LBNL),Berkeley,California,USA	1 ~ 8	55
Grand Accelerateur National D'Ions Lourds (GANIL),Caen,France	6 ~ 92	25 ~ 95
Heavy Ion Medical Accelerator at Chiba (HIMAC),National Institute for Radiological Sciences,Chiba,Japan	1 ~ 54	100 ~ 800
Tandem – ALPI,Laboratori Nazionali di Legnaro (LNL),Legnaro,Italy	1 ~ 8	8 ~ 20
Superconducting Cyclotron Laboratori Nazionali del Sud (LNS),Catania,Italy	1 ~ 6	70
ETOILE(2007),Lyon,France	1 ~ 6	50 ~ 400
National Superconducting Cyclotron Laboratory(NSCL),Michigan State University,East Lansing,Michigan,USA	1 ~ 92	90
Nuclotron Joint Institute for Nuclear Research (JINR),Dubna,Russia	1 ~ 26	6 000
Ring Cyclotron Institute for Physical and Chemical Research (RIKEN),Wako Saitama,Japan	6	137
SIS – 18 Heavy Ion Synchrotron Gesellschaft fur Schwerionenforschung (GSI),Darmstadt,Germany	1 ~ 92	50 ~ 2 000
Synchrophasotron Joint Institute for Nuclear Research (JINR),Dubna,Russia	1 ~ 16	4 000

4.3.3   国内的单粒子辐照试验源

国内的单粒子辐照试验源主要包括中国科学院近代物理研究所的 HIRFL 回旋加速器、中国原子能科学研究院的 HI – 13 串列加速器和中国科学院空间中心的脉冲激光单粒子效应模拟试验装置等。

其中,HIRFL 回旋加速器于 1976 年 11 月由国家计委批准,由近代物理研究所负责设计建造,当时主要建设一台大型分离扇回旋加速器。目前,其是目前国内能量最高的重离子加速器,也是国内唯一被认可的进行单粒子辐射考核试验的辐射源,与德国 GSI、法国 GANIL 和日本 RIKEN 等同属世界级的先进装置,HIREL 的靶室有束流引出窗,对某些离子可以引出至真空外进行单粒子辐照试验。表 4.3 是 HIREL 回旋加速器的常用离子信息,其中标"*"的数值为 ^{181}Ta 离子经过 12.5 μm 闪烁体、14.7 μmTi 窗和 2 μm 空气层后达到芯片表面的值。HI – 13 串列加速器的真空靶室尺寸为 2 000 mm × 1 000 mm × 1 000 mm,典型辐射面积为 20 mm × 20 mm,注量率在 10 ~ 10^5 ions/(cm^2·s) 范围内连续可调,每改变一种离子种类需时间 2 ~ 3 h。

表 4.3 HIRFL 回旋加速器常用离子信息表

离子种类	能量 /MeV	射程 /μm	LET 值 /(MeV·cm^2·mg^{-1})
^{84}Kr	2 100	334.33	18.77
^{129}Xe	1 032	74.81	62.58
^{136}Xe	2 053.6	154.41	50.24
^{209}Bi	1 984.5	101.4	91.3
^{181}Ta	2 262.5	88.7*	80.29*

HI – 13 串列加速器的负离子注入器配备有 3 种负离子源:①双等离子体源;②锂电荷交换源;③铯束溅射源。HI – 13 串列加速器是 HVEC 比较成功的产品 MP 型串列加速器的改进型号,它的结构综合了多个串列加速器的运行经验和改进措施。目前国际上与 HI – 13 型相似或更大型的串列加速器有十余台。而电压高于 14 MV 的正在筹建,安装和调试的有 5 台。

HI – 13 的串列加速器全部是横式的,加速器厂房低,使用维修方便是其优点。HI – 13 串列加速器的常用离子见表 4.4。

表 4.4 HI – 13 串列加速器常用离子信息表

离子种类	能量 /MeV	射程 /μm	LET 值 /(MeV·cm^2·mg^{-1})
Fe	210	26.7	36.1
Cu	220	31.9	34.1
Br	265	41.6	35
Ag	300	59	31.5
I	320	66.9	32.4
Au	360	86.1	30.4

2000 年,上海交通大学科技园创办了中国第一家企业加速器 —— 大康企业加速器,成为企业加速器建设的先行者。不过此后数年,企业加速器却并未赢得中国产业界的青睐。直到 2006 年,中关村永丰产业基地现代企业加速器在北京动工兴建,随后国家科学技术部批准其为科技企业加速器试点,并在相关文件中支持这一创举,由此才真正拉开中国企业加速器建设的序幕,企业加速器也因此纳入国家实施自主创新的政策体系。近年来,国内加速器也在以极快的势头高速发展,众多加速器随着国家双创的扶持政策不断涌现,新增数量和绝对数量都呈历史最高。

4.4 单粒子辐照试验注意事项

在掌握国外和国内的单粒子辐照试验源及辐射离子的特征后,本节介绍单粒子辐照试验过程中的注意事项。

1. 单粒子辐照试验源的选择

一般地,宇航用半导体器件的抗单粒子辐射技术指标要求辐射离子在芯片表面的 LET 值不小于 75 MeV·cm²/mg,且 HIRFL 回旋加速器是目前国内唯一认可的进行半导体器件抗单粒子辐射技术指标考核的辐射源,因此在条件允许的情况下,均使用 HIRFL 回旋加速器对研制的半导体器件进行单粒子辐照试验。

2. 单粒子试验离子的选择

进行单粒子辐照试验的辐射离子不仅要满足 LET 值不小于 75 MeV·cm²/mg 的要求,还需要满足在硅材料中的射程大于器件有源层厚度的试验要求。由表 4.3 可以看出,HIRFL 回旋加速器产生的 ^{209}Bi 和 ^{181}Ta 离子可以满足。

3. 空气层厚度的选择

目前,使用 HIRFL 回旋加速器对半导体器件进行单粒子辐照试验时,均在大气环境中进行,但辐射离子在空气中随着穿过空气层厚度的增加能量衰减很快,导致辐射离子在硅材料中的射程急剧缩短,因此需要根据半导体器件有源层的厚度确定试验时的空气层厚度。其中有源层厚度包括体硅之上的介质层厚度与外延层的厚度两部分,空气层厚度指器件开帽后芯片表面到 Ti 窗表面的空气距离。表 4.5 给出了 ^{181}Ta 离子穿过 12.5 μm 闪烁体和 14.7 μm Ti 窗后离子在大气中的空气层厚度与 ^{181}Ta 离子特性的对应关系表。

表 4.5　HIRFL 回旋加速器产生^{181}Ta 离子特性与空气层厚度的关系表

空气层厚度/mm	能量/MeV	硅中射程/μm	LET 值/(MeV·cm^2·mg^{-1})
20	1 500.9	88.7	80.29
30	1 400.8	83.3	81.35
40	1 299.5	78.0	82.45
50	1 197.1	72.7	83.56

该器件的有源层厚度约 24 μm(其中介质层厚度 6 μm,N$^-$ 外延层 18 μm),由表 4.5 可以看出,在 20 ~ 50 mm 的空气厚度范围之内,^{181}Ta 离子可以有效对器件的抗单粒子辐射性能进行评价。

4. 辐射注量率与总注量的选择

单粒子辐射的注量率通常控制在 5 000 ~ 10 000 ions/(cm^2·s) 范围内,考核时的总注量需要达到 1×10^7 ions,试验摸底时总注量一般达到 1×10^6 ions。

5. 单粒子试验样品准备

在对半导体器件进行单粒子辐照试验前,通常需要对器件进行三温测试和老化试验,剔除存在缺陷的器件样品;同时,辐照试验样品必须开帽,即去掉封装管壳的盖板或壳帽,使得芯片裸露,确保重离子能够穿过器件的有源层。特别地,在正式进行单粒子辐射前,需要把试验样品放到辐射板上与试验系统进行联调,确保试验前的样品正常(I_{GSS} 和 I_{DSS} 均处于纳安量级)。

6. 试验偏置条件

对功率 MOSFET 器件进行单粒子辐照试验时,通常按照如下步骤调整偏置条件。

第一步:保持栅源偏置电压为 0 V($V_{GS} = 0$ V),按照每次增加 10 V 的步骤增加漏源偏置电压(V_{DS}) 由 20% BV$_{DSS}$ 到 80% BV$_{DSS}$。每次增加一次漏源电压,辐射的总注量需要达到 1×10^6 ions,中间出现失效判据规定的现象或电流值,则试验终止,进行另一颗器件或另一款器件试验;如果 V_{DS} 达到 80% BV$_{DSS}$ 时器件没有失效,则进行第二步。

第二步:保持漏源偏置电压(V_{DS}) 为 80% BV$_{DSS}$,缓慢增加栅源偏置电压(V_{GS}),增加的幅度按照 2 V/ 次进行。每次增加一次栅源电压,辐射的总注量需要达到 1×10^6 ions,中间出现失效判据规定的现象或电流值,则试验终止。

实际在进行单粒子辐照试验过程中,由于试验样品多、机时少,往往不能按照设定的试验步骤开展单粒子辐照试验,存在总注量未达到 1×10^6 ions 就改变偏置条件、增加偏置电压的幅度大于试验方案计划的增加幅度等情况,但试验偏置条件改变方向仍然按照以上步骤进行。

7. 单粒子试验失效判据

针对功率 MOSFET 器件单粒子辐照试验的失效判据目前从以下两个方面来体现。

第一是在非破坏性单粒子试验中,当单粒子辐射的总注量未达到 $1 \times 10^7 \, \mathrm{ions}$ 时,器件失去功能或 I_{GSS} 和 I_{DSS} 超过规范值。

第二是在非破坏性单粒子试验中,当单粒子辐射的总注量达到 $1 \times 10^7 \, \mathrm{ions}$ 时,发生 SEB 或 SEGR 的事件数超过 100 次。

因此两种判断方式都可以作为功率 MOSFET 器件单粒子失效的判据,主要取决于单粒子试验系统是对 I_{GSS} 和 I_{DSS} 进行监控还是对异常电流进行计数。

8. 单粒子失效样品分析

在对单粒子辐照试验后失效的功率 MOSFET 器件进行失效分析时,需要特别注意对器件的防静电和测试保护。在防静电方面按照防静电的相关要求执行,在此不再赘述;主要介绍对样品进行分析的方法及注意事项。

对单粒子辐射失效的功率 MOSFET 器件进行失效分析时,整体上按照"先非破坏性分析,后破坏性分析"的原则进行。

第一步:对芯片表面进行观察和照相,观察是否有明显烧毁迹象。

第二步:按照非破坏性方法测试功率 MOSFET 器件的电参数,此时所说的电参数不包括导通电阻、持续电流、正向跨导等需要在大电流下测试的参数,只包括栅极截止电流、漏极截止电流、阈值电压、击穿电压、栅源及栅漏的耐压特性,且在测试阈值电压、击穿电压和栅源及栅漏击穿特性时需要特别小心,不能出现大电流;建议按照栅极截止电流、漏极截止电流、阈值电压、栅源及栅漏的耐压特性、击穿电压的顺序进行测试,且要对测试设备进行限流。

第三步:对测试后的样品进行热成像分析,即在器件的栅源或漏源上加不超过 5 V 的电压,产生微安到毫安量级的电流,获取整个芯片的热分布图形,定位失效点。

第四步:进行破坏性分析,即使用扫描电子显微镜(Scanning Electron Microscope,SEM)、聚焦离子束(Focused Ion Beam,FIB)、二次离子质谱(Secondary Ion Mass Spectroscopy,SIMS)等对失效点进行定点剖片和元素成分进行分析;或通过芯片解剖方法,依次去掉芯片表面钝化层、金属层等薄膜,观察失效点的变化。

以上总结归纳了功率 MOSFET 器件进行单粒子辐照试验全过程(试验前准备、试验过程中及试验结束后)的注意事项,但在实际单粒子辐照试验过程中还需结合实际情况进行灵活处理。

4.5　单粒子辐照试验系统设计

4.5.1　单粒子效应研究手段

　　鉴于空间环境中单粒子效应的巨大威胁,宇航电子器件在实际应用之前进行单粒子效应敏感性评估十分必要。对于对单粒子效应敏感的关键器件,需要着重甄别其敏感区域和单粒子效应作用机制,并进一步进行针对性的加固设计。出于上述目的,多种辐射源及辐照技术已经在单粒子效应地面模拟试验研究中得到应用。此外,随着计算机技术的不断发展,数值仿真技术在单粒子效应研究领域的应用越来越广泛。计算机数值仿真技术可以显著降低研究成本和缩短研究周期,对单粒子效应微观机制分析、敏感性预估以及加固设计都具有重要作用。下面将从模拟试验和数值仿真技术两个方面简要阐述单粒子效应的研究手段。

1. 单粒子效应模拟试验研究手段

　　(1) 重离子加速器模拟试验。

　　重离子加速器是目前应用最为普遍的单粒子效应地面模拟装置。利用重离子加速器产生的高能重离子可以直接对被测器件进行辐照,得到不同粒子种类、不同能量下被测器件的单粒子响应情况,进而确定单粒子效应 LET 值以及效应截面等关键信息。相比于空间飞行试验,加速器模拟试验可人为控制试验条件,通过合理选择重离子种类、能量及注量率等条件,可以开展单一变量研究,有利于单粒子效应机理的探索。此外,为了进一步确定被测器件的单粒子效应敏感区域,重离子微束辐照技术也得到了广泛应用。利用针孔准直等技术,将大面积束流聚焦到微米级别的束斑面积内,可以对被测器件进行逐点扫描,得到每个辐照位置的单粒子响应与版图结构、器件尺寸以及工艺参数之间的定量关系。目前,国内用于单粒子效应研究的重离子加速器包括中国原子能科学研究院的 HI - 13 串列加速器和中国科学院近代物理研究所的兰州重离子回旋加速器(HIRFL),两台装置都配备有微束单粒子效应试验终端。

（2）质子加速器模拟试验。

太阳宇宙射线和地球俘获带中的质子是单粒子效应的重要诱因，对中低地球轨道及高椭圆轨道的航天器的可靠性构成严重威胁，因此利用质子加速器开展单粒子效应地面模拟试验具有重要意义。质子诱发单粒子效应的机制与其能量有密切关系。中高能（> 10 MeV）质子的 LET 值较低，因此很难通过直接电离诱发单粒子效应，由质子与器件中材料原子发生核反应产生的次级粒子是导致单粒子效应的主要因素。通常，每 10^4 ~ 10^6 个质子中有一个可与 Si 原子发生核反应，因此在相同注量条件下，质子单粒子效应截面要显著低于重离子单粒子效应截面。1978 年，Guenzer 等利用美国海军研究实验室的回旋加速器首次检测到了质子核反应产生的次级粒子诱发的单粒子效应。随能量降低，质子的 LET 值逐渐增大，对于临界电荷较低的纳米器件，低能质子直接电离沉积的能量即可导致单粒子翻转。2007 年，Rodbell 等利用 IBM T. J. Watson 研究中心的 3 MV 范德格拉夫加速器开展辐照试验，首次发现了低能（< 2 MeV）质子直接电离诱发的 SOI 工艺锁存器和存储单元的翻转。后续研究表明，在 90 nm 及以下工艺节点中均可观测到低能质子直接电离诱发的高截面单粒子翻转事件。相比于重离子加速器试验，质子加速器试验中需要特别注意较高注量下总剂量效应的影响。已有大量研究表明总剂量效应会对某些器件的单粒子效应敏感性产生显著影响，因此，质子单粒子效应试验中必须确保在选定的质子注量下，总剂量效应不会成为额外的影响因素。

（3）^{252}Cf 源模拟试验。

1983 年，Sanderson 等利用 ^{252}Cf 源开展了 CMOS SRAM 的单粒子效应试验研究，证明 ^{252}Cf 可作为便捷且易于获取的替代源应用于器件筛选及摸底试验中。^{252}Cf 属于超铀元素，除发生 α 衰变之外，还会发生自发裂变，裂变碎片按其质量数和能量可分为两组，平均质量分别为 106.2 amu 和 142.2 amu，平均能量分别为 102.5 MeV 和 78.7 MeV。裂变碎片的 LET 分布范围为 36 ~ 45 MeV·cm^2/mg，平均值约为 43 MeV·cm^2/mg，在硅中的射程为 6 ~ 14.5 μm。^{252}Cf 源辐照装置的主要缺点在于其对多层金属布线的穿透能力不足，对于集成度较高的器件，利用 ^{252}Cf 源测得的单粒子效应截面往往低于重离子，甚至不能诱发效应。

（4）脉冲激光模拟试验。

脉冲激光也可以用来进行单粒子效应研究。通过搭建合理的光路系统，可以将激光聚焦得到功率极高、持续时间 ns 到 fs 量级且束斑直径与波长相当的脉冲激光微束，从而定性模拟单个重离子入射产生的电离径迹。但与重离子不同，脉冲激光是通过光电效应产生过剩载流子，当材料吸收的光子能量大于其禁带宽度时,将激发电子空穴对的产生。相比于重离子微束装置,脉冲激光无辐射危害,因此试验过程中无须远程操控,灵活性高,且激光能量连续可调,可获得精确的阈值和连续的截面数据。此外,脉冲激光装置便于实现与测试系统或电路时钟的同步,从而得到被测器件单粒子效应传播的时间信息。需要注意的是,由于激光是通过光学聚焦系统获得小面积束斑,在通过焦平面后,必然会发散形成较大的光锥,导致过剩载流子浓度降低,这些载流子将通过扩散的方式被收集,因此对于单粒子锁定和单粒子多位翻转等受扩散电荷收集影响较大的效应,利用脉冲激光和重离子得到的结果可能会存在较大差异。另外,脉冲激光不能穿透大规模集成电路中的多层金属布线层,必须采用背部辐照方法,即去除被测器件背部封装并对衬底进行减薄和抛光,然后使脉冲激光从背部入射,穿过衬底之后聚焦在有源区。目前,脉冲激光微束装置广泛应用于单粒子效应敏感区域甄别、测试系统验证以及加固效果评估等方面的研究中。

2. 单粒子效应数值仿真研究手段

计算机数值仿真在单粒子效应研究领域也得到了相当广泛的应用,根据仿真方法所涉及的物理尺度,可将目前的仿真方法分为四个层级:核物理层级、工艺器件层级、电路层级和系统层级。其中,核物理层级和工艺器件层级的仿真侧重于单粒子入射指定器件或节点后能量沉积、载流子产生和收集的具体物理机制;而电路层级和系统层级的单粒子效应仿真更加关注某节点的单粒子效应在产生后的传播、演化以及各节点、各模块间的耦合效应。由于本节研究的是 SiGe HBT 的单粒子效应相关内容,主要涉及核物理层级和工艺器件层级的仿真,因此下面仅对应用于核物理和工艺器件层级的单粒子效应仿真工具及方法做简要介绍。

(1)核物理层级。

核物理层级的仿真研究主要关注的是入射粒子与半导体器件材料之间的相互作用,以明确粒子在材料中的输运过程、能量沉积以及次级粒子的种类、能量、空间分布等关键信息。由欧洲核子研究中心(CERN)主导开发的 Geant4 (Geometry and Tracking)工具包是单粒子效应核物理层级仿真中应用较为广泛的仿真工具。Geant4 基于蒙特卡洛方法对粒子在物质中的输运过程进行模拟,其提供的物理过程涵盖了电磁、强子以及光学过程,并覆盖了从 eV 到 TeV 的能量范围,可较好地模拟空间环境中高能粒子与材料的相互作用。此外,在器件的几何结构、采用的材料、灵敏体积尺寸、临界电荷等参数已知的条件下,可以在 Geant4 中探测器部分构建与实际器件一致的几何结构,通过计算入射粒子在灵敏体积内的电离能量沉积,从而对器件的翻转率做出预估。由于采用面向对象技术,通过 C++ 语言进行编程,Geant4 具有强大的用户扩展能力和与其他工具的交互能力,目前多家研究机构都开发了基于 Geant4 的可用于半导体器件及电路辐射效应研究的模拟程序, 如范德堡大学的 MRED、TRAD 公司的 FASTRAD 等。

（2）工艺器件层级。

工艺器件层级的数值仿真主要关注分立器件以及小规模电路单元中的单粒子效应机制。TCAD 仿真软件是开展工艺器件层级数值仿真的主流工具。TCAD 中的建模工具可以通过工艺和器件建模两种途径建立一维、二维或三维的仿真模型,器件端口的电流、电压等参数是通过一系列描述载流子分布和输运机制的物理器件方程计算得到。在仿真过程中,器件的物理特性被离散化分布到一系列不均匀的网格节点上,得到一系列的非线性方程组,进而对这些方程组进行迭代求解得到各节点处的物理特性,节点间的物理特性则进一步通过插值法获得。此外,TCAD 还提供了物理和电学特性提取工具以及图形化用户界面,可对表征半导体器件性能的关键信息进行直观展示,为分析和优化各类半导体器件电气特性、物理特性和制造工艺技术提供参考。在辐射效应仿真方面,目前主流的 TCAD 工具（如 Sentaurus TCAD、Silvaco TCAD）中都嵌入了可用于单粒子效应研究的过剩载流子产生模型,即在工艺建模或器件建模得到的仿真模型的基础上,添加过剩非平衡载流子的影响,通过对非平衡状态下各节点物理特性的再次求解,得到单粒子效应期间器件的瞬态响应。得益于 TCAD 良好的可视化功能,研究者可以提取器件内部电势、电子空穴浓度、复合率等参数及其随时间的变化情况,从而明确单粒子效应的电荷收集机制和收集路径,为后续的器件级加固研究提供理论支撑。

需要指出的是,无论是何种层级的仿真,都不是完全独立或与其他层级的仿真方法相割裂的,与此相反,每一个层级输出的仿真结果都可以直接或间接作为下一层级的输入,实现跨层级、多尺度的仿真,从而显著提高单粒子效应的仿真效率和准确性。 一个典型的案例是 Schrimpf 等利用范德堡大学研发的 RADSAFE 环境架构,将基于 Geant4 的 MRED、TCAD 和 SPICE 仿真结合起来,证明了重离子核反应产生的次级粒子对 0.4 μm SRAM 单粒子翻转截面的贡献。

4.5.2　单粒子辐照试验原理

1987 年,美国波音航空航天公司的 D. L. Oberg 和 J. L. Wert 提出了非破坏性测试 SEB 截面的新方法,给出了如图 4.15 所示的 SEB 试验原理图,其中 N 沟道

MOSFET 器件的栅极通过 50 Ω 的电阻接地；漏极通过 1 kΩ 的电阻和 1.0 mH 的电感与电源连接，并联 10 μF 和 0.01 μF 的电容可以屏蔽 10 MHz ~ 1 GHz 频段信号的干扰；源极到地之间增加 CT - 1 型电流脉冲感应器对 SEB 的次数进行计数。Oberg 指出，当漏极到电源之间的电阻（R_L）不小于 100 Ω 时，可以对 MOSFET 器件进行有效保护。2012 年，IR 公司的 S. Liu 在 Oberg 和 Wert 的研究基础之上，进一步研究讨论了 R_L 数值的选择方法、R_L 数值大小与 SEB 的关系，并给出了不同离子辐射下 R_L 数值与 SEB 的关系。1992 年，日本国家太空发展部筑波太空中心的 S. Kuboyama 等和日本 Ryoei 技术公司的 T. Ishii 报道了功率 MOSFETs 单粒子烧毁的机制及其表征技术，提出了一种载能粒子电荷谱技术（Energetic Particle Induced Charge Spectroscopy，EPICS），该技术基于脉冲高度分析器（PHA）和宽动态范围电荷敏感放大器（CSA）对离子入射器件后导致的电荷收集量进行监测，给出了 VDMOS 发生烧毁所需的阈值电荷。图 4.16 所示为 EPICS 技术和 CSA 原理图。

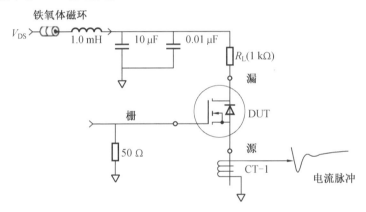

图 4.15　Oberg 和 Wert 提出的非破坏性 SEB 试验原理图

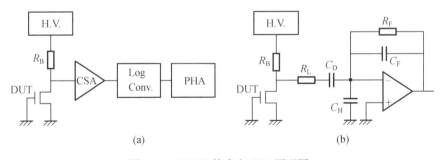

图 4.16　EPICS 技术和 CSA 原理图

2012 年，德国 INFINEON 公司在其官网公布了两款 N 沟道 250 V 功率 MOSFET 产品的单粒子辐照试验报告，使用了如图 4.17 所示的非破坏性单粒子辐照试验原理图。栅极到电源之间串联两个 10 kΩ 的限流电阻对栅极进行保护，在栅极到地和电源正极到地之间并联 100 nF 的滤波电容,屏蔽 100 MHz 的交流噪声;在两个 10 kΩ 电阻之间设计10个开关,实现电源对1# ~ 10#器件样品的控制。在漏极到电源之间串联 10 kΩ 的限流电阻,在漏极到地和电源正极到地之间并联 100 nF 的滤波电容,屏蔽 100 MHz 的交流噪声。试验的 BUY25CS12J 与 BUY25CS54A 系列器件,漏源击穿电压 250 V,当使用 10 kΩ 的限流电阻后,通过器件元胞区的最大电流为 25 mA,可以有效对器件进行保护。

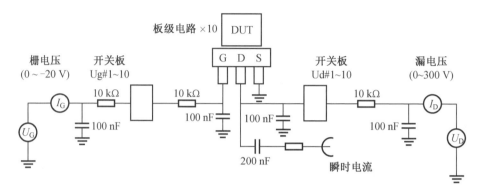

图 4.17　INFINEON 公司使用的非破坏性 SEB/SEGR 试验线路图

下面以中国电子科技集团第二十四研究所某功率 MOSFET 器件为例,介绍一款实际的单粒子辐照试验,该试验采用了如图 4.18 所示的试验原理图。试验器件(Device Under Testing,DUT) 的源极接地,栅极经过 10 kΩ 的保护电阻(R_G)与栅电源(V_G)相连,同时栅极到栅极电源地之间并联电容值为 100 nF 的滤波电容屏蔽 10 MHz 的交流噪声;漏极经选择开关(K) 和限流电阻(R_L)后与漏极电源(V_D)相连,漏极到漏极电源地之间并联 100 nF 的滤波电容。

特别地,考虑单粒子辐照试验系统的应用范围,试验线路图考虑了如下因素。

(1) 可以用于 N 沟道和 P 沟道器件,V_G 在 − 30 ~ + 30 V 间连续可调;栅极在 R_G 的保护下,最大出现 30 mA 的电流。

(2) 可以用于高压和低压器件,V_D 在 − 200 ~ + 1 200 V 间连续可调。

(3) 根据试验器件的规格,漏极限流电阻可选 200 Ω、500 Ω、1 kΩ、2 kΩ 和 10 kΩ。

本试验线路图与德国英飞凌公司和美国波音公司的试验线路图对比,还可以采取如下措施进行优化。

(1) 在漏极到地、漏极电源到地、栅极到地、栅极电源到地之间不仅要并联电容,建议针对高频(GHz)和低频(MHz)并联两个电容。

(2) 漏极到漏极电源之间的电阻建议串联连续可调电阻。

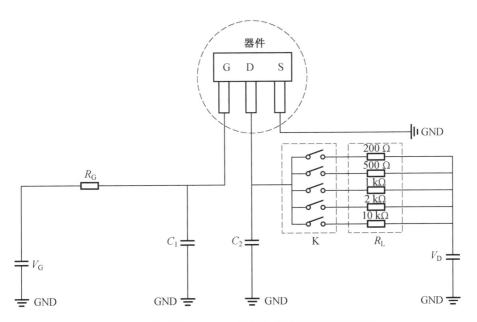

图 4.18　某功率 MOSFET 器件单粒子辐照试验线路图

4.5.3　单粒子辐照试验系统设计

在单粒子辐射系统（图 4.20）中，主要包括离子源、辐射板、控制板、集成智能控制系统和远程控制端五大部分。

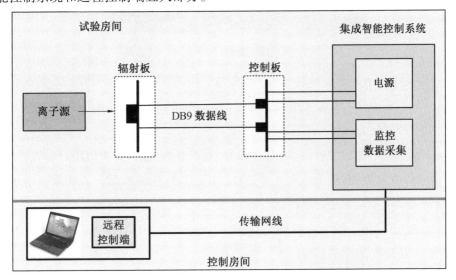

图 4.19　功率 MOSFET 器件单粒子辐照试验系统框图

根据试验所需的 LET 值、粒子种类、硅中射程、注量率和总注量,离子源由试验源单位负责保障。

(1)辐射板。

辐射板用于安装被辐射器件,并固定在试验源单位的承载台上,如图 4.20 所示。其中辐射板可以安装多只器件,具有 DB9 数据线接口;承载台可以沿六轴 $(+X、-X、+Y、-Y、+Z、-Z)$ 方向移动,使得被辐射器件与离子源 Ti 窗保持合适的空气层厚度,并使辐射离子能够垂直入射被试验器件。

图 4.20　离子源、辐射板和承载台的位置照片

图 4.21 所示为进行单粒子辐照试验所使用的辐射板实物照片。辐射板通过 DB9 接口的数据线与控制板相连。

(2)控制板。

控制板包括高压继电器、DI 板卡接口、DB9 接口、栅极保护电阻、栅极滤波电容、漏极限流电阻、漏极滤波电容、网线接口等部分,如图 4.22(b)所示。由于控制板要放置于单粒子辐射源附近,周围电磁信号复杂,因此在控制板的外部使用金属铝板进行屏蔽,如图 4.22(a)所示。

(3)集成智能控制系统。

集成智能控制系统包括电源、数据采集和存储、DI 板卡接口、DB9 接口、USB 接口、示波器接口、网线接口等部分,如图 4.23 所示。

TO-8/DIP8 管壳基座　　TO-254/257 管壳基座　　DB9 接口　　　　　　　SMD-1 管壳基座

　　　　(a) 正面　　　　　　　　　　　　　　　　　　　(b) 背面

图 4.21　功率 MOSFET 器件单粒子试验辐射板照片

　　　　(a) 外部　　　　　　　　　　　　　　　　　　　(b) 内部

图 4.22　功率 MOSFET 器件单粒子辐照试验控制板照片

图 4.23　集成智能控制系统照片

4.6　单粒子辐照试验案例

以中国电子科技集团第二十四研究所在兰州近物所的 HIRFL 回旋加速器对研制的某 MOSFET 器件单粒子辐照试验为例,具体介绍对器件进行单粒子辐照试验的条件与结果。

4.6.1　单粒子辐照试验条件

对该 MOSFET 器件进行单粒子辐照试验的条件见表4.6,试验在大气环境中进行,试验温度为环境温度。

表 4.6　MOSFET 器件单粒子辐照试验条件

试验离子	空气层厚度	表面离子能量	表面离子 LET 值
^{181}Ta	30 mm	1 400.8 MeV	81.35 MeV · cm^2/mg
硅中射程	入射角度	注量率	总注量
83.3 μm	0°(垂直入射)	≤ 8 000 ions/(cm^2 · s)	1 × 10^6 ions

4.6.2　MOSFET 器件单粒子试验条件和结果

由表4.7可以得到,该 MOSFET 器件在 LET 值为81.35 MeV · cm^2/mg 的 ^{181}Ta 离子辐射下,安全工作区为 $V_{GS} = 0$ V,$V_{DS} = 80\%$ BV$_{DSS}$。特别地,当 I_{GSS} 大于 1 μA 时,判断器件为失效。特别地,表4.7中所描述的 I_{GSS} 和 I_{DSS} 数值是系统自动采集某一时刻的数值,并非平均值,因此可能出现随着总注量增加,电流反而变小的情况。在试验结果分析时,将从采集曲线的变化趋势、均值等角度详细分析。

表 4.7　MOSFET 单粒子辐照试验条件和结果

样品编号	注量率 ions /(cm^2 · s)	总注量 ions	V_{GS}/V	V_{DS}/V	现象描述
2	8k	8 × 10^5	0	33% BV$_{DSS}$	辐射过程中 I_{GSS} 和 I_{DSS} 缓慢增加;辐射结束:$I_{GSS} = 23.2$ nA,$I_{DSS} = 36.7$ nA
		6 × 10^5	0	50% BV$_{DSS}$	继续辐射,追加总注量6 × 10^5 ions左右;辐射结束:$I_{GSS} = 29.3$ nA,$I_{DSS} = 66.1$ nA
		1 × 10^6	0	80% BV$_{DSS}$	继续辐射,追加总注量1 × 10^6 ions左右,辐射结束:$I_{GSS} = 4.81$ nA,$I_{DSS} = 18.0$ nA
		1 × 10^6	− 5	80% BV$_{DSS}$	栅加 − 5 V 电压后,I_{GSS} 迅速增大,初始电流为 $I_{GSS} = 24.2$ μA,$I_{DSS} = 16.7$ nA;追加总注量 1 × 10^6 ions 左右,辐射结束:$I_{GSS} = 0.14$ mA,$I_{DSS} = 0.52$ μA;之后关闭束流,I_{DSS} 减小,I_{GSS} 不恢复

4.6.3　单粒子试验结果分析

图 4.24 ~ 4.26 是器件在 $V_{GS} = 0$ V 时,分别在 $V_{DS} = 33\% BV_{DSS}$、$V_{DS} = 50\% BV_{DSS}$、$V_{DS} = 80\% BV_{DSS}$ 偏置条件下的试验结果曲线;图 4.27 是 $V_{GS} = -5$ V 且 $V_{DS} = 80\% BV_{DSS}$ 的试验结果曲线。图 4.24 ~ 4.27 中,横坐标为数据点序号,数据采集频率为 3 个/s,纵坐标为 I_{GSS} 和 I_{DSS} 的采集数据。

图 4.24 给出了 $V_{GS} = 0$ V、$V_{DS} = 33\% BV_{DSS}$ 偏置条件下器件的 I_{GSS} 和 I_{DSS} 采集数据。其中数据点 1 ~ 143 是未进行离子辐射的 I_{GSS} 和 I_{DSS} 采集数据,其中 I_{GSS} 的均值为 21.2 nA、I_{DSS} 的均值为 3.52 nA。数据点 144 ~ 307 是[181]Ta 离子辐射中采集的 I_{GSS} 和 I_{DSS} 数据,其中 I_{GSS} 的均值为 20.9 nA、I_{DSS} 的均值为 37.2 nA,经对原始数据计算得到 I_{DSS} 的均值变大了 33.68 nA,且 I_{DSS} 的数值在进行单粒子辐射过程中出现了变大的趋势。

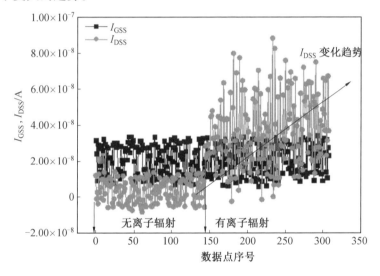

图 4.24　MOSFET 器件单粒子试验数据($V_{GS} = 0$ V,$V_{DS} = 33\% BV_{DSS}$)

图 4.25 所示为器件在 $V_{GS} = 0$ V、$V_{DS} = 50\% BV_{DSS}$ 偏置条件下系统对 I_{GSS} 和 I_{DSS} 的采集数据,其中 I_{GSS} 的均值为 19.5 nA、I_{DSS} 的均值为 58.6 nA。由图 4.25 可以看出,辐射过程中 I_{GSS} 和 I_{DSS} 未见明显变大趋势,但 I_{DSS} 的均值变大了 21.4 nA。

图 4.26 所示为器件在 $V_{GS} = 0$ V、$V_{DS} = 80\% BV_{DSS}$ 偏置条件下系统对 I_{GSS} 和 I_{DSS} 的采集数据,其中 I_{GSS} 的均值为 17.8 nA、I_{DSS} 的均值为 221 nA。由图 4.26 可以看出,辐射过程中 I_{GSS} 和 I_{DSS} 未见明显变大趋势,但 I_{DSS} 的均值变大了 162 nA。由图 4.24、图 4.25 可以看出,在单粒子辐射过程中,随着漏源偏置电压的增加,器件的 I_{GSS} 未见明显变化,但 I_{DSS} 变大了 62 倍。

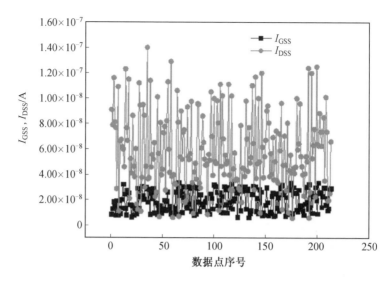

图 4.25　MOSFET 器件单粒子试验数据($V_{\text{GS}} = 0\text{ V}, V_{\text{DS}} = 50\% \text{ BV}_{\text{DSS}}$)

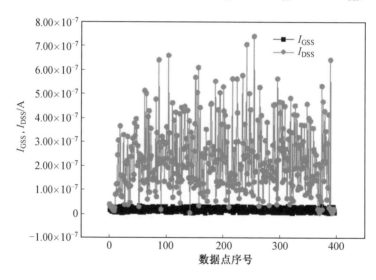

图 4.26　MOSFET 器件单粒子试验数据($V_{\text{GS}} = 0\text{ V}, V_{\text{DS}} = 80\% \text{ BV}_{\text{DSS}}$)

　　图 4.27 所示为器件在 $V_{\text{GS}} = -5\text{ V}$、$V_{\text{DS}} = 80\% \text{ BV}_{\text{DSS}}$ 偏置条件下系统对 I_{GSS} 和 I_{DSS} 的采集数据。当栅极加上 -5 V 偏置电压的瞬间,I_{GSS} 瞬间增加约一个数量级,且 I_{GSS} 和 I_{DSS} 的均值分别达到了 94 μA、0.43 μA。MOSFET 器件对负栅偏置电压较为敏感,器件发生了 SEGR 失效。

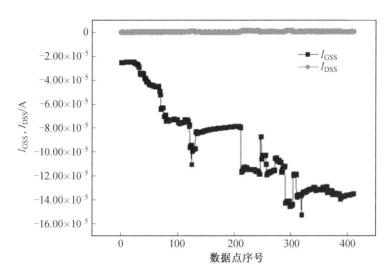

图 4.27　MOSFET 器件单粒子试验数据($V_{GS} = -5$ V,$V_{DS} = 80\%$ BV$_{DSS}$)

本章参考文献

[1] 侯明东. 宇航器件中的单粒子效应及其加速器地面模拟[J]. 核物理动态,1996,13(1):32-35.

[2] OBERG D L, WERT J L. First nondestructive measurements of power MOSFET single event burnout cross section[J]. IEEE Transactions on Nuclear Science, 1987, 34(6): 1736-1741.

[3] KUBOYAMA S, MATSUDA S, KANNO T, et al. Mechanism for single-event burnout of power MOSFETs and its characterization technique[J]. IEEE Transactions on Nuclear Science, 1992,39(6): 1689.

第 5 章

宇航 MOSFET 器件设计实例

5.1　材料的选择与参数设计

本章以一款相对比较经典的平面沟道型耐压 200 V 的抗单粒子辐射功率 VDMOS 器件样品为例进行阐述。按照目标值为设计值 85% 的降额设计要求,功率 VDMOS 器件的漏源击穿电压(BV_{DSS})设计值约为 235 V。

一般地,功率 VDMOS 器件的漏源击穿电压主要取决于 P – body 区与 N^- 外延层形成的 PN 结,因此在硅材料参数的选择上可以由 P – body 与外延层形成 PN 结的击穿特性来进行确定。根据工艺经验选取 P – body 区结深约 2.5 μm,采用离子注入方式掺杂,掺杂浓度比 N^- 外延层高两个量级以上,因此可以忽略 PN 结在 P – body 区内的耗尽层宽度,采用单边突变结模式估算 MOSFET 击穿电压,这样处理就可以把 N^- 外延层中的耗尽层宽度近似为 PN 结的耗尽层宽度;同时,P – body 区可以近似为均匀掺杂,采用单边突变结近似计算 N^- 外延层中的耗尽层宽度(W)作为外延层厚度的主要组成部分。

由图 5.1 所示,设 P – body 区与 N^- 外延层形成 PN 结的结面位置为坐标原点,考虑一维近似,并设 P – body 区与 N^- 外延层形成的 PN 结结面处的电场为 0,得到 P – body 与 /N^- 外延层形成 PN 结的 Poisson 方程为

$$\Delta^2 \psi(x) + q \sum N_a = 0 \qquad (5.1)$$

式中,N_a 为低掺杂一边(N^- 外延层)的掺杂浓度。

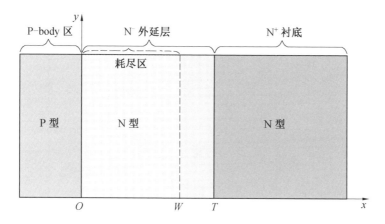

图 5.1　P – body 区与 N⁻ 外延层形成 PN 结的单边突变结模型

考虑式(5.2)和式(5.3)的边界条件：

$$\Delta \psi (x = 0) = 0 \tag{5.2}$$

$$\Delta \psi (x = W) = \psi (W) \tag{5.3}$$

忽略漏源电压在 N⁺ 衬底中的分量，假设漏源电压全部加在宽度为 W 的耗尽层上，则式(5.3)可以修改为

$$\Delta \psi (x = W) = \mathrm{BV_{DSS}} \tag{5.4}$$

可以得到当漏源间加电压 V_{DS} 时的耗尽层宽度 W 为

$$W = \left(\frac{\varepsilon_0 \varepsilon_{\mathrm{r}} [\psi (0) + V_{\mathrm{DS}}]}{q N_{\mathrm{a}}} \right)^{\frac{1}{2}} \tag{5.5}$$

联合式(5.2)、式(5.4)和式(5.5)，有

$$W = \left(\frac{\varepsilon_0 \varepsilon_{\mathrm{r}} \mathrm{BV_{DSS}}}{q N_{\mathrm{a}}} \right)^{\frac{1}{2}} \tag{5.6}$$

取真空介电常数(ε_0)为 8.85×10^{-12} F/m²，硅的相对介电常数(ε_{r})为 11.9，单位电荷量为 1.60×10^{-19} C，漏源击穿电压($\mathrm{BV_{DSS}}$)为 235 V。在实际中，针对要求 200 V 的功率 VDMOS 器件，通常选择外延层电阻率为($5.0\% \pm 10\%$) Ω·cm。按照 GB/T 13389—1992《掺硼掺磷硅单晶电阻率与掺杂剂浓度换算规程》的相关规定，可以采用图解法、表格法或公式计算法把电阻率换算成掺杂剂浓度值。实际工程实践中，因公式计算法比较复杂，通常采用如图 5.2 所示的图解法确定电阻率与掺杂浓度的对应关系。

表 5.1 给出了掺磷的硅材料在电阻率为 6 Ω·cm 附近的电阻率与掺杂浓度的对应关系表。

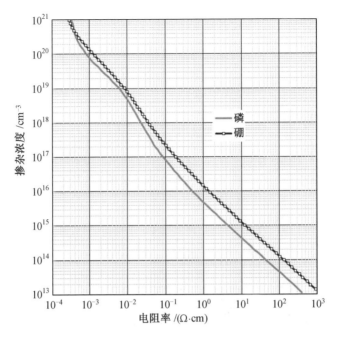

图 5.2　硅材料电阻率与掺杂浓度间的换算关系图

表 5.1　掺磷硅材料电阻率与掺杂浓度的关系表

电阻率 /($\Omega \cdot$ cm)	掺杂浓度 /cm^{-3}	电阻率 /($\Omega \cdot$ cm)	掺杂浓度 /cm^{-3}
5.37	8.3×10^{14}	5.92	7.5×10^{14}
5.43	8.2×10^{14}	6.00	7.4×10^{14}
5.50	8.1×10^{14}	6.16	7.2×10^{14}
5.56	8.0×10^{14}	6.24	7.1×10^{14}
5.63	7.9×10^{14}	6.33	7.0×10^{14}
5.70	7.8×10^{14}	6.42	6.9×10^{14}
5.77	7.7×10^{14}	6.51	6.8×10^{14}
5.85	7.6×10^{14}	6.61	6.7×10^{14}
6.08	7.3×10^{14}	6.70	6.6×10^{14}

　　由表 5.1 和图 5.2 可以确定,掺磷硅单晶材料电阻率为 5.4 $\Omega \cdot$ cm、6.0 $\Omega \cdot$ cm 和 6.6 $\Omega \cdot$ cm 时,对应的掺杂浓度分别为 8.25×10^{14} cm^{-3}、7.40×10^{14} cm^{-3}、6.71×10^{14} cm^{-3}。

把确定的 N⁻ 外延层掺杂浓度代入式(5.6)得到 P－body 区与 N⁻ 外延层形成 PN 结在外加 235 V 漏源电压下的耗尽层宽度(W)分别为 13.67 μm、14.45 μm、15.16 μm。在功率 VDMOS 器件结构中,P－body 区的结深约为 2.8 μm、掺砷衬底向外延层上返约为 1 μm、热氧化工艺消耗硅层厚度约为 0.3 μm。则研制 N 沟道 200 V 功率 VDMOS 器件所需 N⁻ 外延层的厚度(T)为热氧化工艺消耗掉的硅层厚度、P－body 区结深、耗尽层宽度、衬底杂质上返厚度几部分之和,由此计算得到 N⁻ 外延层需求的厚度分别为 17.77 μm、18.55 μm、19.26 μm。

归纳得到研制 N 沟道 200 V 功率 VDMOS 器件的材料特征如下。

(1)N 型衬底:砷掺杂,电阻率为 0.001 ～ 0.003 Ω·cm。

(2)N⁻ 外延层:磷掺杂,电阻率为 5.4 ～ 5.6 Ω·cm。

(3)N⁻ 外延层厚度按计算的中心值取整后,并按 10% 设定控制线,则 N⁻ 外延层厚度范围确定为 16 ～ 20 μm。

另外,P－body 结深选取的一个主要考虑是工艺可简便低成本实施。功率 MOSFET 一般采用的是双扩散方式形成沟道,结深还要能满足沟道阈值电压范围需要,满足漏电压对沟道调制作用小,能足够承受漏极电压所需要的耗尽电荷杂质总量,至少沟道方向上累积杂质总量不低于著名的 RESURF 条件,一般不低于 1×10^{12} cm⁻²,假设沟道长度为 1 μm,则相当于杂质体浓度为 1×10^{16} cm⁻³(1×10^{12} cm⁻²/1 μm),考虑到更短沟道、更低沟道导通电阻、阈值电压和沟道杂质分布非均匀两次扩散自然形成(综合因素),一般沟道表面体杂质浓度一般为 10^{16} ～ 10^{17} cm⁻³。

5.2　宇航 MOSFET 器件结构设计

研制宇航功率 MOSFET/VDMOS 器件首先需要确定器件结构和材料参数这两大要素,然后才能基于确定的材料参数对器件的结构、器件尺寸、工艺参数等进行设计和优化。

5.2.1　MOSFET/VDMOS 器件元胞结构设计实例

典型 VDMOS 元胞结构设计主要依据可实施工艺能力,尤其是光刻技术能力水平而定,依据 VDMOS 原理结构及所需要的功能指标,根据成熟温度工艺的半经验参数来确定具体器件结构参数。表 5.2 是设计实例 VDMOS 的主要结构参数。

表 5.2　实例 VDMOS 器件的主要结构参数表

结构参数名称	设计值／μm	设计说明
P – body 宽度	5.6	非主要结构参数
P – body 间距	5.8	非主要结构参数
多晶硅宽度	5.0*	影响 BV_{DSS} 和 R_{ON}，主要结构参数
多晶硅间距	5.4	非主要结构参数
源区宽度	9.0	非主要结构参数
源区间距	2.4	非主要结构参数
接触孔宽度	3.0	非主要结构参数
接触孔距离多晶硅间距	1.1	非主要结构参数

　　图 5.3 所示为实例 VDMOS 结构示意图，根据图 5.3 所示的实例 VDMOS 器件的元胞结构图，并结合拟开展样品制备工艺线的加工能力，先初步确定实例 VDMOS 器件的主要结构参数，见表 5.2。其中标"*"的结构参数是影响常规结构功率 VDMOS 器件电参数和性能的主要结构参数。

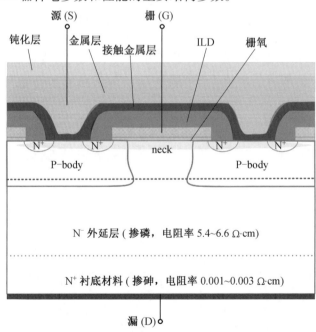

图 5.3　功率 VDMOS 器件结构示意图

　　按照表 5.2 给出的实例结构 VDMOS 器件结构参数，使用数值仿真 SILVACO 工具构建了常规结构 N 沟道 200 V 功率 VDMOS 器件元胞的剖面结构，如图 5.4

所示。结构由下到上依次为:漏极金属、N⁺ 衬底层、N⁻ 外延层、P－body 区、源区、栅氧介质层、多晶硅栅、ILD 介质、接触金属、源极金属、钝化层(PV),由于钝化层对器件的仿真设计无影响,因此在仿真设计时未构建钝化层。特别地,图 5.4 所示结构中,neck 区存在由普注(即:未使用掩模版而对有源区进行的大面积注入)磷掺杂形成的高掺杂层,对于降低 neck 区电阻有很好的效果;但同时带来了 P－body 区体电阻的降低。

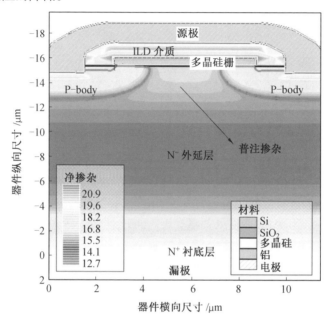

图 5.4　常规 N 沟道 200 V 功率 VDMOS 器件剖面结构仿真结果图(彩图见附录)

在使用 SILVACO 软件工具对常规结构 VDMOS 器件进行仿真设计时,设定 N⁻ 外延层的厚度为 18 μm、磷杂质浓度为 7.4×10^{14} cm⁻³。P－body 注入硼杂质的剂量为 8×10^{13} cm⁻²、能量为 80 keV、注入角度为 0°;P－body 推结温度为 1 150 ℃,推结时间为 90 min、栅氧化层厚度为 70 nm、总芯片面积为 7.43 mm²、有效元胞区面积约为 5.74 mm²(不包括终端、栅极键合区和栅互连叉指部分的面积)。并对影响常规功率 VDMOS 器件的主要结构参数(多晶硅宽度)进行拉偏设计,仿真结果见表 5.3。

由表 5.3 可以看出,多晶硅宽度的大小对器件的导通电阻、阈值电压、击穿电压、GS/GD/DS 电容、正向跨导等均有一定的影响,综合考虑芯片面积(功率密度)和可加工性等综合因素,选择多晶硅宽度的设计尺寸为 5.0 μm。特别地,使用 SILVACO 工具仿真器件的阈值电压时,仿真值与实测值差异很大,可能原因是 Si－SiO₂ 界面存在分凝效应,在 SILIVACO 默认模型中默认的分凝系数与实际加工工艺存在很大差异,实践证明,P－body 区注入硼杂质的注入剂量为 8 × 10^{13} cm^{-2} 时,N 沟道 200 V 功率 VDMOS 器件的阈值电压约为 3.2 V,因此未对阈值电压的仿真结果进行修正。

表5.3　多晶硅宽度与常规 VDMOS 器件电参数的关系

多晶宽度/μm	导通电阻/mΩ	阈值电压*/V	击穿电压/V	GS 电容/pF	GD 电容/pF	DS 电容/pF	正向跨导/S
5.00	195.88	0.78	230.1	198.86	5.44	89.98	15.97
5.50	182.12	0.80	228.8	205.68	9.26	95.48	17.06
5.00	179.57	0.83	225.2	205.93	13.67	100.26	17.01
5.50	177.12	0.84	222.76	202.06	45.85	142.42	17.49
7.00	175.92	0.83	219.72	205.89	55.58	137.80	15.77
7.50	175.35	0.84	214.04	201.06	77.42	138.00	15.61
8.00	175.68	0.81	211.34	204.09	85.41	133.12	15.85

注:* 分凝效应引起阈值与实际工艺有较大差异,这里数值仅供参考。

在确定多晶硅宽度的数值后,对 P－body 区的掺杂条件进行拉偏设计,主要是保持注入能量不变,改变注入剂量。P－body 区注入剂量对常规功率 VDMOS 器件电参数的影响。根据表5.4,综合考虑导通电阻、击穿电压和阈值电压,选择 8 × 10^{13} cm^{-2} 作为 P－body 区硼离子注入的基线条件,在工艺流片过程中再进行拉偏调整。根据对元胞仿真设计的结果,设计常规功率 VDMOS 器件元胞的结构参数和工艺参数分别见表5.5 和表5.6。采用外延层厚度为 18 μm、电阻率为 5.0 Ω·cm 的磷掺杂外延层仿真设计,常规 VDMOS 器件击穿电压约为 230 V。一般地,当外延层厚度小于功率 VDMOS 器件发生雪崩击穿时的耗尽层宽度时,每增加 1 μm 的外延层厚度,BV$_{DSS}$ 可以提高 10 ~ 15 V,因此按照 16 ~ 20 μm 控制 N$^-$ 外延层厚度,可以保证实测 BV$_{DSS}$ 不小于 200 V。

表5.4　P－body 硼注入剂量与常规 VDMOS 器件电参数的关系表

注入剂量/cm^{-2}	导通电阻/mΩ	阈值电压*/V	击穿电压/V	GS 电容/pF	GD 电容/pF	DS 电容/pF	正向跨导/S
5 × 10^{13}	173.42	0.51	225.85	208.87	39.41	137.52	20.08
6 × 10^{13}	175.20	0.61	223.86	203.63	30.95	131.03	19.29
7 × 10^{13}	177.44	0.71	225.72	202.69	15.49	105.09	18.37
8 × 10^{13}	179.57	0.83	225.20	205.93	13.67	100.26	17.01
9 × 10^{13}	181.38	0.89	227.17	205.62	11.24	98.03	15.29
1 × 10^{14}	183.24	0.96	228.57	203.73	9.73	95.58	15.56

表 5.5　仿真设计的常规 200 V 功率 VDMOS 主要结构参数表

结构参数名称	设计值 /μm	结构参数名称	设计值 /μm
P – body 宽度	5.6	源区宽度	9.0
P – body 间距	5.8	源区间距	2.4
多晶硅宽度	5.0	接触孔宽度	3.0
多晶硅间距	5.4	接触孔距离多晶硅间距	1.1

表 5.6　仿真设计的常规 200 V 功率 VDMOS 主要工艺参数表

工艺参数名称	设计值	工艺参数名称	设计值
N$^-$ 外延层厚度	18 μm	N$^-$ 外延层电阻率	5.0 Ω·cm
P – body 结深	2.72 μm	源区结深	0.25 μm
P – body 方块电阻	620.26 Ω/□	源区方块电阻	18.33 Ω/□
neck 区宽度	2.92 μm	多晶厚度	70 nm
栅氧厚度	70 nm	ILD 介质厚度	1.1 μm

5.2.2　实例 VDMOS 器件终端结构设计

1. 场板与场限环

功率 VDMOS 器件的终端结构主要有两种：一种是场限环（FLR）加场板（FP）的结构；另一种是只使用场限环的结构。在常规功率 VDMOS 器件结构中，由于场板能够改善终端处的表面电场，提高器件的击穿电压，采用较少的场限环就可以满足击穿电压的要求，因此为了减小终端面积，在常规功率 VDMOS 器件结构中被大量推广使用；而场限环由于没有场板结构改善表面电场，只有通过增加场限环的数量来优化终端电场的分布，因此仅使用场限环的终端结构通常比场限环加场板的终端结构的面积大。

作者通过研究发现，采用场板结构的功率 VDMOS 器件在进行单粒子辐照试验中，很大比例的功率 VDMOS 器件在终端处出现了明显的烧毁痕迹，如图 5.5 和图 5.6 所示，其中图 5.5 是带金属场板的功率 VDMOS 器件在单粒子辐射后的热点分析结果照片，测试条件为漏极到栅极间加 6 V 电压，产生 2 mA 电流；图 5.6 是带金属场板的功率 VDMOS 器件在单粒子辐射后进行扫描电子显微镜（SEM）分析的照片。终端金属场板出现了明显的损伤痕迹，钝化层被完全破坏，铝金属场板出现了明显裂纹，为什么带场板的终端结构在单粒子辐射后会出现损伤，相关原因还不明确，作者分析认为，使用金属场板的终端结构在终端结构中存在类 MIS（Metal-Insulator-Semiconductor）电容结构，当重离子经过终端辐射功率

VDMOS 器件时,在金属或多晶硅场板(MIS 电容的上极板)出现了瞬时电荷累积,而累积的电荷需要通过几毫米的铝线才能向衬底泄放,在击穿介质层和流经数毫米铝线／多晶硅的竞争机制中,击穿介质层更为容易,因此带场板的终端结构在单粒子辐射过程中容易损伤,且面积大的芯片比面积小的芯片更容易损伤。而仅采用场限环的终端结构,却从未发现终端被烧毁的迹象,因此在实例 VDMOS 器件终端结构的设计中,选择仅使用场限环的终端设计方案。

图 5.5　带金属场板的功率 VDMOS 器件在单粒子辐射后热点分析照片

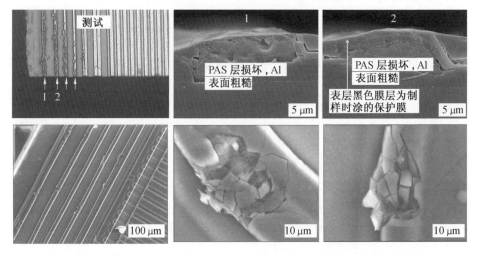

图 5.6　带金属场板的功率 VDMOS 器件单粒子辐射后 SEM 分析照片

仅使用场限环的终端结构不仅可以用于常规功率 VDMOS 器件,而且实例 VDMOS 器件无须进行任何修改,可以直接使用,因此实例 VDMOS 器件与常规功率 VDMOS 器件具有完全一样的终端结构。影响场限环终端击穿电压的因素有很多,包括场限环的结深、场限环的宽度、场限环的间距、场限环和衬底的掺杂浓度,从节约成本的角度考虑,为了尽量少地使用掩模版,在制造场限环时与 P－body 同时掺杂、同时推结形成,因此在器件漏源击穿电压和阈值电压设定的同时,衬底和场限环的掺杂浓度、场限环的结深等因素随之确定,主要考虑场限环的宽度和间距。

2. 场限环解析解理论

场限环解析解理论推荐电子科技大学陈星弼教授提出的近似计算方法,这里简要介绍以供读者参考。场限环(FLR)除了主结与电极相连,其他主结周围的场限环与主结和其他电极并不电连接,因此 FLR 场限环又称为浮空场限环(FFLR),在平面集成工艺的高压半导体器件中,常常采用场限环来降低主结表面因为曲率效应引起的局部高电场,从而提高器件的击穿电压。除了平面工艺外还有台面、斜角、深槽等更为复杂但成本更高的工艺。

场限环的机理可以简单理解为:当主结反偏电压大到使得主结空间耗尽区扩展到离主结最近的场限环 1 时(注意这里主结和周围的场限环都是 $N^+ P$ 型 PN 结结构),实际为 PN 结的环 1 中的电子可在电场作用下流入主结,这使得环 1 将由中性变成带正电荷的浮空耗尽空间电荷区,这个正电荷区将在主结到环 1 区域附近的硅片表面产生与原有主结电场方向相反的电场,因此使得这个区域电场得到削弱,而在环 1 的外测区域的电场逐渐增加。此时,环 1 的内测区附加电场产生了一个阻止电子从环 1 流向主结的势垒。需要指出的是在硅器件中通常势垒为 0.8 V(与 PN 结正向压降对应)左右就足以使电子或空穴不再流动,达到电场与载流子动态平衡。另外,相邻环间的电压通常远远超过 0.8 V,因此,后面计算推导时将忽略环 1 内侧的这个势垒区,即将那里的边界条件取为电场等于零。同时,由于主结及各环一般均是重掺杂区,因此近似地作为突变结处理。这样,当外加电压之值使所有的环均在穿通范围内时,容易利用泊松方程及边界条件求出电场及电位的分布。

由于主结与环结的边缘近于圆柱形面,当环间距不是比结深大很多时,每环外侧的很大区域内等位面都是圆柱形。如果对于这个区用该环曲率中心作为圆柱坐标中心,则此区的解可用圆柱坐标对称解作近似。而这种假设比较符合实际情况,尤其是靠近主结的几个场限环。

由前面分析可得,环 i 到环 $i+1$ 间电场的边界条件为

$$V(r_i) = V_i \tag{5.7}$$

$$\frac{\mathrm{d}V}{\mathrm{d}r}\bigg|_{r=r'_i} = 0 \tag{5.8}$$

式中,V_i 为环 i 的电位;r_i 为此边缘的曲率半径;r'_i 为此环曲率中心到下一环边缘的距离。

由此,可以得到从环 i 到环 $i+1$ 之区域内表面电位及电场强度如下:

$$V(r) = V_i + \frac{qN_B}{\varepsilon_{si}}\left(\frac{r^2 - r_i^2}{4} - \frac{r'_i}{2}\ln\frac{r}{r_i}\right) \tag{5.9}$$

$$E(r) = \frac{qN_B}{\varepsilon_{si}}\left(\frac{r'_i}{2r} - \frac{r}{2}\right) \tag{5.10}$$

式中, r 为表面某点到环 i 的曲率中心的距离。

相邻两环的电压及电场的最大值(在 r_i 处)为

$$V_{i,i+1} = \frac{qN_B}{2\varepsilon_{si}}\left[r'^2_i\left(\ln\left(\frac{r'_i}{r_i} - \frac{1}{2}\right) + \frac{r_i^2}{2}\right)\right] \qquad (5.11)$$

$$E_i(r_i) = \frac{qN_B}{2\varepsilon_{si}}\left(\frac{r'^2_i}{r_i} - r_i\right) \qquad (5.12)$$

式(5.11)和式(5.12)说明,相邻环的间距($r'_i - r_i$)越小,环间电压及最大电场也越小。由这两式可得环的理论设计公式。如取各环的最大电场 $E_i(r_i)$ 为 PN结击穿的临界电场 E_c ,用 d_i 代表第 i 环到 $i+1$ 环的间距,即 $d = r'_i - r_i$,则得

$$d = \left(r_i^2 + 2r_i\frac{\varepsilon_{si}E_c}{qN_B}\right)^{\frac{1}{2}} - r_i \qquad (5.13)$$

$$V_{i,i+1} = \frac{qN_B}{4\varepsilon_{si}}r_i^2\ln\left(1 + \frac{2\varepsilon_{si}E_c}{r_iqN_B}\right) + \frac{r_iE_c}{2}\left[\ln\left(1 + \frac{2\varepsilon_{si}E_c}{r_iqN_B}\right) - 1\right] \qquad (5.14)$$

根据 Si 的单边突变平面结的击穿临界电场近似经验公式:

$$E_c = N_B^{0.06} \times 0.34 \times 10^5 \text{ V/cm} \qquad (5.15)$$

或更简单的

$$E_c = 4\,010 \times N_B^{\frac{1}{8}} \text{ V/cm} \qquad (5.16)$$

以更简单的 $4\,010\,N_B^{1/8}$ 公式为例代入可得

$$d_i = \left[r_i^2 + 5.19\left(\frac{N_B}{10^{16}}\right)^{-0.875}r_i\right]^{\frac{1}{2}} - r_i \qquad (5.17)$$

$$V_{i,i+1} = 3.87\frac{N_B}{10^{16}}r_i^2\ln\left(1 + \frac{5.19}{r_i\left(\frac{N_B}{10^{16}}\right)^{0.875}}\right) +$$

$$20\left(\frac{N_B}{10^{16}}\right)^{0.125}r_i\left[\ln\left(1 + \frac{5.19}{r_i\left(\frac{N_B}{10^{16}}\right)0.875}\right) - 1\right] \qquad (5.18)$$

式中, d_i 及 r_i 以 μm 计; $V_{i,i+1}$ 以 V 计。

由于实际表面电场分布在最大值处比同一电压下平面结的变化更陡峭,而且在 $N_B > 10^{17} \text{ cm}^{-3}$ 时 E_c 也要比前述公式描述略大一点,再加上环本身有部分耗尽区可吸收部分电压,因此式(5.17)、式(5.18)作为设计公式有一定的安全性。

由式(5.18)可以得到满足一定耐压的器件所需要的最少场限环数。设主结及各环的曲率半径均等于同一个结深 x_j ,则用 x_j 代替式中的 r_i ,将此式除主结电压再减去 1,即得最小浮空场限环的数目。

另外,使用场限环设计时,必然会遇到场限环硅表面附近存在氧化层的情况,受到氧化层工艺过程自然携带的氧化物电荷或界面态的影响,这导致界面电荷无法彻底消除,一般好的工艺电荷面密度可以控制在 $1 \times 10^{11}\ \mathrm{cm}^{-2}$ 个电荷之内。

表面电荷对具有场限环的高压器件的耐压有明显的影响,以 P^+N 结有场限环且有表面电荷的情形为例,没有表面电荷时,场限环 PN 结与主结方向内侧附近的电场为零;如有表面电荷,则它在主结和环结均将感应电荷,但按前面的理论,这些附加电荷在这点产生的电场仍应为零。因此,在环结边上应有正电荷,在这个点产生的电场与表面电荷的电场相反,这些正电荷等效于位于场限环内部靠近界面氧化层附件某点上。

根据总电荷守恒的要求,即电力线必须终止于某个负电荷上,会在主结感应出负电荷,等效于在主结的某个点上,电荷值等于表面电荷及场限环内部靠近界面氧化层附件某点的正电荷之和,而这几个电荷等效在主结(或内测场限环)内部增加了电场,并且使得这两个结间电压增加,因此,N 型衬底的表面有正电荷是使得最大电场增加,击穿电压下降。反之,如表面电荷是负的,那么它的作用和上述相反,是使各环间电压下降,结果导致最外环与衬底间电压增加,使击穿易于先在那里发生。负表面电荷如果太强,则会引起 N 型反型,结果环结的边缘出现一个未耗尽的 P 型区,在环结被耗尽穿通以后,耗尽区的曲率半径将反而比原来的大。

3. 场限环数值方法

关于功率 VDMOS 器件多场限环终端结构的设计方法,2003 年 Xu Cheng 在 *IEEE Transactions on Electron Devices* 期刊发表了一篇题名为 "A general design methodology for the optimal multiple-field-limiting-ring structure using device simulator" 的论文,提出了一种针对多场限环(Multiple Field Limiting Ring,MFLR)终端结构的优化设计方法,由于该方法的精度较高,成为目前很多工程技术人员在设计功率 VDMOS 器件终端结构时的首选方法。下面将以此方法为依据,介绍实例 VDMOS 器件终端设计的具体过程和结果。

这种方法借助计算机数值计算工具,利用邻近两场限环内环击穿下,两场限环不同间距电势差的数值计算值来递归构建整个场限环(FLR)终端结构。这种方法的主要思路是先只考虑两邻近场限环构成的结构,其中内环与衬底之间施加电压,外场限环变动与内场限环距离,得出一组内场限环击穿时,内外场限环电势与其距离分布规律曲线。对于不同的衬底材料(即 N$^-$ 外延漂移区)需要构建类似的不同两场限环电势分布规律曲线,然后借助这个工程化曲线来进行多场限环终端结构设计,这样简化了整个场限环终端设计考虑。需要注意的是,之所以能起到这样的作用,是得到了一般器件数值计算仿真工具一个特殊边界条件的解耦合近似结果。可以作为多场限环终端设计结构初步迭代纲要性设计结构,然后在这个基础上进行优化,工程设计上就显得更容易一些。

这个电场解耦合是当把两个邻近耐压场限环进行纵向切割时,其切割边界横向电场是假设为零的(即如图 5.7 中令 $E_x = 0$,参考图 5.8),这样这两个相邻耐压场限环可以在横向方向上不考虑它们各自附近其他耐压场限环的横向电场、电势分布的影响。从而可以在后续构建整个 FLR 多场限环终端结构时不产生太大的误差。而事实上这种相邻场限环切割导致的切割面电场横向分量误差因为整体结构近似原因也是很小的。原作者 Xu Cheng 在他的文章里也讨论了这个误差影响机理就是这种解耦合引起电场横向分量丢失造成的,但好处是可以很方便快捷得到一个近似解,在这个解下再进行优化迭代可以更快捷一点。而实际多场限环联合数值仿真时,分割界面电场是倾斜的,如图 5.9 电场矢量箭头所示,可以推知这种方法是一种比较有效的工程近似方法。

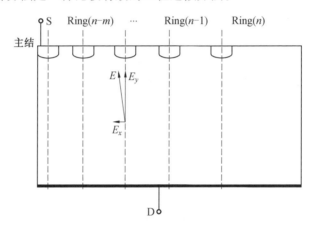

图 5.7 FLR 多场限环终端结构示意图

如图 5.7 所示,是一个常规 FLR 场限环简单结构示意图,如果同时把第 n 个场限环 Ring(n) 放到数值仿真工具里去仿真,没有一定的依据是比较难获得最佳结果的,已有的一些公式解析方式也存在近似和计算复杂问题。Xu Cheng 的解决方法是把这种具有 n 个 FLR 场限环的耐压终端结构两两之间如图 5.7 中点划线所示切割开来,单独就邻近两 FLR 场限环进行数值仿真计算(图 5.8),就图 5.8 的器件邻近环结构,每次数值计算时都把 Ring($n-1$) 环当主结,把 Ring(n) 做"主结"Ring($n-1$)环的浮空场限环,计算不同 Ring($n-1$)场限环和 Ring(n) 场限环在"主结"击穿条件下,Ring($n-1$)场限环的击穿电压 $BV_{\text{Ring}(n)}$ 曲线和 Ring(n) 场限环上分担 Ring($n-1$)场限环的电势降落值 $V_{\text{Ring}(n)}$ 曲线,由此得到不同邻近两场限环间距下内环 Ring($n-1$)击穿下外环 Ring(n)分担电势曲线。然后得到这个曲线可以作为 FLR 场限环设计的工程作图式设计依据。

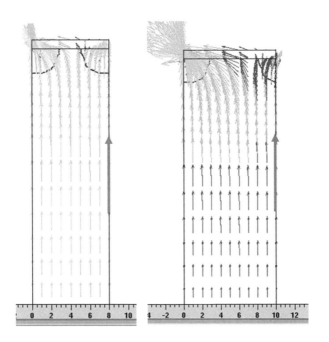

图 5.8　不同距离邻近环分割后电场解耦合右边界只有垂直电场分量示例

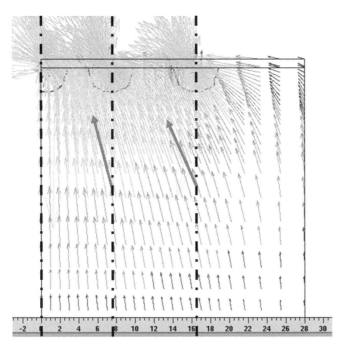

图 5.9　存在横向电场的实际邻近环边界电场示例

具体设计步骤为,以图 5.10 为设计依据,每个场限环上电势 $V(n)$ 可以从左向右,也可以从右向左,通过作图的方式,在图 5.10 上 $\mathrm{BV}_{\mathrm{Ring}(n-1)}$ 和 $V_{\mathrm{Ring}(n)}$ 两根曲线间水平或垂直相交迭代的点就是各场限环与其前后环间距 $L(n)$ 及电势 $V(n)$ 数值,要求最高的内场限环曲线($\mathrm{BV}_{\mathrm{Ring}(n-1)}$)上点 $V(\mathrm{wk})$ 达到设计目标,理论上说一旦确定第一个内场限环(其实就是器件主耐压 PN 结)击穿电压 $V(\mathrm{wk})$,根据图 5.10 设计出来的 FLR 场限环结构就是唯一的,虽然从图 5.10 可见极轻微 $V(\mathrm{wk})$ 变化会导致最外几个场限环间距 $L(n) - L(n - 1)$ 看起来差异非常大。

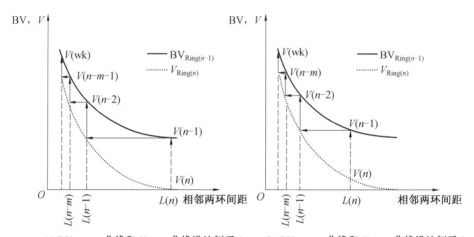

(a) $\mathrm{BV}_{\mathrm{Ring}(n-1)}$ 曲线和 $V_{\mathrm{Ring}(n)}$ 曲线设计例子 1   (b) $\mathrm{BV}_{\mathrm{Ring}(n-1)}$ 曲线和 $V_{\mathrm{Ring}(n)}$ 曲线设计例子 2

图 5.10 $\mathrm{BV}_{\mathrm{Ring}(n-1)}$ 曲线和 $V_{\mathrm{Ring}(n)}$ 曲线设计例子

以图 5.10(a)为例,可以从 $V_{\mathrm{Ring}(n)}$ 曲线最外一个场限环分担电势为零开始,即 $V(n) = 0$,作垂直线向上交 $\mathrm{BV}_{\mathrm{Ring}(n-1)}$ 曲线形成一个交点,得到 $n - 1$ 场限环击穿时可以承受的电压 $V(n - 1)$,并从坐标横轴上得到环 n 与环 $n - 1$ 的距离 $L(n)$;再经过这个交点作横向直线交 $V_{\mathrm{Ring}(n)}$ 曲线,形成一个交点,再以此交点作垂直线向上交于 $\mathrm{BV}_{\mathrm{Ring}(n-1)}$ 曲线得到 $n - 2$ 环可以承受的电压 $V(n - 2)$,同时也从横坐标得到环 n 距离环 $n - 1$ 的距离 $L(n - 1)$。如此迭代往复可以得到 $V(n - 3)\cdots V(n - x)$,而每一个交 $\mathrm{BV}_{\mathrm{Ring}(n-1)}$ 曲线或 $V_{\mathrm{Ring}(n)}$ 曲线的 $V(m)$ 点的横坐标就是环 m 与环 $m - 1$ 的环间距 $L(m)$,这样可以得到一套环间距尺寸,从而可以得到一组 FLR 场限环设计结果。同样,如图 5.10(b)最外环不从分担电势为零开始(注意也不能从高于 $\mathrm{BV}_{\mathrm{Ring}(n-1)}$ 曲线最低击穿电压开始,因为这时最外环处于击穿状态),类似纵横直线作图画线交 $\mathrm{BV}_{\mathrm{Ring}(n-1)}$ 曲线和 $V_{\mathrm{Ring}(n)}$ 曲线形成各交点,并从各交点获得相邻两场限环间距 $L(n)$,可以得到另一组 FLR 场限环设计结果,这个结果与前一组最高设计工作电压 $V(wk)$ 有轻微不同,但只要满足设计目标也是可以的一个设计方案。需要说明的是,从图 5.10 看,图 5.10(b) 最外场限环分担电势不为零的 FLR 终端结构尺寸应该略小一点,除非击穿非常临界,否则可以舍去图 5.10(a) 最外一个不分担电压的场限环。

虽然两场限环间距不同,需要注意的隐含条件是各场限环宽度假设是相等的。还需要理解的是图 5.10 中 $BV_{Ring(n-1)}$ 曲线和 $V_{Ring(n)}$ 曲线所定义的相邻内环与外环在做 FLR 场限环终端整体结构时都是相对的,是除了主结和最外环,其他的环既是外环,同时也是内环,是左边环的"外环",是右边环的"内环",因此就不难理解为什么作图设计 FLR 场限环结构时,可以通过 $BV_{Ring(n-1)}$ 曲线和 $V_{Ring(n)}$ 曲线垂直和水平曲线迭代式的获得各场限环间距从而得到一个可用的 FLR 场限环终端设计方案。

图 5.11 所示为多场限环终端结构的示意图,图 5.12 所示为近表面附近(约 0.5 μm) 终端结构由主结到最外环的电势分布曲线,图 5.13 所示为多场限环终端结构设计的基本单元,定义主结的 P-body 与 N⁻ 外延层形成的 PN 结为内环,内环与器件的元胞区域直接相连,内环以外的场限环为外环,内环与外环的设计间距为 d,则把间距由小变大,可得到表 5.7 所示的仿真结果数据,其中外环电势为结构发生雪崩击穿时外环中近表面处的电势,场限环的宽度为 5.0 μm,场限环的掺杂和推结条件与 P-body 区的掺杂条件保持一致。把表 5.7 绘制成图 5.10 所示的关系曲线,可以从曲线图中得到 3 个环间距:$d_1(3.5\ \mu m)$、$d_2(5\ \mu m)$ 和 $d_3(7\ \mu m)$。

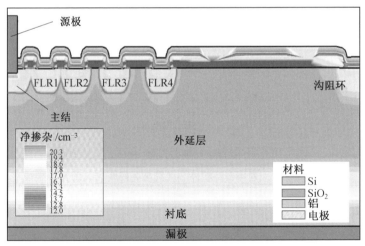

图 5.11　多场限环终端剖面结构示意图(彩图见附录)

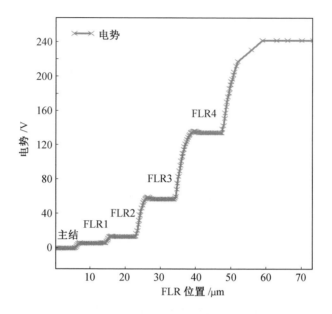

图 5.12   多场限环近表面电势分布曲线

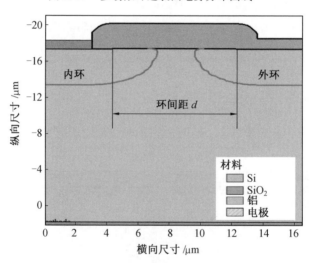

图 5.13   多场限环终端结构设计基本单元结构图

表 5.7   内环击穿和外环电势与环间距的关系表

环间距 /μm	内环击穿 /V	外环电势降 /V	外环分压 /V
2.0	210.00	0.00	210.00
2.5	202.17	0.00	202.17
3.0	202.17	0.00	202.17

续表 5.7

环间距 /μm	内环击穿 /V	外环电势降 /V	外环分压 /V
3.5	202.00	0.25	201.75
4.0	202.00	3.41	198.59
4.5	202.00	10.90	191.10
5.0	200.62	23.04	177.58
5.5	198.52	28.95	169.57
5.0	195.25	41.89	154.37
5.5	194.75	52.51	142.25
7.0	193.95	57.70	135.25
7.5	181.16	68.67	112.49
8.0	171.95	75.73	95.23
8.5	165.00	82.49	82.51
9.0	160.00	87.48	72.53
9.5	152.50	95.68	55.82
10.0	151.85	98.35	53.50
10.5	143.12	105.66	35.46
11.0	138.13	108.61	29.52
11.5	137.50	114.13	23.37
12.0	133.83	117.51	15.32
12.5	133.75	124.55	9.20
13.0	132.23	125.15	7.08
13.5	131.13	127.54	3.59
14.0	129.92	129.08	0.84
14.5	130.00	129.50	0.50
15.0	130.00	129.54	0.46

　　由此得到终端中多场限环的主要结构特点为:①N 沟道 200 V NBL_MOS 器件的终端结构需要场限环 3 个;② 每个场限环的宽度相等,都为 5 μm;③ 内环到第 1 场限环的间距为 3.5 μm、第 1 场限环到第二场限环的间距为 5 μm、第 2 场限环到第 3 场限环的间距为 7 μm。

5.2.3 寄生三极管检测结构设计

在实例 VDMOS 工艺流片前需要设计的检测结构包括工艺膜层检测结构（nano-box）、电参数检测结构、寄生器件检测结构等。通常，工艺线对器件制造过程中的膜厚、特征尺寸、对位精度等具有专门的检测单元，在版图处理时由平台统一处理，在此不再赘述。功率 VDMOS 器件是单个晶体管，因此其电参数通过直接测试晶圆上的实例 VDMOS 器件芯片进行评估。实例功率 VDMOS 器件，其内部也寄生有 NPN 晶体管，为了评估寄生三极管的触发条件，作者对实例 VDMOS 器件的寄生三极管结构进行了设计和研究。

实例 VDMOS 器件内部寄生的 NPN 晶体管对 SEB 最敏感的区域是沟道区及沟道区附近，因此主要考察沟道区附近的寄生三极管特性，设计了如图 5.14 所示的寄生三极管检测结构。

图 5.14 所示寄生 NPN 晶体管检测结构的特点如下：

（1）版图结构中包含一个敏感区和一个源区引出端。敏感区一侧为与功率 VDMOS 器件元胞沟道区保持一致的模拟沟道区，另一侧为模拟实际功率 VDMOS 元胞接触孔的模拟孔区。

（2）模拟沟道区中，源区、阱区和多晶硅层的尺寸、掺杂方式和相对距离应与实际 VDMOS 的源区和阱区保持一致。

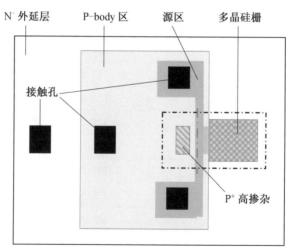

图 5.14　寄生 NPN 晶体管的检测结构

5.3　实例 VDMOS 器件电参数设计及抗辐射评估

基于表5.7确定的实例VDMOS器件的结构和工艺参数,使用SILVACO完成了实例VDMOS元胞和终端结构的仿真设计,下面将对其电参数和抗辐射性能进行评估。

5.3.1　实例 VDMOS 器件电参数设计

按照设定的实例 VDMOS 器件的结构、工艺和材料参数,使用 SILVACO 仿真工具中的 Atlas 仿真器对器件的电参数进行了较为完整的设计,包括阈值电压(V_{TH})、漏源击穿电压(BV_{DSS})、导通电阻(R_{ON})、正向跨导(G_{FS})、栅源电容(C_{GS})、栅漏电容(C_{DS})、漏源电容(C_{DS}),并对器件的抗电离辐射总剂量和抗单粒子能力进行了评估。

设计的实例 VDMOS 器件电参数见表5.8。特别说明,器件仿真时进行的是二维仿真,仿真元胞为宽度 11.4 μm、高度 20 μm 的结构单元,如图5.15所示。

表5.8　仿真的实例 VDMOS 器件电参数结果表

参数名称	符号	仿真值	单位	参数名称	符号	仿真值	单位
阈值电压	V_{TH}	0.80	V	栅源电容	C_{GS}	199.18	pF
击穿电压	BV_{DSS}	239.55	V	栅漏电容	C_{GD}	5.45	pF
导通电阻	R_{ON}	305.99	mΩ	漏源电容	C_{DS}	75.02	pF
正向跨导	G_{FS}	9.98	S				

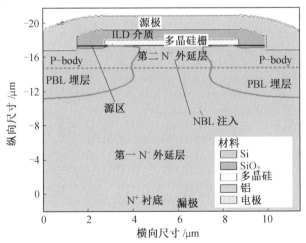

图5.15　实例 VDMOS 元胞的基本仿真结构单元

下面给出了各个参数的仿真结果曲线。

（1）阈值电压与击穿电压。

图 5.16（a）是仿真的实例 VDMOS 器件结构单元的阈值电压曲线，图 5.16（b）是漏源击穿电压仿真结果曲线，其器件的击穿没有出现软角和漏源漏电流大的情况，仿真结构单元的漏源漏电流 I_{DSS} 约 5×10^{-11} A，按面积折算后约为 0.57 μA，漏源击穿为硬击穿，由曲线可以得到 V_{TH} 为 0.8 V、BV_{DSS} 为 239.55 V。

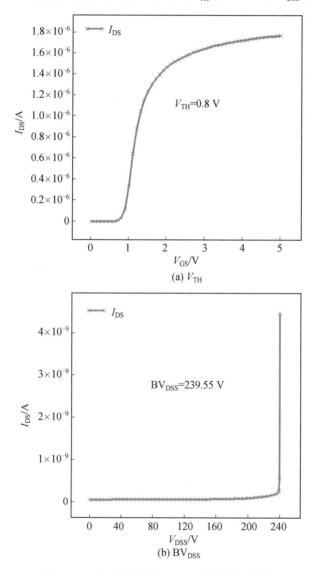

图 5.16　仿真的实例 VDMOS 器件特性曲线

（2）导通电阻与正向跨导。

图 5.17 所示为仿真的实例 VDMOS 器件特性曲线，其中图 5.17（a）是导通电阻，图 5.17（b）是正向跨导，其中导通电阻是仿真 V_{GS} = 12 V、V_{DS} = 2 V 下的值；正向跨导是 V_{DS} = 20 V，对 V_{GS} 由 0 V 到 10 V 进行扫描的最大值。仿真结果是使用元胞单元面积 11.4 μm^2 与有效元胞面积 5.74 mm^2 进行换算后的结果曲线，由曲线可以得到 R_{ON} 为 306.99 mΩ、G_{FS} 为 9.98 S。

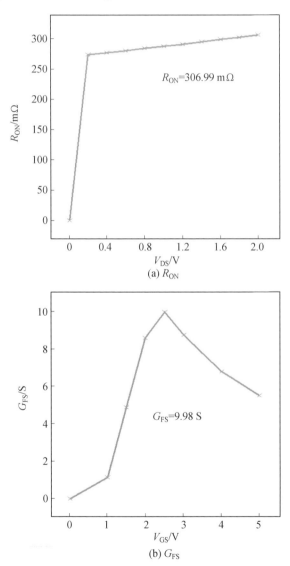

图 5.17 仿真的实例 VDMOS 器件特性曲线

（3）寄生电容（C_{GS}、C_{GD}、C_{DS}）。

图 5.18 所示为在频率 1 MHz 的交流条件下仿真的寄生电容特性曲线，取电压小于 25 V 的数值。图 5.18（a）是 C_{GS} 与源极电压的关系曲线，图 5.18（b）是 C_{GD} 和 C_{DS} 与漏极电压的关系曲线，由曲线可以得到 C_{GS} 为 199.18 pF、C_{DS} 为 9.98 pF。

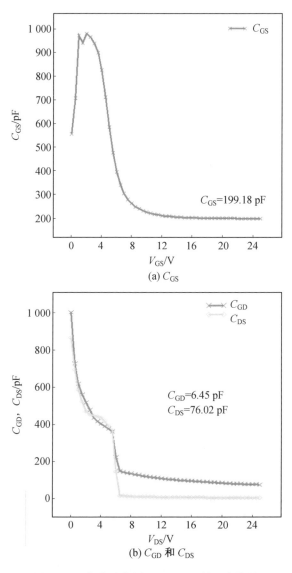

图 5.18　仿真的实例 VDMOS 器件电容特性

（4）终端结构击穿电压。

图 5.19 所示为对设计的终端结构的击穿特性进行仿真的结果曲线,由仿真结果可以看出,终端结构的击穿电压为 232.26 V。

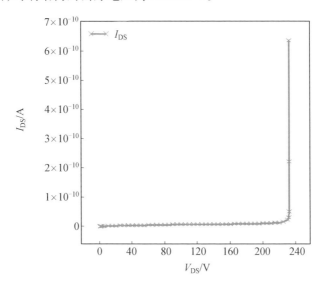

图 5.19　实例 VDMOS 器件终端结构的击穿特性

5.3.2　实例 VDMOS 器件抗辐射能力评估

空间辐射环境用宇航功率 VDMOS 器件,不仅具有电离辐射总剂量的要求,还有抗单粒子辐射的性能要求,因此主要对实例 VDMOS 器件的抗电离辐射总剂量及抗单粒子能力进行评估。

1. 实例 VDMOS 器件的抗电离辐射总剂量评估

在实例 VDMOS 器件的抗电离辐射总剂量评估方面,采用表面电荷(Q_{SS})等效 γ 射线辐射器件在氧化层中产生的氧化层陷阱电荷(N_{ot})的方法进行评估。按照对功率 VDMOS 器件总剂量的评估经验:表面电荷为 1×10^{11}C 时,与 100 krad(Si)γ 射线辐射产生的总剂量辐射效果相当;表面电荷为 3×10^{11}C 时,与 300 krad(Si)γ 射线辐射产生的总剂量辐射效果相当。

表 5.9 是使用表面电荷对元胞结构抗电离辐射总剂量的评估结果,表 5.10 是使用表面电荷对终端结构抗电离辐射总剂量的评估结果。由表 5.9 和表 5.10 的评估结果可以看出:设计的实例 VDMOS 器件在 300 krad(Si) 的电离辐射总剂

量辐射下具有很好的鲁棒性。尽管如此,在电离辐射总剂量达到 300 krad(Si) 时,元胞结构出现了漏源漏电流变大(V_{DS} = 10 V,立即出现约 250 mA 的漏电流) 及击穿软角的情况。

表 5.9　表面电荷与实例 VDMOS 器件元胞电参数的仿真结果表

表面电荷 /C	阈值电压 /V	击穿电压 /V	导通电阻 /mΩ	正向跨导 /S	持续电流 /A	等效总剂量 /krad(Si)
3.0×10^{10}	0.80	239.55	305.99	9.98	43.31	0
1.0×10^{11}	0.71	225.10	305.59	10.96	43.33	100
3.0×10^{11}	0.52	210.00	305.19	15.78	43.30	300

表 5.10　表面电荷与实例 VDMOS 器件终端击穿电压的仿真结果表

表面电荷 /C	击穿电压 /V	等效总剂量 /krad(Si)
3.0×10^{10}	233.26	0
1.0×10^{11}	232.36	100
3.0×10^{11}	225.00	300

2. 实例 VDMOS 器件的抗单粒子辐射评估

由前面的分析可知,单粒子辐射下 SEB 最敏感的区域在器件的沟道区;发生 SEGR 最敏感的区域在器件的 neck 区。在仿真中入射离子的 LET 值设置为 98 MeV·cm²/mg,离子径迹穿透整个外延层,且在整个径迹上 LET 值保持不变。 图 5.20 和图 5.21 分别是当重离子从器件的沟道区入射时常规 VDMOS 器件与实例 VDMOS 器件的 SEB 特性曲线;图 5.22 和图 5.23 分别是当重离子从器件的沟道区入射时常规 VDMOS 器件与实例 VDMOS 器件的 SEGR 特性曲线。由图 5.20 ~5.23 可以看出,提出的实例 VDMOS 器件的抗单粒子辐射能力提高了 178%(安全工作区由 36 V 提升到了 100 V)。

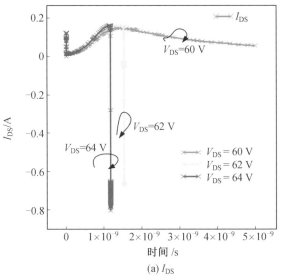

(a) I_{DS}

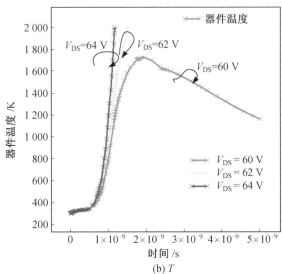

(b) T

图 5.20　仿真的常规 VDMOS 器件 SEB 特性曲线(彩图见附录)

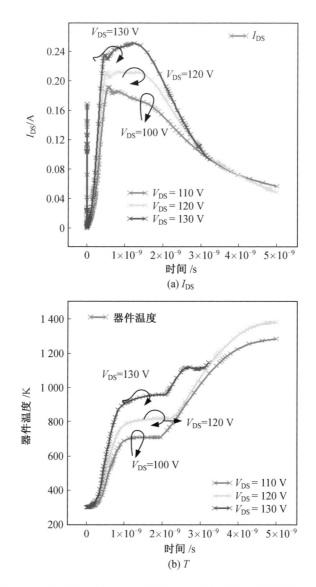

(a) I_{DS}

(b) T

图 5.21　仿真的实例 VDMOS 器件 SEB 特性曲线(彩图见附录)

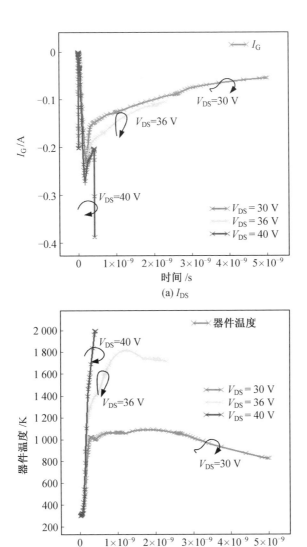

图 5.22　仿真的常规 VDMOS 器件 SEGR 特性曲线(彩图见附录)

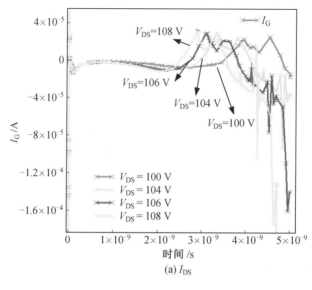

(a) I_{DS}

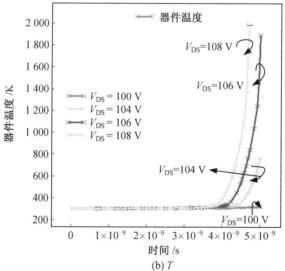

(b) T

图 5.23　仿真的实例 VDMOS 器件 SEGR 特性曲线(彩图见附录)

5.4　实例 VDMOS 器件工艺设计

在实例 VDMOS 器件的工艺设计方面,主要从三个方面进行介绍:整体工艺流程设计、关键工艺模块设计及关键工艺窗口设计。

5.4.1　整体工艺流程设计

在实例 VDMOS 的整流工艺流程设计上,采用"先高温、后低温"的整体设计思路,整体工艺流程如图 5.24 所示。

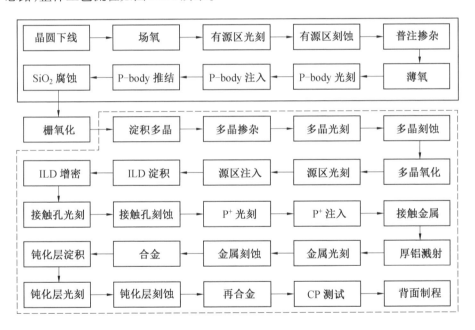

图 5.24　实例 VDMOS 器件的整体工艺流程

(1)"先高温、后低温"。以栅氧化工序为界,把所有高于栅氧生长温度的工序均放在栅氧化之前,从而保证栅氧化层的质量,提升抗电离辐射总剂量能力。

(2)实例 VDMOS 器件的工艺流程与常规功率 VDMOS 器件的工艺流程相比,主要多了两次薄氧(薄氧 1 和薄氧 3)、两次光刻(PBL 光刻和 NBL 光刻)、两次注入(PBL BF_2 注入和 NBL 磷注入)和两次注入退火(PBL 注入后退火和 NBL 注入后退火),从而提高器件的抗单粒子辐射能力。

（3）为防止 BF_2 杂质在 N^- 外延工艺中溢出 PBL 埋层，必须在 N^- 外延前进行退火，实例 VDMOS 器件退火温度为 1 050 ℃。

（4）接触孔刻蚀时可以刻蚀 0.1 ~ 0.3 μm 的硅，使用 P^+ 光刻板（SP）与器件源区接触孔进行套刻，并使用硼（B^{11+}）离子注入提升 P – body 区体内及表面的浓度，特别地，SP 光刻版不能与 CT 光刻版共用，否则在多晶硅内、栅极接触孔处会形成由 P 型掺杂多晶硅与 N 型掺杂多晶硅产生的 PN 结。

5.4.2 关键工艺模块设计

在实例 VDMOS 的制造工艺中，最关键的是 P – body 区的浓度分布和栅氧工艺生长条件。

1. P – body 区杂质浓度分布设计与接触孔刻蚀工艺

PBL 与 P – body 区上下连通后形成一个结深约 6 μm 的深结 P – body 区，需要保证杂质浓度分布的峰值在源区之下。实例 VDMOS 器件的 PBL 使用 BF_2 掺杂，实例 VDMOS 器件与常规 VDMOS 器件的 P – body 注入剂量为 8×10^{13} cm^{-2}、注入能量为 80 keV，其杂质分布如图 5.25 所示。

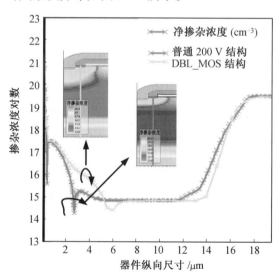

图 5.25　实例 VDMOS 与常规 VDMOS 器件 body 区杂质浓度对比曲线（彩图见附录）

同时，在接触孔上介质刻蚀后，需要刻蚀 0.1 ~ 0.3 μm 的硅，而硅与多晶硅都是硅原子，且重掺杂多晶硅的刻蚀速率比硅的刻蚀速率大，因此接触孔刻蚀需要进行严格控制。图 5.26 所示为体硅刻蚀 0.385 μm 后与多晶硅上接触孔形貌 SEM 照片对比,当体硅刻蚀 0.385 μm 后,元胞区上的多晶硅几乎被刻穿,器件的可靠性存在严重隐患,需要控制接触孔硅的刻蚀深度,或增加多晶硅栅的厚度。

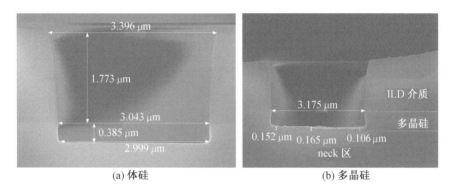

(a) 体硅　　　　　　　　　　　　　　(b) 多晶硅

图 5.26　刻蚀后接触孔形貌的 SEM 照片

2. 栅氧化层生长工艺

氧化层的生长方式有 LPCVD/PECVD 淀积和炉管热氧化,而用作 MOS 器件栅氧的氧化层,不仅要求具有较好的质量,还要求栅氧化层与硅形成的界面具有较少的悬挂键和界面态,因此栅氧化层生长工艺需要包括图 5.27 的处理流程。

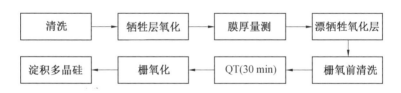

图 5.27　栅氧化层生长的工艺流程

图 5.27 中的牺牲层氧化是用于去掉硅表面因离子注入、高温推结等工艺造成的亚表面硅损伤层,保证栅氧化层的质量及良好的界面态。QT 工步用于设定栅氧化前清洗后的等待时间,必须控制在 30 min 以内。

为了保证栅氧化层的高质量,一般使用干氧的方式,但干氧的氧化速率慢,很难生长几十到上百纳米的栅氧化层,因此设计了低温"干法 + 湿法 + 干法"生长"夹心饼"式栅氧化层的方式,第一步干法氧化生长保证了良好的 Si − SiO₂ 界面,第二步湿法氧化解决了干法氧化不能生长厚氧化层的不足。图 5.28 是栅氧化层生长工艺温度、气体流量控制图。

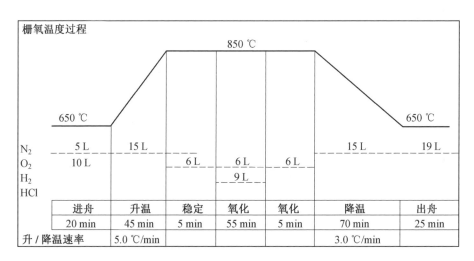

图 5.28　栅氧化层生长条件

5.4.3　关键工艺窗口设计

实例 VDMOS 器件的结构尺寸参数主要通过设计方式进行拉偏,在此不作为重点研究内容,主要研究工艺加工窗口的拉偏。在实例 VDMOS 器件的制造过程中,JFET 区注入剂量、多晶硅栅条宽、P – body 区注入剂量、材料参数等是影响器件性能的几个主要因素。随着半导体制造工艺的发展,光刻工艺已经能够精确控制线条的宽度,而对于同一厂家生产的同一批次生产硅材料,电阻率和外延厚度一致性很好,因此主要对 JFET 区注入剂量和 P – body 区注入剂量进行拉偏设计。表 5.11 是实例 VDMOS 器件的工艺条件分片表。

表 5.11　实例 VDMOS 器件工艺条件分片表

分片条件	1#	2#	3#	4#	5#	6#	7#	8#	9#	10#	11#	12#	13#	14#	15#	16#	17#	18#	19#	20#	21#	22#	23#	24#	25#
JFET 注入: $1.8 \times 10^{12}\ cm^{-2}$,Phos,60 keV	√	√	√	√	√	√																			
JFET 注入: $2.0 \times 10^{12}\ cm^{-2}$,Phos,60 keV							√	√	√	√	√	√													
JFET 注入: $2.2 \times 10^{12}\ cm^{-2}$,Phos,60 keV													√	√	√	√	√	√							
JFET 注入: $2.3 \times 10^{12}\ cm^{-2}$,Phos,60 keV																			√	√	√	√	√	√	√
PWELL 注入: $5 \times 10^{13}\ cm^{-2}$,boron,80 keV,A00	√				√				√				√												
PWELL 注入: $6 \times 10^{13}\ cm^{-2}$,boron,80 keV,A00		√					√				√				√										

续表 5.11

分片条件	1#	2#	3#	4#	5#	6#	7#	8#	9#	10#	11#	12#	13#	14#	15#	16#	17#	18#	19#	20#	21#	22#	23#	24#	25#
PWELL 注入：7×10^{13} cm^{-2},boron,80 keV,A00			√						√					√							√				
PWELL 注入：8×10^{13} cm^{-2},boron,80 keV,A00				√	√					√	√					√	√						√	√	√

5.5　实例 VDMOS 版图设计

针对实例 VDMOS 器件的版图设计主要考虑 3 个方面：一是整体版图布局，二是元胞版图设计；三是终端版图设计，下面分别介绍。

5.5.1　实例 VDMOS 器件整体版图布局

功率 VDMOS 器件是由数以万计的元胞并联组成，最理想的版图布局是每个元胞的电流密度相同、多晶硅栅承受的电压相同，因此功率 VDMOS 器件的版图设计上非常注重对称性设计。实例 VDMOS 器件的整体版图布局如图 5.29 所示，其整体沿栅键合点（栅 PAD）－源键合点（源 PAD）的中心轴线左右完全对称。其主要布局特点如下。

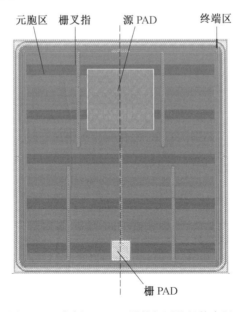

图 5.29　实例 VDMOS 器件版图的整体布局

（1）版图沿中心线完全左右对称。

（2）使用 5 条向元胞区内部延伸的叉指实现栅极互连,减小栅上的串联电阻,从而提高器件的开关速度。

（3）在器件布局的 4 个角采用圆角化处理,以降低电场在 4 个角的集中。

（4）在器件布局的四周最外围设计高掺杂的 N⁺ 环(截止环(Stop Ring)),并用铝线互连,从而平衡器件的电场,并防止芯片表面漏电。

5.5.2 实例 VDMOS 器件元胞版图设计

实例 VDMOS 器件的制造一共包括 10 层掩模版,分别是 BP、AA、PW、BN、GP、SN、CT、SP、M1、PV 共计 10 个光刻层,其中 BP 光刻层用于制作 PBL 埋层掺杂窗口;AA 光刻层用于开器件有源区的刻蚀窗口;PW 光刻层用于开 P - body 区的掺杂窗口;BN 光刻层用于开 NBL 埋层的高能离子注入掺杂窗口;GP 光刻层用于开多晶硅栅的刻蚀窗口;SN 光刻层用于开多晶硅掺杂和源区的自对准掺杂窗口;CT 光刻层用于开接触孔的刻蚀窗口;SP 光刻层用于开 P - body 区和源区接触孔的 P 型杂质掺杂窗口;M1 光刻层用于制作金属互连线刻蚀窗口;PV 光刻层用于开源极和栅极键合区(PAD) 的刻蚀窗口。

图 5.30 ~ 5.39 所示为各个光刻层的整体布局图及关键位置的布局图。其中光刻层 GP 和 M1 是阴版,即 GP 和 M1 的图形区域是实际中开窗口的区域,GP图形所在位置的多晶硅被刻蚀掉,间距区域的多晶硅被保留;M1 图形所在位置的金属层被刻蚀掉,间距区域的金属层被保留。

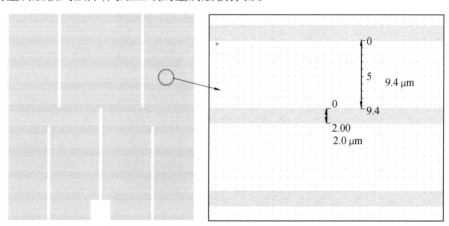

图 5.30　元胞区 BP 光刻层版图布局

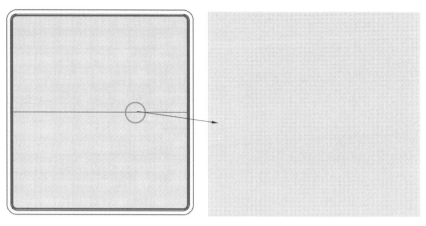

图 5.31　元胞区 AA 光刻层版图布局

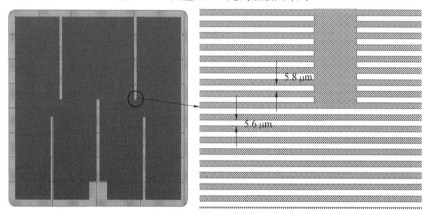

图 5.32　元胞区 PW 光刻层版图布局

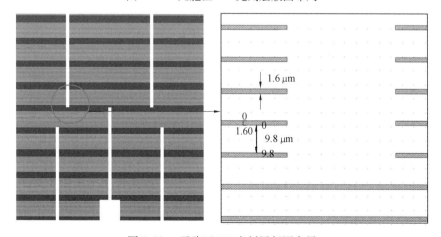

图 5.33　元胞区 BN 光刻层版图布局

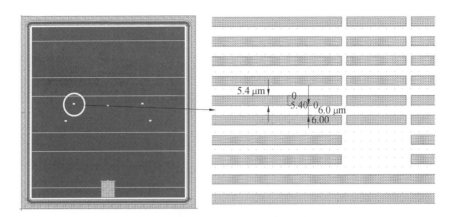

图 5.34　元胞区 GP 光刻层版图布局

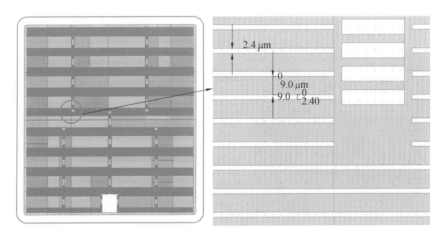

图 5.35　元胞区 SN 光刻层版图布局

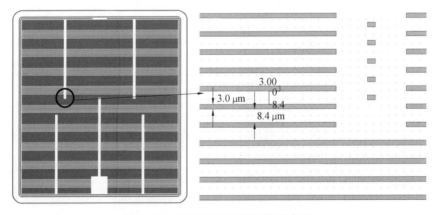

图 5.36　元胞区 CT 光刻层版图布局

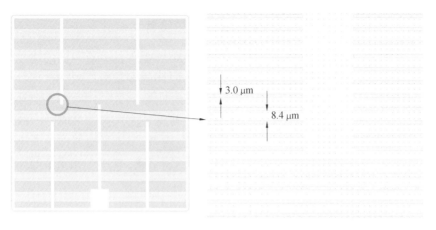

图 5.37　元胞区 SP 光刻层版图布局

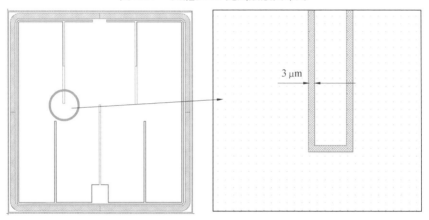

图 5.38　元胞区 M1 光刻层版图布局

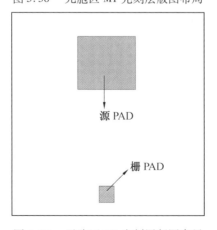

图 5.39　元胞区 PV 光刻层版图布局

5.5.3 实例 VDMOS 器件终端版图设计

实例 VDMOS 器件的终端与常规功率 VDMOS 器件的具有相同的终端结构，因此在有源区光刻和刻蚀时，需要同时开出场限环的掺杂窗口；非窗口区域存在的厚场氧（约 600 nm），可以形成场限环的自对准掺杂窗口；器件最边沿的截止环，在实例 VDMOS 器件源区掺杂时同时使用砷离子注入掺杂形成，并在截止环上开接触孔、溅射金属，形成截止环上的浮空金属条，用于平衡器件整体电场，防止表面漏电。由此可见，终端结构中只有 AA、PW、CT、M1 4 个光刻层的图形，其他光刻层在光刻时，终端部分全部覆盖光刻胶。

AA、PW、CT、M1 4 个光刻层的图形如图 5.40 ~ 5.43 所示。

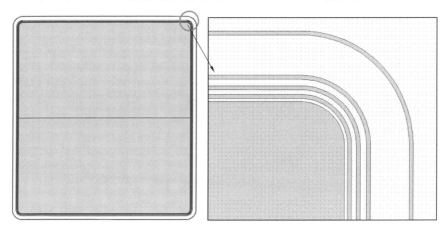

图 5.40　终端区 AA 光刻层版图布局

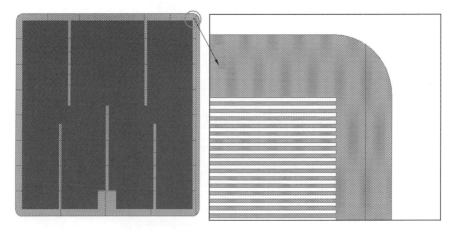

图 5.41　终端区 PW 光刻层版图布局

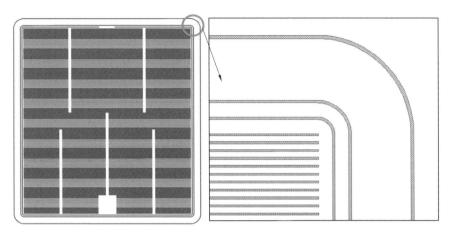

图 5.42　终端区 CT 光刻层版图布局

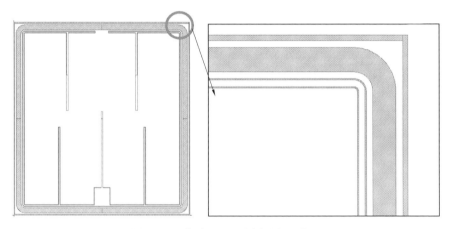

图 5.43　终端区 M1 光刻层版图布局

5.6　实例 VDMOS 器件流片结果与分析

　　使用国内的工艺线,对常规 VDMOS 器件和实例 VDMOS 器件进行了对比流片验证,成功研制了 N 沟道 200 V 的实例 VDMOS 器件样品,并对器件直流与交流参数进行了测试,详细分析了分片条件对器件参数的影响。

　　图 5.44 所示为研制的实例 VDMOS 器件晶圆和芯片的照片,采用多项目晶圆(Multi Project Wafer, MPW) 的方式流片,实例 VDMOS 器件为晶圆中的小芯片,如图 5.44(a) 所示,如图 5.44(b) 为实例 VDMOS 器件的芯片照片。图 5.45 所示为使用 TO – 8A 金属管壳封装后的成品照片。

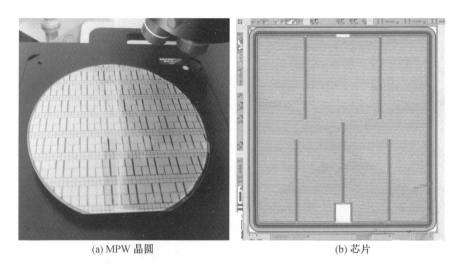

(a) MPW 晶圆　　　　　　　　　　　　　(b) 芯片

图 5.44　实例 VDMOS 器件的晶圆和芯片照片

图 5.45　实例 VDMOS 器件封装后照片

由于分片条件组合太多,结果数据过于复杂,下面将首先介绍 JFET 掺杂条件为 Phos/60 keV/2.3 × 10^{12} cm^{-2}、P − body 掺杂条件为 boron/80 keV/ 8 × 10^{13} cm^{-2} 的晶圆上实例 VDMOS 器件的测试结果,在结果分析时再应用其他条件的测试结果进行对比分析。由分片条件可以看出,使用本项目设计基线条件的晶圆是编号为 23#、24# 和 25# 的 3 片晶圆,其中 24# 和 25# 晶圆在多晶硅刻蚀、CT 刻蚀后用于切片观察刻蚀后图形剖面形貌,最终完成流片的只有 23# 晶圆。

表 5.12 是常规 VDMOS 和 DB_MOS 在完成流片后进行晶圆级电参数测试(Chip Probing,CP)的结果数据。其中,DB_MOS 除 BN 和 BP 光刻层外,其余光刻层与常规 VDMOS 器件共用掩模版;实际工艺流片时,常规 VDMOS 使用 N$^-$ 外延层厚度为 18 μm 的光片外延材料,实例 VDMOS 使用 N$^-$ 外延层厚度为 16 μm 的光片外延材料,实例 VDMOS 器件在完成 PBL 埋层制作后,使用工艺线常压外延炉生长了厚度为 2 μm 的 N$^-$ 外延层。由表 5.12 可以看出,器件的常态直流参数基本满足设计目标要求,尽管阈值电压比预期目标(3.0 ~ 3.3 V)大,但从器件抗 SEB 的角度分析是有利的,因此后续将对其进行单粒子辐照试验。

表 5.12　常规 VDMOS 器件晶圆级测试结果表

参数名称	符号	常规 VDMOS	测试条件	单位
阈值电压	V_{TH}	3.68	$V_{DS} = 2\ V, I_{DS} = 250\ \mu A$	V
击穿电压	BV_{DSS}	224.01	$V_{GS} = 0\ V, I_{DS} = 250\ \mu A$	V
导通电阻	R_{ON}	268.68	$V_{GS} = 12\ V, I_{DS} = 10\ A$	mΩ
漏源漏电流	I_{DSS}	42.50	$V_{GS} = 0\ V, V_{DS} = 160\ \mu A$	nA
栅源漏电流	$+ I_{GSS}$	2.56	$V_{GS} = + 20\ V$	nA
	$- I_{DSS}$	− 2.15	$V_{GS} = − 20\ V$	nA

表 5.13 是 5 只封装后的实例 VDMOS 器件直流参数测试结果表,其中漏源漏电流显示均为 0 μA,是因为 I_{DSS} 太小,测试设备未测出;阈值电压比 CP 测试小,主要有两个方面的原因是 CP 测试时测试 I_{DS} 为 250 μA 下的值,而成品测试是测试 I_{DS} 为 50 μA 下的值;导通电阻封装后比 CP 测试大,主要是因为成品封装中未考虑功率因素,因此源区的键合区只键合了 2 根直径为 100 μm 的硅铝丝;漏源漏电流和栅源漏电流均小于 CP 测试的数值,主要是因为 CP 测试时有日光灯照射,有光电流的叠加,而封装后测试没有光照的影响。

表 5.13　封装后实例 VDMOS 器件直流参数测试结果表

参数名称	阈值电压	击穿电压	导通电阻	漏源漏电流	栅源漏电流	二极管正向
符号	V_{TH}	BV_{DSS}	R_{ON}	I_{DSS}	I_{GSS}	V_F
单位	V	V	mΩ	μA	nA	V
1	3.49	220.00	285.00	0.00	0.29	1.37
2	3.49	220.00	290.70	0.00	0.19	1.34
3	3.53	220.80	278.80	0.00	0.26	1.34
4	3.52	220.70	285.90	0.00	0.17	1.37
5	3.54	221.20	268.00	0.00	0.33	1.30

图 5.46 所示为测试的电容特性曲线,其中输入电容(C_{ISS})为 1 223 pF、输出电容(C_{OSS})为 108 pF、反向传输电容(C_{RSS},也叫密勒电容)为 18 pF。

把实例 VDMOS 器件封装后的测试结果数据与 TCAD 仿真结果进行分析对比,详见表 5.14,其中实测数据与仿真数据偏差中的"−"表示器件参数的实测值比仿真设计值小;阈值电压、栅源电容、栅漏电容的实测值均比仿真设计值异常偏大;而与 PN 结相关的电参数误差均在 10% 以内,因此使用 SILVACO 工具仿真与介质层相关的参数时仅能作为参考。

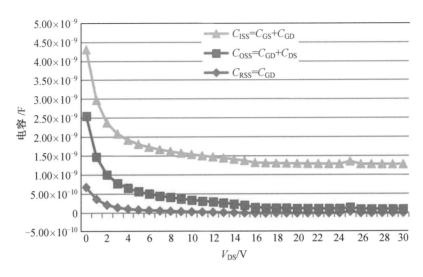

图 5.46　实例 VDMOS 器件的寄生电容测试结果曲线

表 5.14　实例 VDMOS 器件直流参数对比分析表

参数名称	符号	TCAD 仿真	实例 VDMOS	单位	偏差
阈值电压	V_{TH}	0.80	3.51	V	338.75%
击穿电压	BV_{DSS}	239.55	221.00	V	− 7.74%
导通电阻	R_{ON}	305.99	281.88	mΩ	− 8.18%
栅源电容	C_{GS}	199.18	1 205	pF	504.98%
栅漏电容	C_{GD}	5.45	18	pF	179.07%
漏源电容	C_{DS}	75.02	90	pF	18.39%

　　综上所述,实际研制的 N 沟道 200 V 实例 VDMOS 器件电参数基本达到设计要求,可以进一步开展后续的辐射验证试验。

　　在实例 VDMOS 器件的结构设计方面,发现了带多晶硅或金属场板的终端结构在单粒子辐照试验中容易烧毁的现象,且芯片面积大的终端比芯片面积小的终端更容易烧毁,建议单粒子辐射加固的功率 VDMOS 器件尽量采用多场限环(MFLR)的终端结构;同时,为了更好地评估功率 VDMOS 器件内部寄生三极管的特性,发明了一种检测功率 VDMOS 器件寄生三极管特性的器件结构,该器件结构包括一个完全模拟功率 VDMOS 器件沟道区特性的敏感区。

　　在实例 VDMOS 器件的工艺流程设计方面,提出了"先高温、后低温"的工艺流程,并开发了低温"干法 + 湿法 + 干法"生长"夹心饼"式栅氧化层的工艺条件,第一步干法氧化生长保证了良好的 Si – SiO₂ 界面,第二步湿法氧化解决了干法氧化难于生长厚氧化层的不足。

以上研制经验及技术细节可以为从事功率 VDMOS 器件抗辐射加固技术研究的工程技术人员提供技术参考。

本章参考文献

［1］中国国家标准化管理委员会. 掺硼掺磷硅单晶电阻与掺杂剂浓度换算规程：GB/T 13389—2014［S］. 北京：中国标准化研究院，2014：12-31.

［2］CHENG X，SIN J K O，SHEN J，et al. A general design methodology for the optimal multiple-field-limiting-ring structure using device simulator［J］. IEEE Transactions on Electron Devices，2003，50（10）：2273-2279.

［3］陈星弼. 功率 MOSFET 与高压集成电路［M］. 南京：东南大学出版社，1990.

［4］陈星弼. 场限环的简单理论［J］. 电子学报，1988，16（3）：6-9.

第 6 章

宇航 MOSFET 器件的应用及发展趋势

6.1 宇航 MOSFET 器件在电源管理芯片中的设计及典型应用

宇航 MOSFET 能在宇航电子系统中占一席之地,主要还是有较好的开关特性,效率比较高,功率能满足宇航电子系统需求,有很好的热稳定性,尤其是辐射环境下可靠性比其他功率管更可靠一些,比如带电导调制作用的双极型功率器件。宇航 MOSFET 器件在宇航电子系统中主要是提供符合要求的电源功率变换,提供对应电子系统所需的规格的能源供给。

前面几章对宇航 MOSFET 器件抗单粒子辐射加固技术进行了说明,本章介绍其在电源管理芯片中的典型应用。

大功率抗辐照 DC/DC 变换器的技术特点是输入电压高、功率密度大、可靠性要求高,同时,要求具有较高的抗辐照能力。不同线路结构对输入开关 MOSFET 的要求也不同,在满足常态指标外还需满足抗辐照的技术指标。对 MOSFET 而言,BV_{DSS} 耐压越高,导通电阻越大,导通损耗越大,对高压低导通电阻的功率 MOSFET 抗辐照设计越困难。

6.1.1 MOSFET 器件在半桥开关里的应用

半桥变换器的基本拓扑由变压器、两个开关管、两个二极管、输出储能电感和输出电容构成,如图 6.1 所示。其功率开关管上的电压等于输入电压。半桥变换器的优点是能将初级变压器漏感尖峰钳位于直流母线电压,并将漏感储存的能量归还到输入母线,而不消耗到吸收网络的电阻中去。半桥变换器由于采用了防止磁通不平衡的阻断电容,所以没有推挽变换器存在的磁通不平衡的问题。

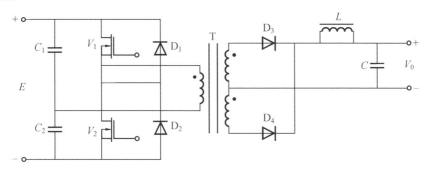

图 6.1　半桥变换器拓扑

为减少损耗,采用同步整流技术,利用同步整流 MOSFET 代替二极管进行整流。功率 MOSFET 的特点是导通电阻低、开关时间短、输入阻抗高,导通电阻最低可到几 mΩ。因此,使用功率 MOSFET 代替常规二极管整流,在大电流的情况下可以大幅度降低整流电路的损耗。若采用多个功率 MOSFET 并联使用,导通电阻还可以进一步降低,压降可以进一步减小。因此,利用开关 MOSFET 导通电阻较小的优点,替代二极管完成整流,可以显著降低整流电路带来的巨大功耗,能较大幅度提高转换器的效率。

根据同步整流 MOSFET 的不同控制方式可以将同步整流器分为两类:外驱动式同步整流器和自驱动式同步整流器。外驱动方式较复杂,需采用外驱动芯片进行控制,可以降低同步整流管死区时间,实现较佳的 MOSFET 驱动,可以降低同步整流 MOSFET 的损耗。大功率系列产品除满足常规电参数外,还需要满足抗辐照指标的要求。若采用外驱动方式,则电路复杂度增加,不利于提高功率密度,同时同步整流的外驱动芯片也要满足抗辐照的要求。

自驱动方式利用变压器次级绕组直接驱动开关 MOSFET,其优点是驱动方式简单,不需要增加半导体控制器件,有利于提高功率密度和不增加额外的抗辐照器件的要求。但简单自驱动同步整流存在一些局限:第一,同步整流管的栅极驱动电压会随输入电压的变化而变化。当输入电压范围为 80 ~ 140 V,则同步整流管的栅极驱动电压会出现两倍左右的变化,为了有效驱动同步整流管,输入电压范围应受到一定限制。因此,在要求输入电压范围非常大的场合,如何保证电路在高输入电压和低输入电压时均有效驱动同步整流管,成为一个难题。第二,实际的同步整流 MOSFET 是一个非理想器件,其开关过程中由于电压电流出现交叉,导致出现开关损耗。随工作频率的升高,开关损耗越来越大,抵消了一部分采用同步整流管带来的好处,同时也加大同步整流管的温升。

图 6.2 和图 6.3 所示为大功率系列单路输出技术方案和大功率系列双路输出技术方案。

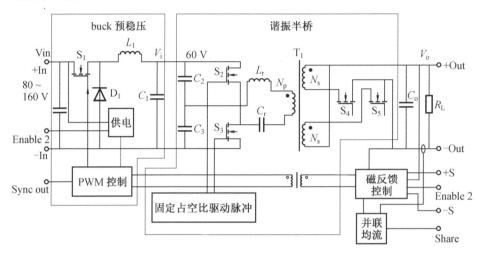

图 6.2　大功率系列单路输出技术方案

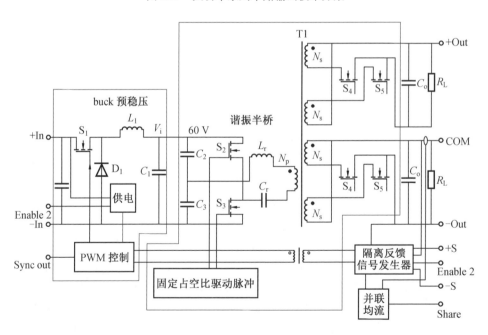

图 6.3　大功率系列双路输出技术方案

双路复合结构相对于传统的半桥结构有如下优点。

(1)谐振半桥处开关管工作脉冲基本固定,占空比接近 50%,转换效率高。

（2）谐振半桥的电流自然谐振到零,开关损耗基本为零,开关频率可以做到非常高。

（3）因为电流自然谐振到零,次级整流部分无反向恢复损耗,损耗大大降低,功率密度大大提高。

（4）因为采用半桥结构,磁芯工作在一三象限,变压器体积大大降低。

（5）前级预稳压较低,半桥开关管可以选择低压的 MOS 管。

（6）因为电流是正弦波形,所以 EMI 噪声非常小。

（7）因为前级电压实现了预稳压,在全电压范围内,同步整流管的驱动电压可以基本保持不变,可以实现最佳的同步整流 MOSFET 驱动电压。

（8）由于次级谐振到零以后才使 MOSFET 导通,导通损耗大大降低。

（9）多路输出时,可以较大地提高输出电压的交叉调整率。

（10）半桥结构的输入端可以利用 Buck 级的 LC 滤波电路,输出端不需要大电流的储能电感。因为,LC 滤波电路和储能电感使用的磁性器件占了整个电路很大部分体积,省略后有利于实现小型化,同时也降低了该器件接入后带来的损耗。

6.1.2　MOSFET 抗总剂量辐射设计

剂量电离辐射与集成电路或器件氧化物介质的辐射诱生电离电荷有关。在功率 MOSFET 器件中,最主要的累积总剂量效应是栅氧化层和场氧化层的正电荷积累。由于在 SiO_2 中电子的迁移率比空穴快得多,当集成电路受到辐射时,电子就被迅速清出氧化层,而留下迁移率较低的空穴与氧化层陷阱结合形成氧化物陷阱正电荷。累积总剂量辐射的另一个效应就是在硅和氧化层界面形成界面态,即离子在硅和氧化层界面被俘获,这种界面态可以是带正电荷也可以是带负电荷,一般与半导体表面费米能级有关,通常本征费米能级上的辐射诱生界面态是受主型界面态,当其处于费米能级下时带负电荷,处于费米能级上是中性不带电荷,这种情况一般对应于 N 型 MOS 器件的情况,也包括 N 型功率 MOSFET;而本征费米能级下的辐射诱生界面态是施主型界面态,当其处于费米能级上时带正电荷,处于费米能级下是中性不带电荷,这种情况一般对应于 P 型 MOS 器件的情况,包括 P 型功率 MOSFET。

功率 MOSFET 栅氧化层的电离辐射会造成阈值电压漂移。无论在 P 沟和 N 沟晶体管中,这种漂移开始朝着负的方向。由于 N 沟管的阈值电压可能会降低到低于最低栅偏压,所以 N 沟管的这种效应比 P 沟管更为严重。一旦出现这种情况,晶体管的所有信号电平处于 ON 状态(耗尽模式),造成过量漏电,常常使器件出现灾难性的失效。

场氧化层的电离在 CMOS 电路中会在 P 阱表面（或者 N 阱的衬底）产生一层反型层。这种反型层会使 P 沟体（V_{dd} 电源接触）与 N 沟源（地）短路,结果出现大的静态漏电。而对于功率 MOSFET,场氧化层的辐射电离表现形式与普通 CMOS 情况不完全相同,除了辐射诱生漏电流,更严重的是场氧化层界面辐射诱生电荷会严重干扰功率 MOSFET 承受耐压的结终端结构电场分布,从而导致击穿严重下降,对高压功率 MOSFET 场氧化层辐射诱生电荷影响更严重,对于高压功率 MOSFET,2×10^{11} cm^{-2} 的界面电荷使得非加固的器件耐压几乎下降一半。

一般情况下由于 N 型功率 MOSFET 界面态的极性是负的,所以它会倾向于抵消 N 沟管栅氧化层正电荷的影响。另外界面态的退火要比氧化层陷阱电荷慢得多,导致 N 管阈值电压最终出现反弹。在极低剂量率下,氧化层电离效应的退火和它的诱生一样快。因此,界面态的形成占主导地位时 N 沟晶体管的阈值电压会上升。对于一般比较低的剂量时,P 型功率 MOSFET 阈值电压绝对值是增加的,N 型功率 MOSFET 阈值电压绝对值是减小的,在很高剂量下,如 1×10^{6} rad(Si),N 型功率 MOSFET 阈值电压可能会出现反弹,即其绝对值由减小变为增加。

另外界面态还会使 N 沟和 P 沟功率 MOSFET 晶体管的跨导系数（K'）下降。界面态通过产生的附加载流子散射而使载流子迁移率下降,从而减小 MOS 器件的跨导。因为界面态退火非常慢,所以跨导系数的衰减是一种半永久性效应。

界面陷阱在 Si/SiO$_2$ 界面的积累会增大表面复合速率。这些陷阱在位于未耗尽的表面上时对于表面电流没有太大贡献,但当它们处于耗尽表面上时就成为有效的复合中心,导致氧化层中俘获的正电荷与界面态相互影响。当氧化层中的正电荷增加时（特别是在 P 型区上面）,表面区就增大,这就造成更多的复合中心出现。最终表现为虽然氧化层电荷和界面陷阱只是随总剂量的增加而亚线性或线性增加,反向电流却随着总剂量的增加而超线性增加。

氧化层电荷和界面陷阱还与加在氧化层中的边缘电场相互作用。氧化层中俘获的正电荷对氧化层中的边缘电场起屏蔽的作用。因此,氧化层正电荷积累,电场发生变化,出现了不同电场条件下的氧化层正电荷积累,而且电场还倾向于在电场方向上集中氧化层正电荷和界面态。换句话说,氧化层电荷和界面态的累积空间分布是不均匀的,这种不均匀反过来对功率 MOSFET 电场分布造成影响从而影响击穿。一般地,P 型功率 MOSFET 总剂量辐射下击穿是增加的,而 N 型功率 MOSFET 是下降的,这在电路总体方案设计中是值得考虑的。

6.1.3 MOSFET 抗单粒子烧毁设计

在功率 MOSFET 抗单粒子烧毁（SEB）上,器件结构主要考虑是增加寄生三极管基区宽度和浓度以降低寄生三极管电流放大系数,增加二次击穿发生的阈值。另外减小功率 MOSFET 的源区面积、增加沟道基区接触面积有助于减小寄生三极管基区电阻,也能够增加二次击穿发生的阈值,更先进的方法是在功率 MOSFET 结构中采用局部埋氧化层等介质层降低单粒子产生的载流子等离子柱密度和改变载流子流向,减小三极管集电极收集载流子面积,增加二次击穿阈值。

功率 MOSFET 器件上沟道区较小的接触电阻和源区适当的负反馈分布式串联电阻能够起到类似于双极电路发射极整流电阻的作用,从而可以比较有效防止二次击穿或者增加二次击穿阈值。这需要在器件结构和制作工艺上进行仔细的权衡和优化,通过反复试验来实现。

功率 MOSFET 的许多瞬态电离辐射机理与单粒子相似,它们都是辐射引起过量载流子电流在耗尽层以及寄生三极管流动导致器件出现失控,不同的是瞬态电离辐射在空间上是影响整个器件,而单粒子一般是器件局部管道状,因此在加固方法上是近似的。

6.1.4　MOSFET 抗单粒子栅穿解决途径

栅氧化层覆盖功率 MOSFET 的沟道的余量是功率 MOSFET 沟道能够连通源漏所必需的,虽然减少余量将略微增加功率 MOSFET 导通时的积累层部分电阻,并且不能根本性地解决栅氧化层因高能单粒子引起的栅介质击穿,但一定程度减少了栅介质暴露于高电压和电场的面积,减少了被击穿的概率,提高了可靠性。

在工艺上需要采用优质栅介质和本征击穿电场或者具有较大 TDDB(栅介质经时击穿)的电荷值的栅介质。因此,在器件结构和工艺处理上功率 MOSFET 抗单粒子栅介质击穿的选择是比较有限的,使得功率 MOSFET 在电路拓扑结构设计和参数选取就比较关键,电路工作时选取较小的栅源反向偏置电压将有利于源电极参与单粒子产生的等离子体电荷的泄放,从而保证功率 MOSFET 更可靠的工作。

下面以两款在抗辐照 DC/DC 变换器中应用的 200 V 和 400 V 耐压的抗辐射加固功率 MOSFET 的设计为例,介绍其技术研究过程。

1. 器件设计

在器件的元胞设计上,200 V 耐压的 MOSFET 器件和 400 V 耐压的 MOSFET 器件设计不同,其中 200 V 耐压的 MOSFET 器件采用 F 元胞设计,该设计的优点是可以保证较小的导通电阻,但是击穿电压会有一定的牺牲;400 V 耐压的

MOSFET 器件采用 T 形元胞设计,主要是由于 400 V 耐压值的 MOSFET 器件,外延层电阻是其导通电阻的主要组成部分,采用 T 形元胞设计可以在相同外延参数的情况下把器件的击穿电压做得更高。

在版图设计之前,使用 TCAD 工具对器件的电参数进行充分的模拟仿真,并根据元胞的电参数确定器件的面积。表 6.1 和表 6.2 分别是 200 V MOSFET 器件元胞和器件电参数的仿真结果;表 6.3 和表 6.4 分别是 400 V MOSFET 器件元胞和器件电参数的仿真结果。

表 6.1 仿真的 200 V 耐压 MOSFET 元胞电参数

POLY 窗口 /μm	POLY 宽度 /μm	POLY 半宽度 /μm	薄片导通电阻 /Ω	比导通电阻 /($\Omega \cdot \mu m^{-2}$)	开启电压 /V	击穿电压 /V	薄片 GS 电容 /pF	薄片 GD 电容 /pF	薄片 DS 电容 /pF
a	b	c	$R_{DS(ON)}$	$R_{DS(ON)1}$	V_{TH}	BV_{DSS}	C_{GS}	C_{GD}	C_{DS}
7	7	3.5	134 650	1 885 100	2.96	250.1	6.45×10^{-16}	2.74×10^{-17}	2.18×10^{-16}
8	8	4.0	108 230	1 731 680	3.01	248.2	8.22×10^{-16}	3.98×10^{-17}	2.41×10^{-16}
9	9	4.5	91 854	1 653 372	2.95	246.2	9.00×10^{-16}	5.71×10^{-17}	2.62×10^{-16}
10	10	5.0	81 000	1 620 000	2.95	246.8	9.13×10^{-16}	6.25×10^{-17}	2.82×10^{-16}
11	11	5.5	73 054	1 607 188	2.96	246.8	1.54×10^{-15}	8.07×10^{-17}	3.02×10^{-16}
12	12	6.0	66 531	1 596 744	2.94	246.3	2.29×10^{-15}	1.06×10^{-16}	3.22×10^{-16}

表 6.2 仿真的 200 V 耐压 MOSFET 器件电参数(器件面积 4 200 μm × 3 200 μm)

POLY 窗口 /μm	POLY 宽度 /μm	POLY 半宽度 /μm	薄片导通电阻 /Ω	导通电阻 /mΩ	开启电压 /V	击穿电压 /V	GS 电容 /pF	GD 电容 /pF	DS 电容 /pF
a	b	c	$R_{DS(ON)}$	$R_{DS(ON)1}$	V_{TH}	BV_{DSS}	C_{GS}	C_{GD}	C_{DS}
7	7	3.5	134 650	140.3	2.96	250.1	619.6	26.3	209.0
8	8	4.0	108 230	128.8	3.01	248.2	690.4	33.5	202.2
9	9	4.5	91 854	123.0	2.95	246.2	672.0	42.6	195.8
10	10	5.0	81 000	120.5	2.95	246.8	613.3	48.8	189.3
11	11	5.5	73 054	119.6	2.96	246.8	940.9	49.3	184.7
12	12	6.0	66 531	118.8	2.94	246.3	1 280.2	59.1	180.5

表 6.3　仿真的 400 V 耐压 MOSFET 元胞电参数

POLY 窗口 /μm	POLY 宽度 /μm	POLY 半宽度 /μm	薄片导通电阻 /Ω	比导通电阻/（Ω·μm^{-2}）	开启电压 /V	击穿电压 /V	薄片 GS 电容 /pF	薄片 GD 电容 /pF	薄片 DS 电容 /pF
a	b	c	$R_{DS(ON)}$	$R_{DS(ON)1}$	V_{TH}	BV_{DSS}	C_{GS}	C_{GD}	C_{DS}
10	10	5.0	426 950	8 539 000	3.19	509.01	1.03×10^{-15}	2.18×10^{-17}	1.80×10^{-16}
11	11	5.5	365 640	8 044 080	2.49	505.10	1.06×10^{-15}	2.88×10^{-17}	1.94×10^{-16}
12	12	6.0	312 600	7 502 400	2.33	502.60	1.16×10^{-15}	3.61×10^{-17}	2.06×10^{-16}
13	13	6.5	292 200	7 597 200	3.16	500.01	1.16×10^{-15}	4.35×10^{-17}	2.19×10^{-16}
14	14	6.0	264 610	7 409 080	3.28	498.85	1.12×10^{-15}	5.18×10^{-17}	2.33×10^{-16}
15	15	6.5	237 020	7 110 600	2.17	496.60	1.34×10^{-15}	6.03×10^{-17}	2.46×10^{-16}

表 6.4　仿真的 400 V 耐压 MOSFET 器件电参数（器件面积 4 200 μm × 3 200 μm）

POLY 窗口 /μm	POLY 宽度 /μm	POLY 半宽度 /μm	薄片导通电阻 /Ω	导通电阻 /mΩ	开启电压 /V	击穿电压 /V	GS 电容 /pF	GD 电容 /pF	DS 电容 /pF
a	b	c	$R_{DS(ON)}$	$R_{DS(ON)1}$	V_{TH}	BV_{DSS}	C_{GS}	C_{GD}	C_{DS}
10	10	5.0	426 950	635.34	3.19	509.01	690.1	14.7	120.8
11	11	5.5	365 640	598.52	2.49	505.10	646.3	16.6	118.2
12	12	6.0	312 600	558.21	2.33	502.60	646.6	20.2	115.4
13	13	6.5	292 200	565.27	3.16	500.01	601.4	22.5	113.1
14	14	6.0	264 610	551.27	3.28	498.85	538.3	24.8	111.7
15	15	6.5	237 020	529.06	2.17	496.60	598.2	26.0	110.0

　　200 V 耐压 MOSFET 器件的元胞结构采用 16 μm × 16 μm 的结构；400 V 耐压 MOSFET 器件的元胞结构采用 26 μm × 26 μm 的结构。按照确定的器件元胞尺寸对高压 MOSFET 器件的元胞进行模拟仿真，图 6.4 所示为仿真的高压 MOSFET 器件的元胞结构图，其中图 6.4（a）是 200 V 耐压的 MOSFET 元胞，图 6.4（b）是 400 V 耐压的 MOSFET 器件元胞。

　　图 6.5 ～ 6.7 所示为仿真的高压 MOSFET 器件的击穿曲线、开启曲线和导通电阻评估值。仿真的 200 V 耐压 MOSFET 器件的击穿电压设计值为 300 V，400 V 耐压 MOSFET 器件的击穿电压设计值为 500 V；仿真的 200 V 耐压 MOSFET 器件的开启电压设计值为 3.1 V，400 V 耐压 MOSFET 器件的开启电压设计值为 3.0 V，均满足设计要求。

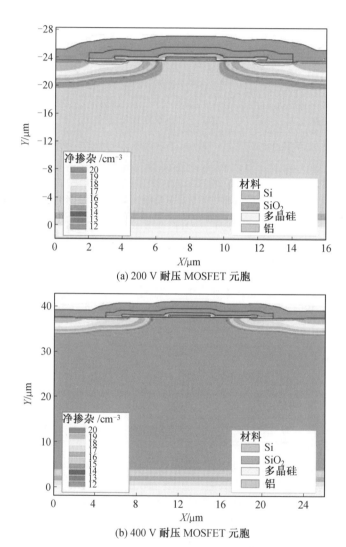

(a) 200 V 耐压 MOSFET 元胞

(b) 400 V 耐压 MOSFET 元胞

图 6.4　仿真的高压 MOSFET 器件的元胞结构图 (彩图见附录)

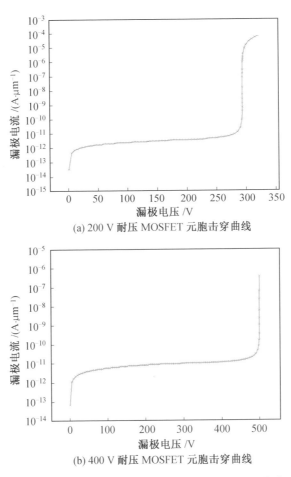

(a) 200 V 耐压 MOSFET 元胞击穿曲线

(b) 400 V 耐压 MOSFET 元胞击穿曲线

图 6.5　仿真的高压 MOSFET 器件元胞的击穿曲线

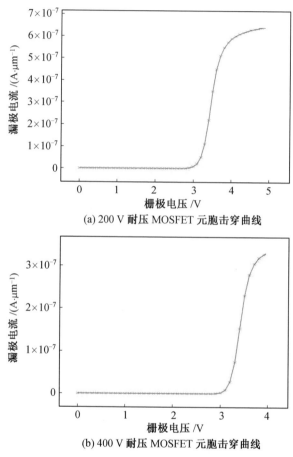

(a) 200 V 耐压 MOSFET 元胞击穿曲线

(b) 400 V 耐压 MOSFET 元胞击穿曲线

图 6.6　仿真的高压 MOSFET 器件元胞的开启曲线

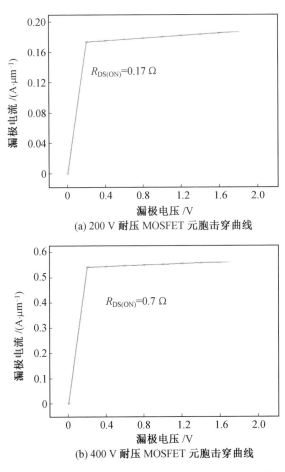

(a) 200 V 耐压 MOSFET 元胞击穿曲线

(b) 400 V 耐压 MOSFET 元胞击穿曲线

图 6.7　仿真的高压 MOSFET 器件元胞的导通电阻

2. 高压 MOSFET 终端设计技术

考虑到设计和工艺加工的便利性,同时考虑到 MOSFET 器件的总剂量辐射加固能力,终端采用场限环设计。图6.8所示为仿真的高压 MOSFET 器件的终端结构图。图6.9是其击穿电压曲线,由图6.9中可以看出,200 V 耐压 MOSFET 器件的终端的击穿电压为 300 V,400 V 耐压 MOSFET 器件的终端的击穿电压为 500 V,可以满足设计要求。

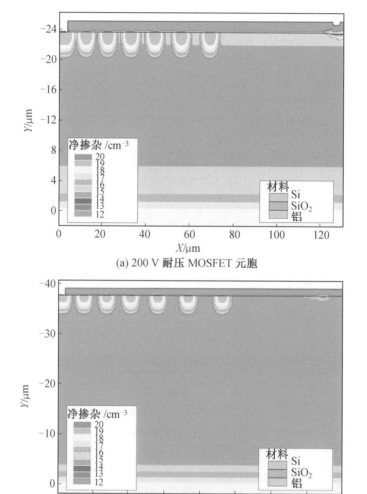

(a) 200 V 耐压 MOSFET 元胞

(b) 400 V 耐压 MOSFET 元胞

图 6.8　仿真的高压 MOSFET 器件的终端结构图(彩图见附录)

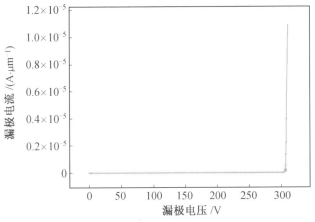

(a) 200 V 耐压 MOSFET 元胞击穿曲线

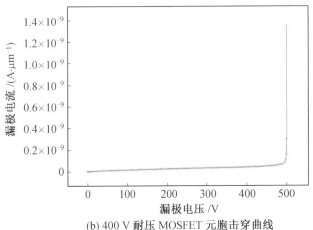

(b) 400 V 耐压 MOSFET 元胞击穿曲线

图 6.9　仿真的高压 MOSFET 器件终端的击穿曲线

3. 高压 MOSFET 抗总剂量辐射加固器件结构设计技术

在高压 MOSFET 器件总剂量辐射加固方面,器件结构上,元胞部分采用薄栅氧的器件结构,终端采用场限环的器件结构。

当器件受到辐照时,器件的表面电荷会急剧增加,仿真时把表面电荷由 9×10^{10} 变化到 1×10^{12},器件的击穿特性曲线如图 6.10 所示,由图 6.10 中可以看出,器件的击穿点还在 300 V 左右,但是从 210 V 开始有漏电,表现为击穿变软,这与辐照过程中总剂量达到 500 krad(Si) 时看到的现象一致;击穿时的电势分布如图 6.11 所示,击穿时的电场分布如图 6.12 所示;图 6.13 是器件 Y 向同一坐标下的电场分布曲线。

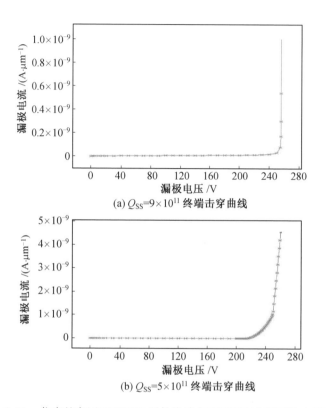

(a) $Q_{SS}=9\times10^{11}$ 终端击穿曲线

(b) $Q_{SS}=5\times10^{11}$ 终端击穿曲线

图 6.10 仿真的高压 MOSFET 器件终端在不同表面电荷下的击穿曲线

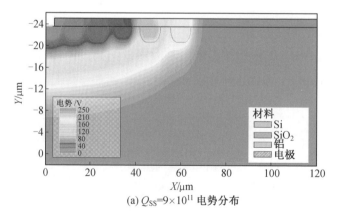

(a) $Q_{SS}=9\times10^{11}$ 电势分布

图 6.11 仿真的高压 MOSFET 器件终端在不同表面电荷下的电势分布(彩图见附录)

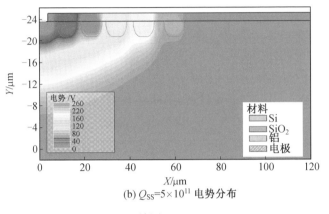

(b) $Q_{SS}=5\times10^{11}$ 电势分布

续图 6.11

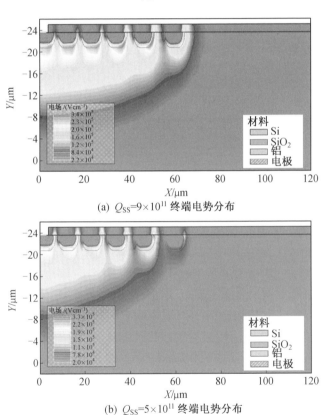

(a) $Q_{SS}=9\times10^{11}$ 终端电势分布

(b) $Q_{SS}=5\times10^{11}$ 终端电势分布

图 6.12　仿真的高压 MOSFET 器件终端在不同表面电荷下的电场分布(彩图见附录)

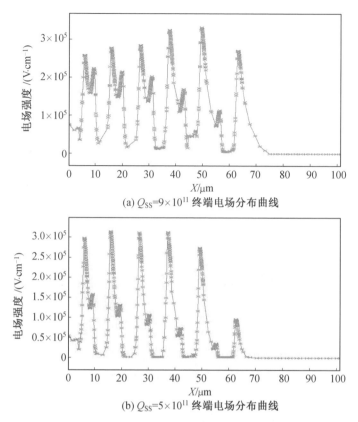

(a) $Q_{SS}=9\times10^{11}$ 终端电场分布曲线

(b) $Q_{SS}=5\times10^{11}$ 终端电场分布曲线

图 6.13　仿真的高压 MOSFET 器件终端在不同表面电荷下的电场分布曲线

4. 高压 MOSFET 总剂量辐射加固工艺整合设计技术

在完全硅栅非自对准基础 MOSFET 工艺之上,采用薄氧加多经过制作 body 区和源区窗口的方式,解决了为弥补光刻套刻偏差而增加层次交叠量,从而导致的寄生电容的增加,使得研制的 MOSFET 产品电容参数与国外同类型产品相当。采用完全硅栅非自对准工艺保证了器件较高的抗总剂量能力。

工艺中采用全正胶投影光刻,POLY 采用干法刻蚀,LCONT 采用干加湿法腐蚀,MET1 采用湿法腐蚀:材料检验 → 零标光刻 → 预栅氧 → POLY 淀积 → PWELL 光刻 → PRING 光刻 → PRING B^{11+}(硼)注入 → PSD 光刻 → PSD B^{11+}(硼)注入 → NSD 光刻 → NSD P^{31+}(磷)注入 → NRING 光刻 → NRING P^{31+}(磷)注入 → LPCVD 淀积 SiO_2 → ACTIVE 光刻 → POLY 淀积 → POLY 掺杂 → POLY 光刻 → LPCVD 淀积 SiO_2 → LCONT 光刻 → 溅射 AlSi → MET1 光刻 → PE 钝化 → TOPSIDE 光刻 → 电参数测试。

5. 高压 MOSFET 器件抗单粒子辐射加固技术

（1）高压 MOSFET 器件抗单粒子栅穿辐射加固技术。

当空间重离子入射 MOSFET 器件，进入 neck 区时，会产生电子空穴对，由于外加偏置电压的作用，空穴向栅氧／硅界面集结，电子向漏端漂移。当在栅氧／硅界面集结的空穴数增加到使得栅氧化层击穿时，SEGR 现象就发生。SEGR 一旦发生，整个 MOSFET 器件就会出现功能线失效。但是栅氧的厚度一方面为了满足开启电压的要求，另一方面为了满足抗总剂量的要求，而不能太厚，所以需要在器件结构上进行优化设计。

由仿真的结果可以看出，本节在研制过程中采用了 neck 区局部厚氧化层的方式，其结构图如图 6.14 和图 6.15 所示，一方面不影响器件的开启电压，另一方面可以有效提高 MOSFET 器件发生 SEGR 的阈值。

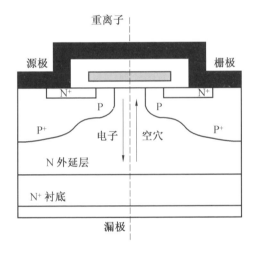

图 6.14　重离子入射 MOSFET 的 SEGR 效应原理图

（2）高压 MOSFET 器件抗单粒子烧毁辐射加固技术。

图 6.16 是功率 MOSFET 的 SEB 效应原理图，其中包含寄生 BJT 结构。功率 MOSFET 的单粒子烧毁效应与 MOSFET 器件结构中寄生的双极晶体管（BJT）状态有密切关系。寄生 BJT 的结构为：发射区（N 源区）、基区（沟道 P 区）、集电区（N 外延层漏区）。高能粒子（重离子）入射到沟道 P 型掺杂区后，产生大量电子 – 空穴对，在扩散作用及沟道 P 区与 N 外延层漏区形成的耗尽区漏斗效应的双重作用下，形成瞬发电流，产生横向电压降。当横向电压达到 0.7 V 时，寄生 BJT 的发射结处于导通正偏置，此时大量电子会从 N 源区进入 P 沟道区，寄生 BJT 导通。如果漏源电压达到寄生 BJT 的击穿电压 BV_{ceo}，寄生 BJT 的集电区将发生雪崩倍增效应，形成正反馈，最终导致 N 外延层与 N 漏极衬底界面热烧毁。

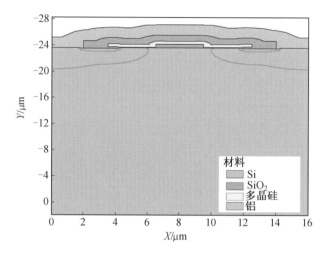

图 6.15　neck 区局部厚场氧 MOSFET 器件结构(彩图见附录)

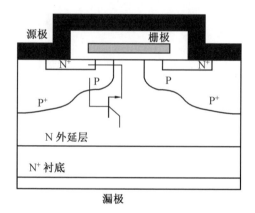

图 6.16　重离子入射 MOSFET 的 SEB 效应原理图

由于 N 沟道 MOSFET 器件固有地存在有寄生的 NPN 晶体管,所以 SEB 现象不能消除,只能采取有效措施提高寄生 NPN 管的激发阈值,使得其在正常工作条件下不被激发,或者在一定的辐照环境下不被激发,能够正常工作。

在本节中,主要通过优化器件版图,即在满足工艺加工能力的前提下,通过版图设计和工艺设计降低寄生 NPN 管的电流增益。主要包括如下三个措施。

(1) 减小寄生 NPN 管的发射极面积,即缩小 N^+ 区。

(2) 降低寄生 NPN 管的基区电阻,即增加 P^+ 区的掺杂浓度。

(3) 增加寄生 NPN 管的基区宽度,即增加 P^+ 推结宽度。

6.2　宇航 MOSFET 器件的发展展望

6.2.1　硅 MOSFET 发展展望

随着摩尔定律接近极限,半导体技术已发展到瓶颈阶段:线宽降低,制造成本增加,性能提升有限,量子效应明显,芯片漏电流变大。目前,半导体技术的发展已进入"后摩尔时代"。图 6.17 所示为全球主要 Fab BCD 集成工艺发展趋势图,100 V 以下的 BCD 工艺应用领域最为广泛,因此也是各大 Fab 的发展重点,朝着更小线宽、更低功耗、更智能化的趋势发展;100 V 以上的 BCD 工艺则根据不同应用领域的需求,不断优化发展,低损耗和高可靠是其追求的目标。

就功率器件的发展而言,自硅晶闸管问世以后,功率半导体器件的研究工作者为达到上述理想目标做出了不懈努力,并已取得了世人瞩目的成就。1952 年,R. N. Hall 研制出第一个功率半导体整流器,其正向电流达 35 A,反向阻断电压达 200 V。4 年后,J. L. Moll 等人又发明了可控硅整流器(即晶闸管,SCR),并于次年 12 月由 GE 公司推出了商品,其工作电流为 25 A,阻断电压为 300 V。早期的大功率变流器,如牵引变流器,几乎都是基于晶闸管的。为了解决 SCR 门极不能关断阳极电流的问题,门极可关断晶闸管(Gate Turn-off Thyristor,GTO)于 1960 年被推出,到了 20 世纪 80 年代中期,4.5 kV 的可关断晶闸管(GTO)得到广泛应用,并成为在接下来的 10 年内大功率变流器的首选器件,一直到绝缘栅双极型晶体管(IGBT)的阻断电压达到 3.3 kV 之后,这个局面才得到改变。

与此同时,对 GTO 技术的进一步改进促进了集成门极换流晶闸管(Intergrated Gate Commutated Thyristor,IGCT)的问世,1997 年瑞士 ABB 公司研发的集成门极换流晶闸管将 GTO 单元、反并联二极管和驱动控制电路集成在一起,形成一种具有低成本、低损耗、高功率密度和高可靠性的新型器件,它显示出比传统 GTO 更加显著的优点。目前的 GTO 开关频率大概为 500 Hz,由于开关性能的提高,IGCT 和大功率 IGBT 的开通和关断损耗都相对较低,因此可以工作在 1 ~ 3 kHz 的开关频率下。至 2005 年,以晶闸管为代表的半控型器件已达到 70 MW/9 000 V 的水平,全控器件也发展到了非常高的水平。当前,硅基电力电子器件的水平基本上稳定在 $10^6 \sim 10^7\,\mathrm{kW \cdot Hz}$，已逼近了由于寄生二极管制约而能达到的硅材料极限，如图 6.18 所示。图 6.19 所示为功率器件应用领域。

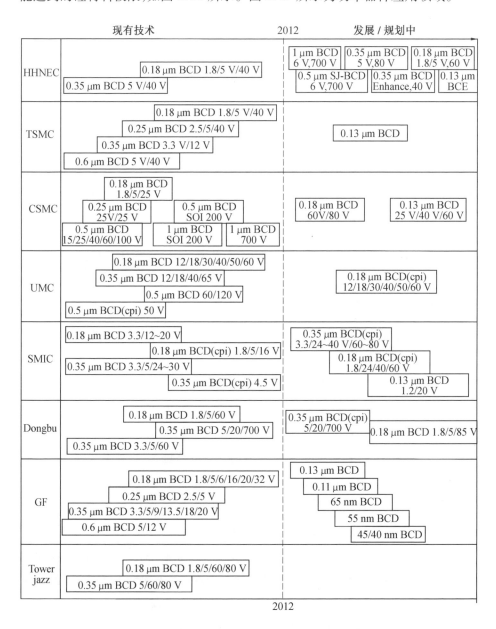

图 6.17　全球主要 Fab BCD 集成工艺发展趋势图

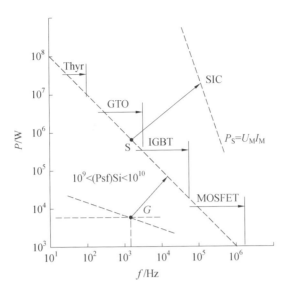

图 6.18　电力电子器件的功率频率乘积和相应半导体材料极限

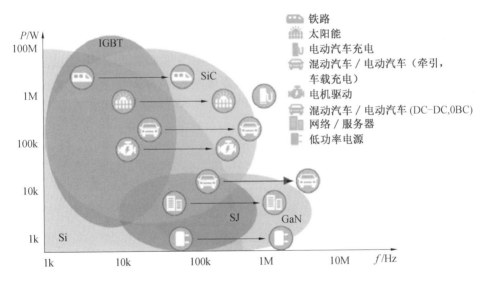

铁路
太阳能
电动汽车充电
混动汽车 / 电动汽车（牵引，
车载充电）
电机驱动
混动汽车 / 电动汽车 (DC–DC,0BC)
网络 / 服务器
低功率电源

图 6.19　功率器件应用领域（彩图见附录）

　　但是 SCR 系列器件的开关速度难以提高，无法满足 10 kHz 以上频率的工作环境。1959 年，美国贝尔实验室开发出 MOSFET，并将其应用于集成电路领域。功率 MOSFET 是一种压控器件，具有初入阻抗高、开关速度快和驱动电路设计简单的特点，结构如图 6.20(a) 所示，更容易实现应用系统的集成化，具有正温度系数，有利于多个器件的并联使用。功率 MOSFET 通过多数载流子导电，其开关速度快,工作频率很高。但随着器件的耐压提高,通态电阻急剧增大,限制了其工作电流,因此难以应用于高压系统。

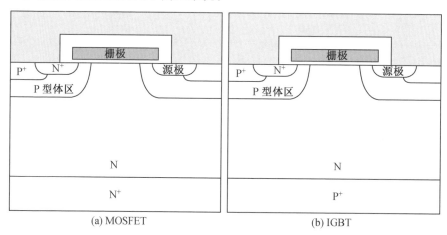

图 6.20　功率 MOSFET 与 IGBT

MOSFET 中比导通电阻 $R_{\mathrm{ON,SP}}$ 与反向击穿电压 BV 都与轻掺杂耐压区的掺杂浓度密切相关,根据公式计算,二者之间有 $R_{\mathrm{ON,SP}} \sim \mathrm{BV}^{2.5}$ 的关系。为了降低 MOSFET 的比导通电阻,MOSFET 的发展分为了两种路线。其一是通过把 MOSFET 与 BJT 技术相结合,于 1983 年被美国 GE 公司和 RCA 公司推出的绝缘栅双极型晶体管(IGBT),并于 1986 年开始形成系列化产品。IGBT 器件的基本结构如图 6.20(b)所示,是在功率 MOSFET 的基础上,将重掺杂漏极的掺杂类型改变,以此在器件开态时加入另一种载流子参与导电,达到降低比导通电阻、增大器件工作电流的目的。IGBT 结合了 MOSFET 的电压控制特性和 BJT 的低压导通特性,具有驱动简单、驱动功率小、输入阻抗大、导通电阻小、开关损耗低、工作频率高等特点。

另一种发展路线则是通过将器件反向阻断时内建电荷场 E_q 的方向从与外加电场 E_p 同向改变成垂直,以此达到降低反向击穿电压 BV 的目的的,超结器件就是这一类器件的代表,功率 MOSFET 与超结 MOSFET 开态与关态电场如图 6.21 所示。超结 MOSFET 是在普通功率 MOSFET 的基础上,将单一掺杂类型的耐压区变为两种掺杂类型并列的结构。通过这种方法,超结 MOSFET 的比导通电阻 $R_{\mathrm{ON,SP}}$ 与反向击穿电压 BV 的关系从 $R_{\mathrm{ON,SP}}$ 正比于 BV 的 2.5 次方降为正比于 BV 的 1.32 次方。因此,在满足相同的反向击穿电压时,超结 MOSFET 的耐压区掺杂浓度更高,比导通电阻也就更小、通态电流更大,因此可应用于更高功率领域。

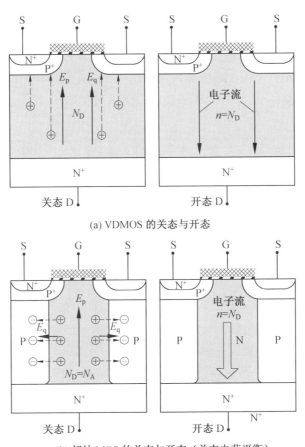

(a) VDMOS 的关态与开态

(b) 超结 MOS 的关态与开态（关态电荷平衡）

图 6.21　功率 MOSFET 与超结 MOSFET 开态与关态电荷状态

6.2.2　SiC MOSFET 发展展望

经过数十年的发展,Si 基功率器件性能已经逼近 Si 材料的极限,业界也将发展目标放在了以 SiC 和 GaN 为代表的第三代半导体 —— 宽禁带(Wide Bangap, WBG)半导体器件上。WBG 材料因其在跃迁能级、饱和漂移速率和导电导热性能方面的优势,在高压、高温、高频和高功率密度等领域具有广阔的应用前景,SiC MOSFET 和 GaN 高电子迁移率晶体管等器件的发明也为电力电子器件的发展带来了新的机遇。

碳化硅(SiC)材料是一种继硅、砷化镓应用之后的第三代宽禁带半导体材料。它的热学、化学稳定性非常高,常压下不熔化,在 2 100 ℃ 的高温下升华分解为碳和硅蒸气。以结晶学的观点,SiC 具有 200 多种同质异晶形态,立方结构的通常称为 β – SiC,六方结构的称为 α – SiC。每种同素异构体的 Si – C 双原子层的堆垛次序不同。最常见的同型异构体是六方密排的 4H、6H - SiC 和立方密排的 3C - SiC,其中数字代表堆垛周期中的双原子层数。图 6.22 所示为这几种常见 SiC 同素异构体的原子堆垛示意图。由于 4H - SiC 具有 1.5 倍于 6H - SiC 的载流子迁移率,而且 6H - SiC 沿 c 轴的迁移率较小,但 4H - SiC 的迁移率却只有很小的各向异性,这使它成为 SiC 各同素异构体中较适合于制造垂直功率器件的材料。

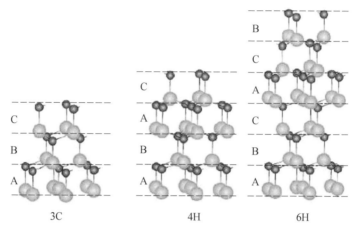

图 6.22　常见 SiC 同素异构体的原子堆垛示意图

SiC 由于其相比较 Si 更为优异的性能而在高压、高效率等应用领域具有极大优势和潜力。各种 SiC 功率器件中,MOSFET 的输入阻抗高、工作频率高、驱动电路相对简单,可以并联多个元胞实现大电流。另外,SiC 的临界击穿电场远高于 Si,使得 SiC MOSFET 比 Si 基功率器件(功率 MOSFET 及 IGBT)具有更低的功耗。因此,SiC MOSFET 在功率因数校正、电动汽车、不间断电源、马达驱动等领域极具应用潜力。但 SiC 衬底和外延材料还不够成熟,高活跃性的碳原子的存在使 SiC 晶圆面临缺陷密度高、成本高和器件良率低等一系列问题。此外,SiC MOSFET 栅极氧化层普遍存在的可靠性问题也是 SiC 半导体功率器件的主要工艺难题之一。

世界上第一款 SiC MOS 器件在 1993 年由 J. W. Palmour 提出,由于当时对 SiC 材料的离子注入工艺研究不充分,所以采用了外延、刻槽等技术来形成 Trench MOS 结构。1997 年,A. K. Agarwal 等人在美国海军研究计划的支持下,研制成功了耐压等级 1 100 V 的 SiC UMOS,其漂移区厚度为 12 μm。1998 年,普渡大学的 J. A. Cooper 等人提出了积累层导电的沟槽型 SiC MOSFET 器件,仅用 10 μm 厚度的漂移层,就使其阻断电压达到 1 400 V,比导通电阻达到 15.7 mΩ·cm²。此种 MOSFET 通过在栅氧化层下预外延一层 N 型掺杂 SiC 薄层,用积累层代替传统的反型层作为沟道,使沟道中有效载流子数量大幅增加,并不再限于材料表层极薄区域,避免了高栅压下的界面散射和高浓度的电离杂质散射,从而提高了沟道载流子有效迁移率,大大降低了器件的导通电阻。但是,由于碳化硅的临界击穿电场强度较高,沟槽型 SiC MOSFET 凹槽顶角处的氧化层电场强度往往很高,如果超过其所能承受的范围(一般此值为 4 MV/cm),将会导致栅氧化层破坏性失效,成为限制其进一步发展的瓶颈。针对以上问题,2002 年,J. A. Cooper 研究小组在槽栅氧化层底部采用 P+ 离子注入,用以减弱槽底顶角处电场集中效应,并引入了 JTE 技术进一步优化器件阻断特性,使器件阻断电压达到 3 kV。之后,2005年,同组研究人员采用了 115 μm 厚度的漂移层,并引入电流扩展缓冲层结构,制成了阻断电压高达 14 kV 的沟槽型 SiC MOSFET 器件。截至目前,对沟槽型 SiC MOSFET 的优化设计与研究仍在进行中,包括使用埋入式 P 体区和超结技术等。目前来看,SiC MOSFET 虽然已开始商用,但其大规模发展还面临以下技术难题。

(1)BV 与 $R_{ON,SP}$ 矛盾关系问题。

优化电场分布,避免电场峰值点提前击穿并使电场谷值提高,提高漂移区浓度等可缓解 BV 与 $R_{ON,SP}$ 的矛盾关系,一些 Si 基功率 MOSFET 中广泛应用的技术已被移植用于 SiC MOSFET 中,比如沟槽技术、降低表面场技术以及超结技术等,大量的新型器件结构陆续被提出。

(2)氧化层内部电场高的问题。

SiC MOSFET 反向阻断状态时,栅氧化层内电场极高,从而严重影响器件可靠性。针对该问题,国际上提出了系列新结构以获得高可靠性的栅氧,栅底部的 P+ 屏蔽层和双槽型(分别为源槽和栅槽)是目前两类主流的结构和技术,各国器件工作者也陆续提出了相关改进结构。

(3)低沟道迁移率问题。

目前提高沟道迁移率的主要措施是开发新的工艺。研究者们开发了多种如 H_2 清洗和 H_2 退火工艺、NO 退火工艺、$POCl_3$ 氧化退火、N_2O 和 NO 氧化退火等栅氧后退火工艺,以及结合在 $SiO_2/4H - SiC$ 界面引入磷原子、硼原子等工艺,获得了较高的迁移率。

(4)体二极管高损耗及双极退化问题。

针对 SiC MOSFET 体二极管高损耗及双极退化问题,应用层面上,电力电子系统一般采用反并联的 Si 基或 SiC 基肖特基二极管作为续流二极管,用以降低死区损耗和提高系统的可靠性。各大公司所提供的系统模块也逐步从 SiC 混合模块发展至全 SiC 模块,大幅降低系统损耗。2011 年,日本松下公司的 Uchida 等人提出"DioMOS"(即 Diode + MOSFET 元胞)概念,研究采用外延工艺的积累型沟道 SiC MOSFET 器件。2015 年,他们对该类器件的可靠性开展了研究,证明该类器件可减小由于常规外接二极管所带来的大的芯片面积,且可减小阈值电压漂移,避免由于反向电流流入体二极管所引起的双极退化现象。2016 年起,出现利用集成 SBD 的方法用以改进反型沟道 SiC MOSFET 第三象限性能的报道,避免外接 SBD 所导致的额外寄生电容、杂散电感等问题。2016 年,美国北卡州立大学的 Sung 和 Baliga 通过工艺整合,使用金属镍同时与 SiC 实现欧姆接触和肖特基接触,将 SiC 二极管和 SiC MOSFET 元胞集成在一起,器件耐压为 900 V 级,芯片面积减少 30%。2017 年,他们又利用类似工艺,优化版图设计,将二极管集成在两个 MOSFET 元胞之间,使电流分布更加均匀,制备了 1 200 V 级的器件。另外,中国中车联合英国 Dynex 公司报道了集成 SBD 的平面分裂栅 SiC MOSFET,表明该器件由于低的栅漏电荷以及避免了外接二极管充放电电流因而开关损耗明显降低。日本富士电机 Yusuke Kobayashi 等研究了 1 200 V 级的 SiC SWITCH - MOS,该结构利用槽侧墙同时实现了 MOS 器件的沟道、SBD 以及埋 P^+ 层,在 5 μm 元胞实现了肖特基二极管的集成,获得了低的导通电阻、低的泄漏电流以及低的开关损耗。2018 年,电子科技大学李轩等提出具有三级保护的肖特基二极管槽型 SiC MOSFET 结构。该结构在两个槽型栅之间集成肖特基二极管,使得器件既能保证阻断时具有较低的泄漏电流,又能保证较低的开启电压,还减少了死区损耗。

另外,SiC 相对于其他宽禁带半导体材料,SiC 作为唯一可以通过热氧氧化生产 SiO_2 的化合物半导体,使得 SiC 制造高可靠性的 SiCFMOS 器件成为可能。但是由于 SiC 材料中 C 元素的存在,氧化过程与氧化机理与传 Si 材料相比,具有很大区别,并且由于宽禁带 SiC/SiO_2 界面处的界面态密度大约是 Si/SiO_2 的 3 倍,严重制约了 SiC MOSFET 器件的发展和性能,高界面态密度严重降低沟道迁移率,目前 SiC 器件仍存在很多需要研究的课题,其中 SiC MOS 器件存在 3 个主要的研究重点和难点。可以看出 SiC MOSFET 器件的栅氧问题仍然是当前 SiC 器件商业化的绊脚石,严重阻碍 SiC MOSFET 器件的产业化进程。SiC/SiO_2 界面问题是栅氧问题研究的重点和难点,亟待解决。目前在 SiC MOSFET 生产研发过程中,期望得到完美的绝缘氧化膜,并且得到稳定和合理范围内较高的阈值电压。

碳化硅功率 MOSFET 与硅功率 MOSFET 的结构基本相同,分为垂直导电和横向导电器件。垂直导电器件一般为平面栅结构的 VDMOS(垂直双扩散 MOS),或 U 形槽栅结构的 Trench MOS(槽栅 MOS)。二者一般均作为分立器件使用,可以充分利用晶圆外延层的纵向厚度来实现高的阻断电压,并且通过多元胞并联实现大电流的导通和关断,也易于与其他功率器件封装组成功能模块。横向导电器件一般为 LDMOS(横向双扩散 MOS),它可以利用 BCD 工艺兼容与 CMOS 共同构成集成电路,但其导电沟道较长,对器件面积利用率不高,且电流表面集中效应明显,导通电阻相对较大,无法达到与纵向器件相比拟的功率水平。基本的 SiC VDMOS 结构如图 6.23 所示,其构造是漏极与源极分别做在晶圆的两面,形成垂直方向的电流通道,再由多个元胞并联实现大电流的导通。另外,P 型体区与 N⁻ 漂移区构成一个反向并联的寄生体二极管,而源区、体区与 N⁻ 漂移区则组成了一个寄生 NPN 型 BJT。寄生体二极管承载了 VDMOS 的纵向耐压,而寄生 BJT 一旦误触发,将使器件失效,甚至发生二次击穿,使 VDMOS 发生不可修复的损伤。因此必须做源区旁的 P⁺ 注入,以减小寄生 BJT 的基区电阻,抑制其误触发。

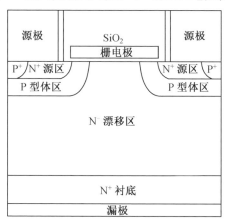

图 6.23　常见 SiC VDMOS 示意图

SiC VDMOS 的工作原理类似于一般的 Si VDMOS,当 VDS 加一定正向偏置后,栅源电压 V_{GS} 大于器件的开启电压 V_{TH} 时,水平沟道表面发生强反型,器件呈导通工作状态;当 V_{GS} 小于 V_{TH} 时,导电沟道消失,器件呈阻断工作状态。为了使器件能够承受较高的漏源电压 VDS,必须在外延生长时降低 N − 漂移区的掺杂浓度,而这势必会导致导通电阻的增大,因此自 VDMOS 诞生以来,如何解决其击穿电压与导通电阻的矛盾并针对其应用场合进行折中设计,一直是广大研究人员们的关注重点。

SiC 的一大研究难点是 SiC/SiO₂ 界面电荷的研究,一般来说,与界面结构相关的电荷主要有 4 种,包括界面陷阱电荷(Q_{it})、氧化层固定电荷(Q_f)、氧化层陷阱电荷(Q_{ox})、可移动电荷(Q_m),如图 6.24 所示。

(1)界面陷阱电荷(Q_{it})。

界面陷阱电荷(Q_{it})主要由结构缺陷、氧化诱导缺陷、金属杂质或辐射及类似的键断裂过程中引起的其他缺陷形成,主要是正、负电荷。界面缺陷位于 SiC/SiO₂ 界面。界面缺陷电荷与固定氧化物电荷或氧化物陷阱电荷有所差异,界面陷阱电荷与其下面的 SiC 层有电学的相互作用。改变表面电势,界面陷阱电荷会有相应的充放电过程。由低温的氨钟化或者含氮的混合气体(H_2/N_2)退火,可中和 Si/SiO₂ 界面陷阱缺陷。但是,对应 SiC 而言,H_2 退火对界面特性改善不大,说明 SiC/SiO₂ 化界面态的起源和 Si 有很大差异。

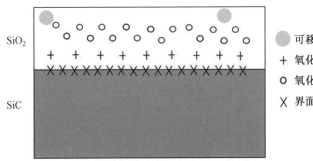

图 6.24　SiC MOSFET 氧化层及界面处电荷分布

（2）氧化层固定电荷（Q_f）。

氧化层固定电荷（Q_f）主要是正电荷，由结构缺陷导致，SiC/SiO$_2$ 中固定氧化物电荷位于界面 2 nm 的范围内。固定氧化物电荷与氧化过程有关，主要依赖于氧化环境、温度、冷却条件和材料的轴向。固定氧化物电荷与氧化物下面的半导体材料不发生电学交互作用。Q_f 与最终的氧化温度有关，随着氧化温度越高，Q_f 越低。氧化后在氮气中退火，也可降低 Q_f。值得注意的是，对 SiC 而言，由于其禁带宽度较宽，深能级界面态俘获电荷后短时间内难以释放出来，其作用和氧化层固定电荷类似。氧化层固定电荷不会对器件阈值电压漂移造成明显的影响。

（3）氧化层陷阱电荷（Q_{ox}）。

氧化层陷阱电荷（Q_{ox}）是由氧化物体内俘获的空穴或电子形成的，它可能是正电荷也可能是负电荷。俘获机制可能是雪崩注入、Fowler-Nordheim 隧穿、离子辐射或其他因素。与固定电荷不同，氧化物陷阱电荷有时可以通过低温退火进行处理，但此时仍可能存在中性陷阱。

（4）可移动离子电荷（Q_m）。

可移动离子电荷（Q_m）主要由离子掺杂导致，如 Na$^+$、Li$^+$、K$^+$ 引起，也可能是 H$^+$ 引起。负离子和重金属离子尽管在低温时是不可动的，但对此电荷可能有贡献。可移动离子电荷一般也不会对器件阈值电压造成明显影响。

因此，总剂量效应对 SiC MOSFET 阈值电压的影响由两个方面引起：氧化层陷阱电荷（Q_{ox}）和 SiC/SiO$_2$ 界面陷阱电荷（Q_{it}）。

由于 SiC 器件在航天、航空、军事以及国民经济领域极为重要的地位，美国、日本、欧洲等国家和地区先后投入巨额资金对 SiC 技术开展研究，特别是美国国防部先后组织、实施了若干有关 SiC 高功率器件和研发项目。国外有众多的大学和公司竞相研究高性能 SiC 高压器件，如剑桥大学、北卡罗来纳州立大学、多伦多大学、科锐、罗姆、东芝、NXP、三菱和英飞凌等都开展了 SiC 高压器件的研究。到 2009 年以前，Cree 公司已推出了 10 A/10 kV、67 A/1 200 V、20 A/1 200 V、10 A/

1 200 V 以及 30 A/3 300 V 等 SiC MOSFET 产品,标志着其进入商业化模式。之后,包括 Mitsubishi、GE 在内的公司开始 SiC MOSFET 在 DC/DC 升压转换、电流传感器等电路系统中开展应用验证试验,证明其在高频应用时仍然有较好的稳定性和较低的开关损耗。

国内 SiC 功率器件领域的研究,主要集中在几所高校(电子科技大学、西安电子科技大学、浙江大学等)和研究所(中国电子科技集团有限公司十三所、株洲南车时代电气股份有限公司电力电子事业部、国家电网电力科学研究院、中国科学院微电子研究所、中国电子科技集团有限公司五十五所等)。硬件方面,北京天科合达蓝光半导体有限公司、山东天岳先进材料科技有限公司、厦门瀚天天成电子科技有限公司等可以提供 4 in SiC 衬底和外延材料。2012 年起,株洲南车时代电气股份有限公司电力电子事业部承担的国家科技重大专项“极大规模集成电路制造装备及成套工艺”项目,建设了国内首条拥有自主知识产权的 SiC 功率器件生产线,实现 SiC 功率器件的产业化生产。2013 年末,山东天岳先进材料科技股份有限公司和株洲南车时代电气股份有限公司联合承担的由国家发改委新材料研发与产业化专项支持的重大项目——“6 in SiC 单晶材料研发与产业化及其在大功率 IGBT 等器件中的应用”,主要研究 SiC 材料在大功率 IGBT 等器件中的应用。随着 SiC 产业的不断投入和基础设备的完善,我国 SiC 功率器件的研究与应用有望得到快速发展。在 2016 ~ 2017 年 2 年时间里,我国以中央为主导,联合各地方政府集中出台了近 30 个第三代半导体材料相关政策,并分 2 批部署了 11 个研究方向。2018 年,则转由地方政府为主导,对第三代半导体材料的发展进行具体推动及落实。在应用端,我国半导体照明产业是全球最大的半导体照明产品生产和出口地,成为我国第三代半导体材料成功产业化的第一个突破口。

以大基金入股三安光电／士兰微、安世半导体本土化为标志,目前我国已开始围绕长三角、珠三角、环渤海经济圈及闽赣地区开展第三代半导体产业布局,其中珠三角地区是我国 LED 封装企业最集中、封装产业规模最大的地区,企业数量约占全国一半。

高频、高效率、高耐压使 GaN 器件在很多领域有广泛的潜在应用。GaN 横向器件目前的电压范围都在 650 V 以下。在 0 ~ 650 V 这个电压等级领域,Si 基功率器件仍具备很强的竞争力,无论从行业接受度、系统成熟度、外围器件配套、器件和系统成本角度,GaN 目前还很难与 Si 器件开展直接竞争。

现阶段,GaN 切入市场的方式通常在能够充分发挥 GaN 器件性能优势而 Si 器件性能达不到的领域,或者是性能带来的额外价值能够被客户所接受的一些领域逐渐展开。截至 2018 年中,GaN 的应用产业规模还比较小。相较于传统的 Si MOSFET,GaN 开关器件,在理论上有至少 10 倍于 Si 器件的开关速度,在一些高频领域具备很好的性能优势。第三代半导体芯片可以消除整流器在进行交直流转换时 90% 的能量损失,还可以使笔记本电源适配器体积缩小 80%。与硅基超结 MOSFET 器件相比,GaN 器件在硬开关状态下的优势并不明显,但是,其在软开关状态下的性能得到了明显改善。究其原因在于 GaN 器件的开关延时很短,导通损耗和开关损耗低,工作频率高。主要在低压(0 ～ 400 V)、高频应用,以及一些要求高效率或者小型化的领域具备优势,如 ITC 电源、笔记本电脑适配器,以及高频应用,如激光雷达驱动、高频无线充电、包络跟踪等。

在 SiC 的超结研究方面,国外罗格斯大学的 Liangchun Yu 对 SiC 超结 VDMOS 进行了仿真,结果表明 SiC 超结 MOSFET 的性能会打破 SiC 的理论极限,还分析了结构参数对器件耐压和导通电阻的影响。她进一步为 4H - SiC 超结器件的预测击穿电压及导通电阻提出分析模型,采用大量不同的器件参数通过大量的数值仿真证明了模型的有效性,对于不同维度和接杂浓度的超结结构能够准确地预测击穿电压和导通电阻。Zhongda Li 完成了 5 ～ 20 kV SiC 垂直超结结构的设计、仿真和优化,使用超结 PN 二极管对超结空间电荷进行了优化,并在击穿电压和导通电阻两者间获得了最好的折中。在国内一些文献也对 SiC 超结 VDMOS 进行了研究。西安电子科技大学的科研人员研究了 SiC 超结 VDMOS 的制备方法。目前国内外对于 SiC 超结 VDMOS 的研究还很少,处于起步阶段,而这方面的研究对于提升 SiC VDMOS 的性能十分必要。

在 SiC MOSFET 单粒子研究方面,1986 年,A. E. Waskiewice 等人就已对 Si 基功率 MOSFET 的单粒子烧毁效应进行了相关报道。经过近四十年的发展,对于 Si 基功率 MOSFET 单粒子烧毁效应触发机理与加固的研究已较为成熟,相关理论与加固方案已公开发表并投入航空航天应用当中。近年来,科研人员开始关注发生在 SiC 基功率器件中的单粒子效应,最主要的就是单粒子烧毁效应。F. Moscatelli 等人研究了由基于 SiC PN 结二极管构成的电离粒子探测器在高中子辐照后的抗辐射加固表现。2014 年,Mizuta 等人研究了 SiC 功率 MOSFET 中由重离子和质子入射所造成的损伤,发现 SiC MOSFET 与 Si MOSFET 在重离子辐照后所得到的电荷图谱近似,表明在 Si 功率 MOSFET 中起作用的抗单粒子烧毁加固的理论,在一定程度上同样可以提升 SiC 功率 MOSFET 的抗单粒子烧毁能力。Shoji 等人通过中子仿真和试验研究了 SiC MOSFET 中单粒子烧毁的处罚机理,说明其单粒子烧毁机制不仅与器件内部的寄生 NPN 三极管有关,还与峰值电场的转移等增有关。2018 年,Aktruk 等人也通过中子试验对 SiC MOSFET 做了研究,并认为碰撞电离在 SiC MOSFET 的单粒子烧毁起了决定性作用,可通过抑制内部碰撞电离等方式提升抗单粒子烧毁能力。同时,Witulski 发现当单粒子 LET 值大于 10 MeV·cm^2/mg 时,单粒子烧毁电压几乎为最大工作电压的一半。

张林、张义门等人研究了 SiC MESFET 和 SBD 在中子辐射下的电学特性,并得出 SiC MESFET 和 SBD 有源区采用高掺杂浓度可有效提高器件的抗中子辐照能力。杭州电子科技大学提出了采用低载流子寿命控制的方法可以在不降低 SiC 肖特基二极管基础电学特性的基础上通过降低器件内部高电场与碰撞电离的方法显著提升器件的抗单粒子烧毁能力。

虽然关于 SiC MOSFET 单粒子效应的研究已尽数开展,但整体仍处于起步阶段,且在实际应用中还处于空白阶段。

同样为第三代半导体器件的 GaN,目前主要应用于 650 V 电压等级以下,其特殊的异质结结构和二维电子气可以产生极高的电子迁移率,可以达到极高的开关频率,在频率需求较高的射频和蓝光 LED 等领域得到了深入研究和应用。此外,GaN 器件在 5G 通信、不间断电源、快速充电等领域也得到了广泛关注于应用。目前,主流的 GaN 工艺是在 Si 衬底上生长 GaN 材料,因此可以与 Si 工艺平台兼容,大大降低了研产成本。GaN 主流器件为 HEMT 形式,MOSFET 的研究还较少,关于单粒子方面的研究更是处于空白。

此外,以 AlN、Ga_2O_3 和金刚石为代表的禁带宽度超过 4 eV 的超宽禁带半导体材料也进入了人们的视野,但目前这些超宽禁带材料的生产工艺太过复杂、成本过高,其市场规模受到了很大限制,仅应用于超高压和高敏传感器等特殊领域,对于单粒子等效应的研究就更需时间积累。

在数十年的发展历程中,功率半导体器件不断地向高功率、高频率这两个方向发展,但二者的提升方式却存在矛盾冲突,BJT、MOSFET、IGBT、超结器件等的发明都是解决二者矛盾的不断尝试。未来,电力电子技术的不断发展必然对功率器件的工作功率与频率提出更高的要求,宽禁带半导体器件等新兴功率器件的广阔市场前景也将吸引业界更多的研究热情。同时,随着我国航空航天事业的飞速发展,大量 SiC MOSFET 器件需要工作在空间辐射环境中,且面临着严重的辐射效应如单粒子烧毁效应的考验,因此其对单粒子效应等辐照方向的研究也必然成为热点。

本章参考文献

[1] 孙伟锋,张波,肖胜安, 等. 功率半导体器件与功率集成技术的发展现状及展望[J]. 中国科学:信息科学,2017, 42 (12): 1616-1630.

[2] 许泓,任荣杰. 碳化硅器件在节能减排领域的应用展望[J]. 中国能源,2018, (40)8: 43-46.

[3] JSHENOY J N, COOPER J A, MELLOCH M R, High-voltage double-implanted power MOSFET's in 6H-SiC[J]. IEEE Electron Device Letters, 1997, 18(3): 93-95.

［4］ UCHIDA K, SAITOU Y, HIYOSHI T, et al. The optimised design and characterization of 1 200 V/2.0 m · cm² 4H-SiC V-groove trench MOSFETs. Proceedings of the 27th International Symposium on Power Semiconductor Devices & ICs (ISPSD)［C］. Hong Kong：IEEE, 2015：85-88.

［5］ SONG Q, YANG S, TANG G, et al. 4H-SiC trench MOSFET with L-shaped gate［J］. IEEE Electron Device letters, 2016, 37（4）：463-466.

［6］ SONG Q, TANG X, ZHANG Y, et al. Investigation of SiC trench MOSFET with floating islands［J］. IET Power Electronics, 2016, 9（13）：2492-2499.

［7］ BHARTI D, ISLAM A. Optimization of SiC UMOSFET structure for improvement of breakdown voltage and ON-resistance［J］. IEEE Transactions on Electron Devices, 2018, 65（2）：615-621.

［8］ YU L, SHENG K. Modeling and optimal device design for 4H-SiC super-junction devices［J］. IEEE Transactions on Electron Devices, 2017, 55（8）：1961-1969.

［9］ ZHONG X, WANG B, SHENG K. Design and experimental demonstration of 1.35 kV SiC superjunction Schottky diode. Proceedings of the 28th International Symposium on Power Semiconductor Devices & ICs (ISPSD)［C］. Prague：IEEE, 2016：231-234.

［10］ NI W, WANG X, XU M, et al. Study of asymmetric cell structure tilt implanted 4H-SiC trench MOSFET［J］. IEEE Electron Device Letters, 2019, 40（5）：698-701.

［11］ WANG Y, TIAN K, HAO Y, et al. 4H-SiC step trench gate power metal-oxide-semiconductor field-effect transistor［J］. IEEE Electron Device Letters, 2016, 37（5）：633-635.

［12］ JIANG H, WEI J, DAI X, et al. SiC trench MOSFET with shielded fin-shaped gate to reduce oxide field and switching loss［J］. IEEE Electron Device Letters, 2016, 37（10）：1324-1326.

［13］ ZHANG M, WEI J, JIANG H, et al. A new SiC trench MOSFET structure with protruded p-base for low oxide field and enhanced switching performance［J］. IEEE Transactions on Device and Materials Reliability, 2017, 17（2）：432-436.

［14］ WEI J, ZHANG M, JIANG H, et al. Dynamic degradation in SiC trench MOSFET with a floating p-shield revealed with numerical simulations［J］. IEEE Transactions on Electron Devices, 2017, 64（6）：2592-2598.

［15］ ZHOU X, YUE R, ZHANG J, et al. 4H-SiC trench MOSFET with floating/grounded junction barrier-controlled gate structure[J]. IEEE Transactions on Electron Devices, 2017, 64(11): 4568-4574.

[16] YANG X, LEE B, MISRA V. High mobility 4H-SiC lateral MOSFETs using lanthanum silicate and atomic layer deposited SiO_2[J]. IEEE Electron Device Letters, 2015, 36(4): 312-314.

[17] CABELLO M, SOLER V, MONTSERRAT J, et al. High channel mobility in 4H-SiC N-MOSFET using N_2O oxidation combined with boron diffusion treatment. Spanish conference on electron devices (CDE)[C]. Barcelona: IEEE, 2017: 1-4.

[18] FEI C, BAI S, WANG Q, et al. Influences of pre-oxidation nitrogen implantation and post-oxidation annealing on channel mobility of 4H-SiC MOSFETs[J]. Journal of Crystal Growth, 2020, 531(1): 125338.

[19] WASKIEWICZ A E, GRONINGER J W, STRAHAN V H, et al. Burnout of power MOS transistors with heavy ions of californium-252[J]. IEEE Transactions on Nuclear Science, 1986, 33(6):1710-1713.

[20] MOSCATELLI F, SCORZONI A, POGGI A, et al. Radiation hardness after very high neutron irradiation of minimum ionizing particle detectors based on 4H-SiC p/sup + /n junctions[J]. IEEE Transactions on Nuclear Science, 2006, 53(3): 1557-1563.

[21] SHOJI T, NISHIDA S, HAMADA K, et al. Analysis of neutron-induced single-event burnout in SiC power MOSFETs[J]. Microelectronics Reliability, 2015, 55(9-10): 1517-1521.

[22] WITULSKI A F, BALL D R, GALLOWAY K F, et al. Single-event burnout mechanisms in SiC power MOSFETs[J]. IEEE Transactions on Nuclear Science, 2018, 65(8): 1951-1955.

[23] ZHANG L, ZHANG Y, ZHANG Y, et al. Neutron radiation effect on 4H-SiC MESFETs and SBDs[J]. Journal of Semiconductors, 2010, 31(11): 114006.

[24] YU C H, WANG Y, LI X J, et al. Research of single-event burnout in 4H-SiC JBS diode by low carrier lifetime control[J]. IEEE Transactions on Electron Devices, 2018, 65(12): 5434-5439.

[25] PALMOUR J W, EDMONG J A, KONG H S, et al. Vertical power devices in silicon carbide. Proceedings of the 5th International Conference on Silicon Carbide and Related Materials (ICSCBM'05)[C]. Washington, D. C.: Springer, 1993: 499-502.

[26] AGARWAL A K, CASADY J B, ROWLAND L B, et al. 1.1 kV 4H-SiC power UMOSFETs[J]. IEEE Electr. Device L., 1997, 18(12): 586-588.

[27] TAN J, COOPER J A, MELLOCH M R. High-voltage accumulation-layer UMOSFETs in 4H-SiC[J]. IEEE Electr. Device L., 1998, 19(12): 487-489.

[28] LI Y, COOPER J A, CAPANO M A. High-voltage (3kV) UMOSFETs in 4H-SiC[J]. IEEE T. Electron Dev., 2002, 49(6): 972-975.

[29] SUI Y, TSUJI T, COOPER J A. On-state characteristics of SiC power UMOSFETs on 115 μm drift Layers[J]. IEEE Electr. Device L., 2005, 26(4): 255-256.

[30] HARADA S, KATO M, KOJIMA T, et al. Determination of optimum structure of 4H-SiC trench MOSFET. Proceedings of the 24th International Symposium on Power Semiconductor Devices & IC's (ISPSD'12)[C]. Bruges: IEEE, 2012: 253-256.

[31] KOBAYASHI Y, OHSE N, MORIMOTO T et al. Body PiN diode inactivation with low on-resistance achieved by a 1.2 kV-class 4H-SiC SWITCH-MOS. International Electron Devices Meeting (IEDM)[C]. 2017: 211-214.

[32] LI X, TONG X, HUANG A Q, et al., SiC trench MOSFET with integrated MOSFET self-assembled three-level protection schottky barrier diode[J]. IEEE Transactions on Electron Devices, 2018, 65(1): 347-351.

[33] YUN N, LYNCH J, SUNG W. Area efficient, 600 V 4H-SiC JBS diode integrated MOSFETs (JBSFETs) for power converter applications[J]. IEEE Journal of Emerging and Selected Topics in Power Electronics, 2020, 8(1): 16-23.

[34] ZHOU X, PANG H, JIA Y, et al. SiC double-trench MOSFETs with embedded MOS-channel diode[J]. IEEE Transactions on Electron Devices, 2020, 67(2): 582-587.

[35] WANGY, MA Y, HAO Y, et al. Simulation study of 4H-SiC UMOSFET structure with p + -poly Si/SiC shielded region[J]. IEEE Transactions on Electron Devices, 2017, 64(9): 3719-3724.

[36] LI Q, YUAN L, ZHANG F, et al. Novel SiC/Si heterojunction LDMOS with electric field modulation effect by reversed L-shaped field plate[J]. Results in Physics, 2020, 16(3): 102837.

[37] DUAN B, LV J, ZHAO Y, et al. SiC/Si heterojunction VDMOS breaking

silicon limit by breakdown point transfer technology[J]. Micro & Nano Letters, 2018, 13(1): 96-99.

[38] DUAN B, HANG Y,XING J, et al. Si/SiC heterojunction lateral double-diffused metal oxide semiconductor field effect transistor with breakdown point transfer (BPT) terminal technology[J]. Micro & Nano Letters, 2019, 14(10): 1092-1095.

[39] AN J, HU S. SiC trench MOSFET with heterojunction diode for low switching loss and high short-circuit capability[J]. IET Power Electronics, 2019, 12(8):1981-1985.

[40] 赵婉雨. 聚焦产业关键技术,把握第三代半导体发展机遇——第三代半导体材料产业技术分析报告[J]. 高科技与产业化, 2019,5(276): 28-40.

[41] 卢胜利,熊才伟,漆岳. SiC 器件在雷达电源中的应用[J]. 现代雷达, 2019, 12 (41): 75-79.

名 词 索 引

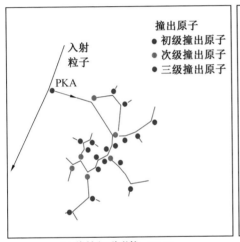

撞出原子
● 初级撞出原子
● 次级撞出原子
● 三级撞出原子

入射
粒子

PKA

(a) 线性级联碰撞, 0.1 ps

撞出原子
● 初级撞出原子
● 次级撞出原子
● 三级撞出原子
● 四级撞出原子
● 热峰原子

PKA

(b) 热峰阶段, 1 ~ 10 ps

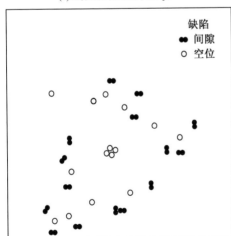

缺陷
●● 间隙
○ 空位

(c) 残余间隙原子及空位, 100 ps

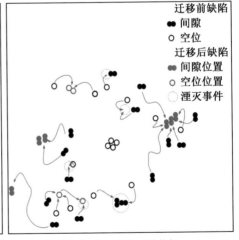

迁移前缺陷
●● 间隙
○ 空位
迁移后缺陷
●● 间隙位置
○ 空位位置
⌾ 湮灭事件

(d) 缺陷迁移, 100 ps 至数年

图 1.9

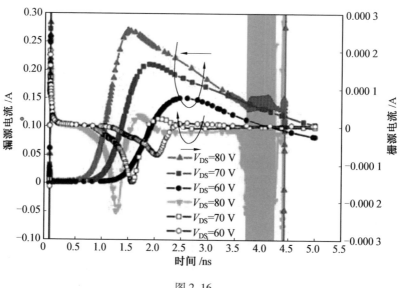

图 2.16

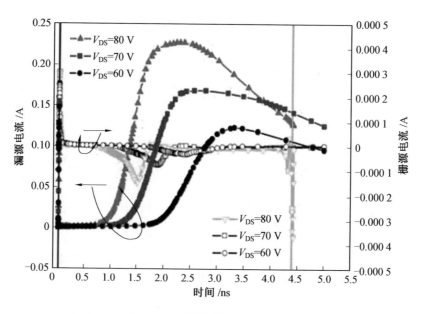

图 2.17

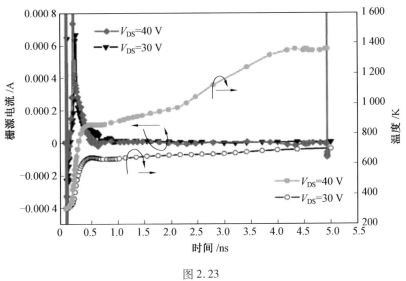

图 2.23

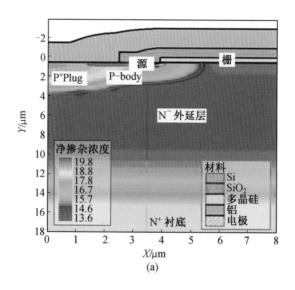

(a)

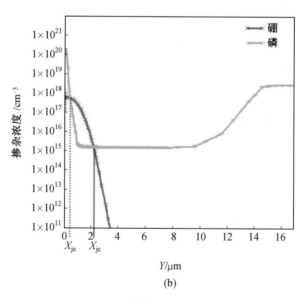

(b)

图 2.35

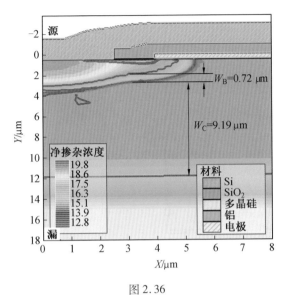

图 2.36

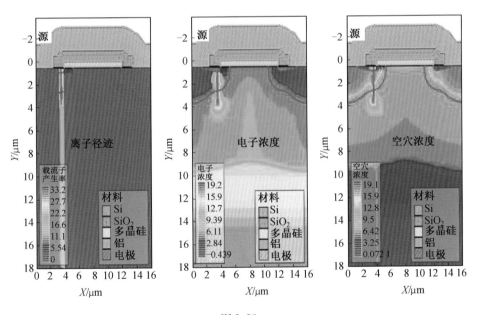

图 2.38

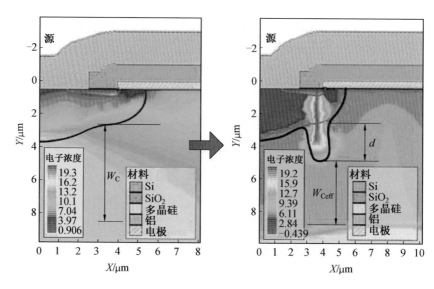

图 2.39

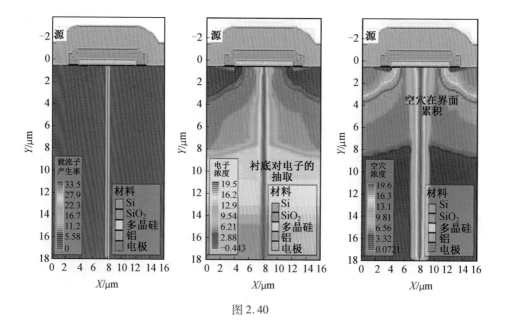

图 2.40

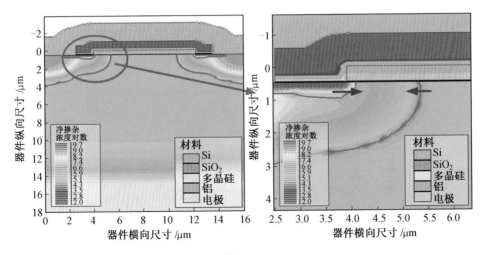

图 3.15

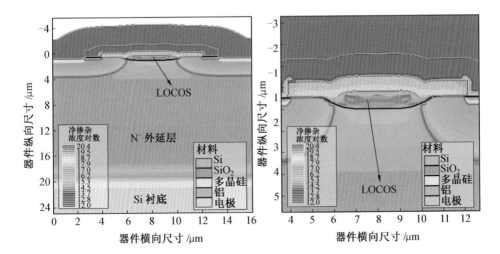

图 3.16

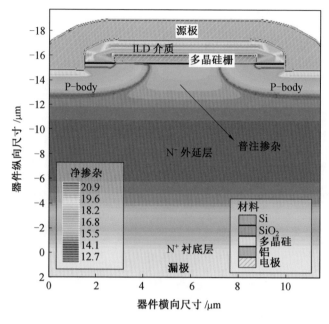

图 5.4

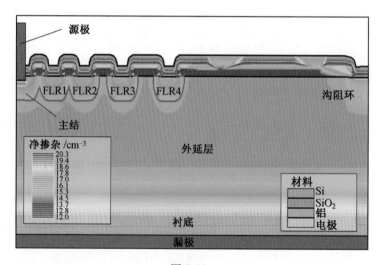

图 5.11

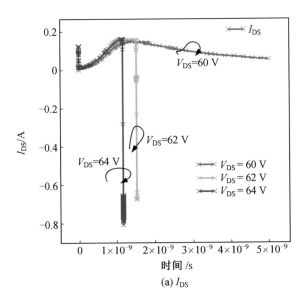

(a) I_{DS}

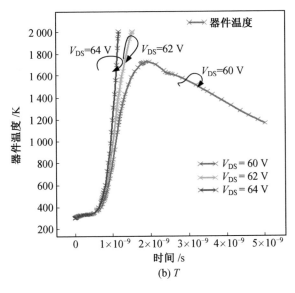

(b) T

图 5.20

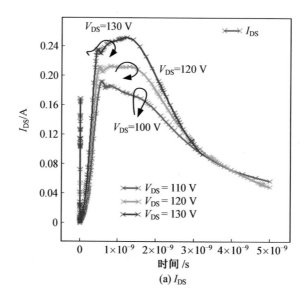

(a) I_{DS}

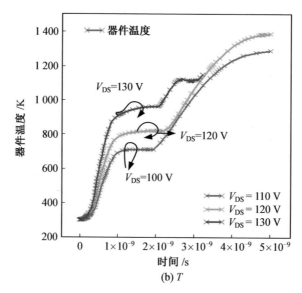

(b) T

图 5.21

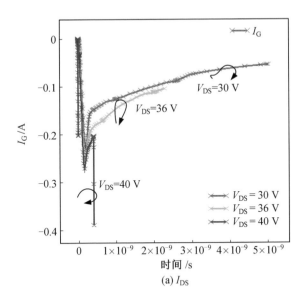

(a) I_{DS}

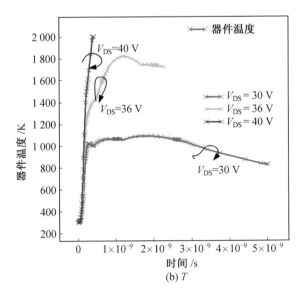

(b) T

图 5.22

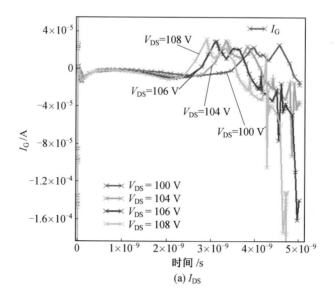

(a) I_{DS}

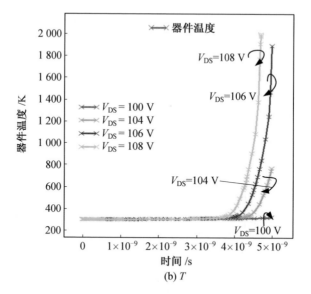

(b) T

图 5.23

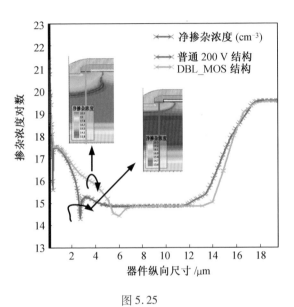

图 5.25

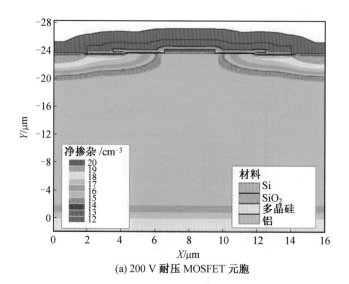

(a) 200 V 耐压 MOSFET 元胞

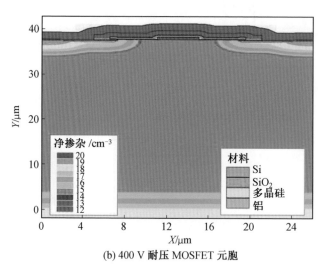

(b) 400 V 耐压 MOSFET 元胞

图 6.4

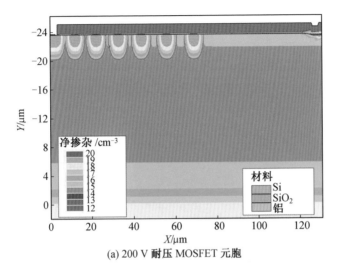

(a) 200 V 耐压 MOSFET 元胞

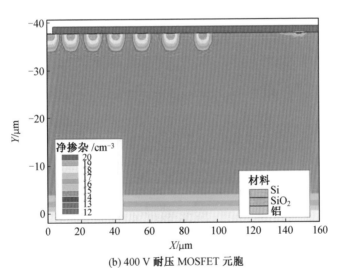

(b) 400 V 耐压 MOSFET 元胞

图 6.8

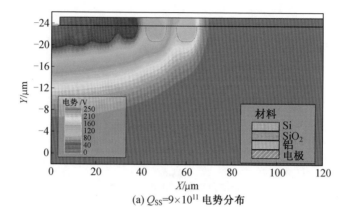

(a) $Q_{SS}=9\times10^{11}$ 电势分布

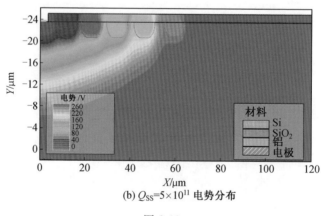

(b) $Q_{SS}=5\times10^{11}$ 电势分布

图 6.11

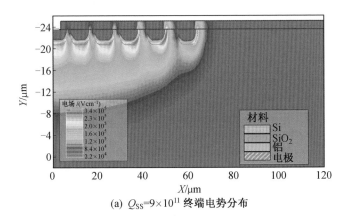

(a) $Q_{SS}=9\times10^{11}$ 终端电势分布

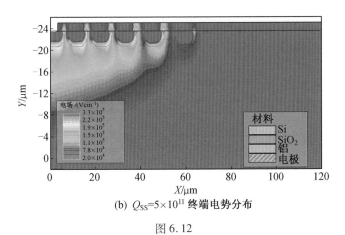

(b) $Q_{SS}=5\times10^{11}$ 终端电势分布

图 6.12

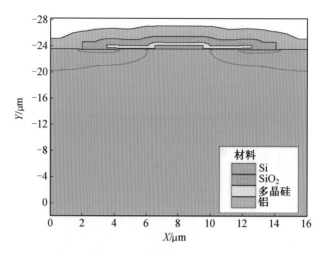

图 6.15

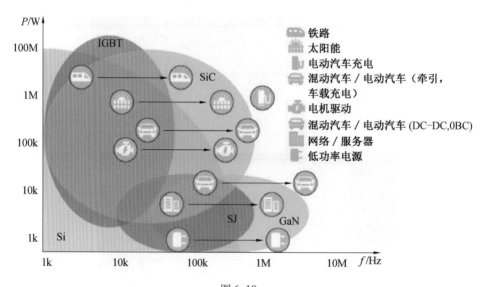

图 6.19